# 微分方程式への誘い
……………………………………
## 現象はいかに記述されるか

Keisaku Kumahara　　Masakazu Muro
熊原啓作＋室　政和

日本評論社

# $\int$ はじめに

　ガリレオ・ガリレイ は「自然は科学という書物に数学という言葉で書かれている」といっている．その「数学」という言葉は，古代以来幾何学を意味していたが，ガリレオのはじめた力学の数学的研究はアイザック・ニュートンによってニュートン力学として結実し，彼の考案した微分積分学を用いて記述された．自然の法則を微分方程式を用いて表すという近代的方法が確立されたのである．それに続いて様々な運動を伴う現象が微分方程式を用いて記述され，さらにそれらが工学や産業に応用されてきた．現代ではコンピュータの発達に伴って数学の別の相にも光が当てられているが，微分方程式は地球科学や気象学，生物学，医学，農学，社会科学，経済学，さらには人文科学の扱う自然現象や社会現象にまで応用の枠を広げてきており，その重要性はますます大きくなっている．

　多くの場合，考察する事象の変化を数式で表現したものが，その事象の数学モデルとなる微分方程式である．微分方程式から，事象を表す関数が求まり，関数の値が具体的に求まれば，実験値と比較することによる理論の確立と検証が行われる．それが人口問題や公衆衛生学的な問題であれば，予測や対策といった政策に活用されるであろう．実際に数学モデル化するには，その事象を起こす複雑な要因や結果を単純化して行われる．したがって事象があるからといって，モデルとなる微分方程式をみたす関数——これを解という——が存在するとは限らない．また存在しても，ただ一つに決まらなければ応用することが出来ない．どのような方程式がただ一つ解を持つかを調べることは重要なことである．

　解の存在がわかっても解を既知の関数で表現できるとは限らない．そのことは新しい関数を微分方程式の解として定義するきっかけにもなる．さらに関数の概念を拡張して微分方程式論の完成度を高めることも行われる．また，もと

の方程式を既知の関数を解にもつ方程式で近似して解の性質を調べる，関数の形に頼らず解を数値的に求める，解の形がわからないときは微分方程式の形から解のもつ性質を調べるなどのことが行われる.

　本書だけでこれらの理論をすべて解説することは出来ない．ここでは微積分学の続編として，微分方程式はどういうものか，その基本性質と解を求めることが出来る場合の計算法などを，主として 1 階と 2 階の微分方程式をとりあげ，具体的な応用例も含めて解説する.

　本書は放送大学の 2011 年から 2017 年まで実施された放送授業「微分方程式への誘い」の同名の印刷教材 (放送大学教育振興会刊) を修正・増補などを行い，自習書あるいは一般大学における教科書・参考書として利用していただけるように書き直したものである．放送授業開設中は有益なご質問ご意見を多数いただき感謝申し上げたい．微分積分と線形代数を一通り勉強していれば理解できるようにしているが，必要に応じてそれらの教科書を参照していただきたい．また，追加説明と補充が必要と思われる事項は「課外授業」として章末に追加を行った．本書によって微分方程式という数学の大きな分野に関心をもっていただき，それぞれの諸科学，諸分野の学習や理解，研究に少しでも役立てていただければ幸いである.

2018 年 9 月

著者

## 目 次

はじめに . . . . . . . . . . . . . . . . . . . . . . . . . . . . . . . . . . i

**第 1 章　微分方程式とは何か (1)　　1**

1.1　微分方程式へのアプローチ . . . . . . . . . . . . . . . . . . 1

1.2　微分方程式の始まり . . . . . . . . . . . . . . . . . . . . . . 4

1.3　幾何学からの問題 . . . . . . . . . . . . . . . . . . . . . . . 8

　　　演習問題 1 . . . . . . . . . . . . . . . . . . . . . . . . . . . 13

**第 2 章　微分方程式とは何か (2)　　14**

2.1　方向場 . . . . . . . . . . . . . . . . . . . . . . . . . . . . . 14

2.2　リプシッツ条件 . . . . . . . . . . . . . . . . . . . . . . . . 15

2.3　コーシー–リプシッツの定理 . . . . . . . . . . . . . . . . . 17

　　　課外授業 2.1　多変数の微積分より (1) . . . . . . . . . . . 24

　　　課外授業 2.2　解の存在と一意性 . . . . . . . . . . . . . . . 26

　　　演習問題 2 . . . . . . . . . . . . . . . . . . . . . . . . . . . 27

**第 3 章　1 階の微分方程式を解く (1)　　28**

3.1　方程式の解とはなにか？ . . . . . . . . . . . . . . . . . . . 28

3.2　求積法 . . . . . . . . . . . . . . . . . . . . . . . . . . . . . 29

3.3　変数分離形の微分方程式 . . . . . . . . . . . . . . . . . . . 30

3.4　同次形の微分方程式 . . . . . . . . . . . . . . . . . . . . . . 32

3.5　1 階の線形微分方程式 . . . . . . . . . . . . . . . . . . . . . 35

　　　演習問題 3 . . . . . . . . . . . . . . . . . . . . . . . . . . . 40

**第 4 章　1 階の微分方程式を解く (2)　　42**

4.1　全微分方程式 . . . . . . . . . . . . . . . . . . . . . . . . . 42

4.2　積分因子 . . . . . . . . . . . . . . . . . . . . . . . . . . . . 46

4.3　包絡線と特異解 . . . . . . . . . . . . . . . . . . . . . . . . 49

| | | |
|---|---|---:|
| 課外授業 4.1 | 多変数の微積分より (2)　全微分 . . . . . . . . . | 53 |
| 課外授業 4.2 | 多変数の微積分より (3)　陰関数の定理 . . . . . . | 54 |
| 課外授業 4.3 | 微分形式の積分 . . . . . . . . | 54 |
| 課外授業 4.4 | 全微分方程式の積分について . . . . . . | 56 |
| 演習問題 4 | . . . . . . . . . | 60 |

## 第 5 章　微分方程式を例で学ぶ (1)　　　61

| | | |
|---|---|---:|
| 5.1 | 変化率が量だけに依存して決まる関数の微分方程式 . . . . | 61 |
| 5.2 | 変化率が時間によっても変化する方程式の一つ . . . . | 62 |
| 5.3 | マルサスの人口方程式 . . . . . . . . | 63 |
| 5.4 | マルサスの人口モデルの変形 . . . . . | 66 |
| 5.5 | フェルフルストの人口モデル . . . . . | 69 |
| 5.6 | 年代測定のための方程式 . . . . . . | 71 |
| | 演習問題 5 . . . . . . . . | 74 |
| | 研究課題 . . . . . . . | 75 |

## 第 6 章　定数係数線形微分方程式 (1)　　　76

| | | |
|---|---|---:|
| 6.1 | 複素変数の指数関数 . . . . . . . . | 76 |
| 6.2 | 線形微分方程式 . . . . . . . . | 77 |
| 6.3 | 非斉次線形方程式の解 . . . . . . . | 83 |
| 6.4 | 定数係数 2 階線形微分方程式 . . . . . . | 83 |
| 6.5 | 非斉次 2 階線形方程式の特殊解—定数変化法 . . . . . . | 85 |
| | 課外授業 6.1　線形代数学より . . . . . . | 90 |
| | 演習問題 6 . . . . . . . | 91 |

## 第 7 章　定数係数線形微分方程式 (2)　　　93

| | | |
|---|---|---:|
| 7.1 | 記号解法：斉次方程式 . . . . . . . | 93 |
| 7.2 | 記号法：非斉次方程式 . . . . . . . . | 98 |
| 7.3 | ラプラス変換 . . . . . . . . | 104 |
| 7.4 | ラプラス変換による微分方程式の解法 . . . . . | 117 |
| | 課外授業 7.1　フーリエ変換 . . . . . | 121 |
| | 演習問題 7 . . . . . . . . | 124 |

| 第 8 章 | 微分方程式を例で学ぶ (2) | **126** |
|---|---|---|
| 8.1 | ばね質点系 . . . . . . . . . . . . . . . . . . . . . . . . . . . | 126 |
| 8.2 | ふりこ . . . . . . . . . . . . . . . . . . . . . . . . . . . . . | 135 |
| | 課外授業 8.1　非線形方程式の解を楕円関数で表す . . . . . . | 139 |
| | 演習問題 8 . . . . . . . . . . . . . . . . . . . . . . . . . . . | 140 |

| 第 9 章 | 変数係数線形微分方程式 | **141** |
|---|---|---|
| 9.1 | 2 階斉次線形方程式の標準形 . . . . . . . . . . . . . . . . . | 141 |
| 9.2 | 階数低下法 . . . . . . . . . . . . . . . . . . . . . . . . . . . | 145 |
| 9.3 | オイラーの微分方程式 . . . . . . . . . . . . . . . . . . . . . | 147 |
| 9.4 | 高階の変数係数の線形微分方程式 . . . . . . . . . . . . . . . | 149 |
| | 演習問題 9 . . . . . . . . . . . . . . . . . . . . . . . . . . . | 152 |

| 第 10 章 | 連立線形微分方程式 (1) | **153** |
|---|---|---|
| 10.1 | 連立微分方程式 . . . . . . . . . . . . . . . . . . . . . . . . | 153 |
| 10.2 | 連立線形微分方程式 . . . . . . . . . . . . . . . . . . . . . . | 155 |
| 10.3 | 単独高階の線形微分方程式と連立線形微分方程式 . . . . . . | 157 |
| 10.4 | 連立線形微分方程式の初期値問題 . . . . . . . . . . . . . . . | 158 |
| 10.5 | 連立線形微分方程式の解核行列と定数変化法 . . . . . . . . . | 159 |
| 10.6 | 線形連立微分方程式の解核行列の計算 . . . . . . . . . . . . | 164 |
| 10.7 | 行列の指数関数と定数係数の線形連立微分方程式 . . . . . . | 169 |
| | 課外授業 10.1　行列の指数関数 . . . . . . . . . . . . . . . . | 173 |
| | 課外授業 10.2　解核行列を定義する級数の収束 . . . . . . . . | 176 |
| | 演習問題 10 . . . . . . . . . . . . . . . . . . . . . . . . . . | 177 |

| 第 11 章 | 連立線形微分方程式 (2) | **178** |
|---|---|---|
| 11.1 | 係数行列の標準形と解 . . . . . . . . . . . . . . . . . . . . . | 178 |
| 11.2 | 平面上の解軌道 . . . . . . . . . . . . . . . . . . . . . . . . | 186 |
| | 演習問題 11 . . . . . . . . . . . . . . . . . . . . . . . . . . | 191 |

| 第 12 章 | 解の挙動 | **192** |
|---|---|---|
| 12.1 | 平衡点 . . . . . . . . . . . . . . . . . . . . . . . . . . . . . | 192 |
| 12.2 | 線形化安定性解析 . . . . . . . . . . . . . . . . . . . . . . . | 195 |

| | | |
|---|---|---|
| 12.3 | ばね質点系と非線形ふりこ再考 . . . . . . . . . . . | 198 |
| 12.4 | ロトカ–ヴォルテラモデル . . . . . . . . . . . . . | 204 |
| | 演習問題 12 . . . . . . . . . . . . . . . . . . . . | 209 |

## 第 13 章　級数による解法　　　　　　　　　　　　　　　　210

| | | |
|---|---|---|
| 13.1 | 級数解 . . . . . . . . . . . . . . . . . . . . . . . | 210 |
| 13.2 | 2 階の線形常微分方程式 . . . . . . . . . . . . . . | 215 |
| 13.3 | ベッセルの微分方程式 . . . . . . . . . . . . . . . | 221 |
| 13.4 | ガウスの超幾何微分方程式 . . . . . . . . . . . . . | 225 |
| | 演習問題 13 . . . . . . . . . . . . . . . . . . . . | 227 |

## 第 14 章　偏微分方程式へ (1)　　　　　　　　　　　　　　228

| | | |
|---|---|---|
| 14.1 | 簡単な偏微分方程式 . . . . . . . . . . . . . . . . | 228 |
| 14.2 | 線形偏微分作用素 . . . . . . . . . . . . . . . . . | 229 |
| 14.3 | 1 階の偏微分方程式 . . . . . . . . . . . . . . . . | 230 |
| 14.4 | 2 階の線形偏微分方程式の分類 . . . . . . . . . . | 232 |
| 14.5 | 熱伝導を表す偏微分方程式 . . . . . . . . . . . . . | 234 |
| 14.6 | 波動と振動を表す偏微分方程式 . . . . . . . . . . | 239 |
| | 課外授業 14.1　　フーリエ級数 . . . . . . . . . | 243 |
| | 演習問題 14 . . . . . . . . . . . . . . . . . . . . | 244 |

## 第 15 章　偏微分方程式へ (2)　　　　　　　　　　　　　　245

| | | |
|---|---|---|
| 15.1 | ラプラスの偏微分方程式 . . . . . . . . . . . . . . | 245 |
| 15.2 | コーシー–リーマンの微分方程式 . . . . . . . . . . | 246 |
| 15.3 | 調和関数 . . . . . . . . . . . . . . . . . . . . . . | 248 |
| 15.4 | ラプラシアンの極座標表示 . . . . . . . . . . . . . | 249 |
| 15.5 | ラプラシアンの意味と最大値の原理 . . . . . . . . | 252 |
| 15.6 | ラプラシアンの境界値問題 . . . . . . . . . . . . . | 255 |
| 15.7 | 単位円板上のラプラシアンの境界値問題 . . . . . . | 255 |
| 15.8 | ポアソンの積分公式 . . . . . . . . . . . . . . . . | 259 |
| | 演習問題 15 . . . . . . . . . . . . . . . . . . . . | 261 |

演習問題解答 . . . . . . . . . . . . . . . . . . . . . . . . . . 262

参考文献 . . . . . . . . . . . . . . . . . . . . . . . . . . . . . . 275

本書に登場する人名 . . . . . . . . . . . . . . . . . . . . . . . 276

索引 . . . . . . . . . . . . . . . . . . . . . . . . . . . . . . . . 278


❖ 本文中の □ は証明終りを，◇ は例の終りを表す．

# 第1章

........................................................

# 微分方程式とは何か
(1)

微分方程式とは何か，解とは何かを不定積分から始めて，自然現象や社会現象，幾何学などからの例をもとに解説する．簡単な微分方程式の立て方とその解き方を見るとともに本書の概観を与える．

## 1.1 微分方程式へのアプローチ

### 1.1.1 不定積分

関数に対して導関数が定義される．関数 $y = y(x)$ の場合は，$x$ に対して $x$ における微分係数 $y'(x)$ を対応させるものである．$y'(x)$ は $x$ における瞬間変化率，力学においては速度であり，幾何学的には関数 $y = y(x)$ のグラフの接線の傾きである．

例えば，接線の傾きが一定値 $a$ となる関数 $y = y(x)$ は何かという問題は

$$y' = a \tag{1.1}$$

をみたす関数を求めることになる．その答えは

$$y = y(x) = ax + C \tag{1.2}$$

となる 1 次関数である．ここで $C$ は定数であってどんな値でもよい．これらすべてが (1.1) をみたす．式 (1.1) は微分方程式の最も単純な例の一つである．この式をみたす関数を**解**という．特に，$x_0, y_0$ を任意に与えたとき，$y(x_0) =$

$y_0$ をみたす解は

$$y = y_0 + a(x - x_0)$$

である.

もっと一般の関数の不定積分について見ておこう.

$$y' = f(x)$$

をみたす関数 $y$ は $f(x)$ の不定積分であり,

$$y = \int f(x)\,dx$$

と表す. これは任意定数 $C$ を含んだ式であり, 条件

$$y(x_0) = y_0$$

を与えれば, ただ一つの解

$$y = y_0 + \int_{x_0}^{x} f(t)\,dt$$

が定まる.

主な関数の不定積分を挙げておこう.

$$y' = x^n, \qquad y = \frac{x^{n+1}}{n+1} + C \qquad (n \neq -1)$$

$$y' = \frac{1}{x}, \qquad y = \log|x| + C$$

ここで $y = \dfrac{1}{x}$ の定義区間は $(-\infty, 0)$ と $(0, \infty)$ の二つの分離した区間であり, 不定積分は $x < 0$ では $\log(-x) + C_1$, $x > 0$ では $\log x + C_2$ であって, 積分定数の $C_1$ と $C_2$ は独立であり $C = C_1 = C_2$ というわけではない.

$$y' = \cos x, \qquad\qquad\qquad y = \sin x + C$$

$$y' = \sin x, \qquad\qquad\qquad y = -\cos x + C$$

$$y' = \frac{1}{x^2 + a^2} \qquad (a \neq 0), \qquad y = \frac{1}{a}\tan^{-1}\frac{x}{a} + C$$

$$y' = e^x = \exp x, \qquad\qquad y = e^x + C$$

$$y' = \frac{1}{\sqrt{a^2 - x^2}} \qquad (a > 0), \qquad y = \sin^{-1}\frac{x}{a} + C$$

$$y' = \frac{1}{\sqrt{x^2 + A}} \qquad (A \neq 0), \qquad y = \log|x + \sqrt{x^2 + A}| + C$$

未知関数 $y$ の導関数を含んだ等式を**微分方程式**という. 最も一般的には未知関数 $y$ の高次導関数 $y', y'', \cdots, y^{(n)}$ を含んだ等式

$$F(x, y, y', \cdots, y^{(n)}) = 0 \tag{1.3}$$

が $y$ に関する微分方程式である. 独立変数が一つだけであることを強調して, **常微分方程式**ということもある. 最高次の導関数 $y^{(n)}$ が実際に現れるとき, 微分方程式は **$n$ 階**であるという. 例えば,

$$y' = ky$$

は 1 階であり, $m \neq 0$ のとき

$$my'' = ky$$

は 2 階である.

実数の区間 $I$ で定義された関数 $y = y(x)$ が

$$F(x, y(x), y'(x), \cdots, y^{(n)}(x)) = 0 \qquad (x \in I)$$

をみたすとき $y = y(x)$ は (1.3) の $I$ における**解**であるという.

独立変数が複数のときはそれぞれの変数に関する導関数, すなわち偏導関数を含む式を考えることになり, 偏微分方程式が出てくる. 多変数関数の微分 (偏微分) の定義, 記号については課外授業 2.1 を参照されたい. 未知関数 $u = u(x, y)$ の偏導関数を含んだ式を**偏微分方程式**という. 偏微分方程式の例としては

$$\frac{\partial u}{\partial t} = \frac{\partial^2 u}{\partial x^2}, \quad \frac{\partial^2 u}{\partial t^2} = \frac{\partial^2 u}{\partial x^2}, \quad \frac{\partial^2 u}{\partial x^2} + \frac{\partial^2 u}{\partial y^2} = 0$$

などある. 第 14, 15 章で偏微分方程式の例を簡単に説明する.

## 1.2 微分方程式の始まり

### 1.2.1 変化量が全体量に比例する現象

関数の微分係数は関数値の瞬間変化率を表す．$y = y(x)$ の $x$ が $\Delta x$ だけ変化したとき，$y$ が $\Delta y$ だけ変化したものとすれば，$y$ の変動は

$$\Delta y = y(x + \Delta x) - y(x)$$

であり，比 $\Delta y/\Delta x$ は $x$ から $x + \Delta x$ までの平均変化率であり，微分係数はその $\Delta x \to 0$ としたときの極限値である：

$$y'(x) = \lim_{\Delta x \to 0} \frac{y(x + \Delta x) - y(x)}{\Delta x} = \lim_{\Delta x \to 0} \frac{\Delta y}{\Delta x}.$$

近似的には

$$\Delta y = y' \Delta x$$

という関係にある．

変化率 $y'$ が関数値 $y$ に比例する場合を考える．式で表せば

$$y' = ky \tag{1.4}$$

という微分方程式になる．集団の個数が時間と共に変化する現象を考察するとき[1]，個数は整数値であり無限小を扱うことは出来ないが，その個数が大量の時は連続的に変化する量の整数値を考えているとすることができる．

**例 1.1** ある生物集団について特定な期間で観察したとき，生まれる個体数も死亡する個体数もそのときの全体数と時間に比例することがわかったとする．比例定数，すなわち，出生率と死亡率がともに一定であったとする．時刻 $t$ のときの全個体数を $y = y(t)$ とし，出生率から死亡率を引いた変化率を $k$ とすれば

$$\Delta y = ky(t) \Delta t$$

---

[1]独立変数が時間の時は慣例として変数を $t$ で表す．

となる．これは $y$ が微分方程式 (1.4) をみたすことを示している．$C$ を定数として指数関数

$$y = Ce^{kt}(= C \exp kt \text{ とも書き表す}) \tag{1.5}$$

は (1.4) をみたしている．時刻 $t = t_0$ において $y(y_0) = y_0$ であれば

$$y = y_0 e^{k(t-t_0)} \tag{1.6}$$

となる．$k$ が正であれば増加し，負であれば減少する．$k < 0$ のときはやがて $y < 1$ となり個体数としては $0$ となる．$k > 0$ であれば増加は指数関数的増加であり急激な増加となり，$t$ が大きくなると現実にはあり得ない事態が起こる．したがって「特定な期間」に限らざるを得ない．　　　　　　　　　　◇

この例のように，ある $t_0$ における $y$ の値が $y(t_0) = y_0$ であるという条件を，与えられた微分方程式の**初期条件**という．また $y(t_0)$ を ($t = t_0$ のときの)**初期値**という．

後に見ることになるが，方程式 (1.4) の解は関数 (1.5) に限ることがわかる．(1.5) のように任意定数を含んだ解を**一般解**といい，$C$ を特定な値にした解 (1.6) を**特解**または**特殊解**という．

一般の微分方程式は必ずしも解をもつとは限らない．また，方程式によっては同じ初期条件をみたす二つ以上の解をもつことがある．第 2 章において，解が存在する，またその解が一意的に定まるための条件について説明する．

(1.4) を一つの方法で解いてみよう．

**例 1.2**

$$y' = ky \tag{1.4}$$

$y \neq 0$ のときは両辺を $y$ で割ることにより

$$\frac{1}{y}\frac{dy}{dx} = k$$

とし，両辺を $x$ で積分すると

$$\int \frac{1}{y} \frac{dy}{dx} \, dx = \int \frac{1}{y} \, dy = \log |y|$$

であるから

$$\log |y| = kx + c$$

となる．したがって

$$y = \pm e^{kx+c}$$

であるが，$C = \pm e^c$ とおけば

$$y = Ce^{kx} \tag{1.7}$$

となる．ここで $C \neq 0$ であるが，$y = 0$ (恒等的にゼロである関数) も解であるから $C = 0$ も許せば (1.7) は一般解であり，すべての解が含まれる． ◇

例 1.2 で最初に $y \neq 0$ と仮定したのは $y$ で割って変形するためである．解となる関数は当然連続なものを考えているので，$y(x) \neq 0$ となる $x$ の十分近くでは $y$ はゼロにならない．それゆえ，局所的に上の例のように解くことができる．それでは恒等的にはゼロではないがゼロになる点があるような解はないのであろうか．第 2 章に述べるコーシー–リプシッツの定理により例 1.2 は $(-\infty, \infty)$ で定義された解が存在して初期値が与えられればただ一つに決まる．したがってこの例の解をみれば $y(x_0) = 0$ となる $x_0$ がある解は恒等的に $y = 0$ に限ることがわかる．

例 1.2 の場合もそうであるが，与えられた方程式を有限回の積分，代数演算，関数の合成などを行って有理関数，指数関数，対数関数，三角関数などの初等関数で解を表す方法を**求積法**という．求積法で解を求めることを単に**積分する**ということもある．求積法で解が求められる方程式は**可積分**であるといわれる．例 1.1 と同じ方程式をみたす事象としては次のようなものがある．

(1) ある期間で考えた人口 (人口のマルサスモデル).

(2) 放射性原子からなる物質は時間と共に崩壊してその原子の数 $N$ は全体として減少する．ラザフォードとソディは崩壊率は原子数に比例するこ

とを明らかにした (ラザフォードの原子崩壊説)：

$$N'(t) = -\lambda N \qquad (\lambda > 0：崩壊定数)$$

(3) 熱せられた物体とそれに接する物体 (例えば周囲の外気) との温度差を $y$ とすれば，$y$ は $y$ に比例する速さで変化する．これも $y' = ky$ ($k < 0$) と表すことが出来る．この法則を**ニュートンの冷却の法則**という.

ここにあげたような現象を記述する数学 (関数式のときも微分方程式のときもある) をその現象の**数学モデル**という．例 1.1 に現れた微分方程式はそれぞれの現象の数学モデルである．現象に対して数学モデルは一つとは限らない．現象をよく表し，数学的に取り扱いやすいものが求められる.

### 1.2.2　ニュートンの運動方程式

アイザック・ニュートンは天体の運動も地上の物体の運動も同じ原理に従っていることを明らかにした．その主張のために無限小解析，すなわち微分積分学を考え出し，原理を運動方程式という微分方程式によって表した.

座標を $x$ とする直線上の質量 $m$ の質点 (理想的に質量が 1 点に集中していると考えたもの．物体の重心と考えてもよい) の運動を考える．質点の時刻 $t$ における位置を $x = x(t)$ とする．質点に力 $F$ がかかって運動がおこると

$$F = m\frac{d^2x}{dt^2} \qquad (1.8)$$

という関係がある．この原理をニュートンの運動の第 2 法則といい，微分方程式 (1.8) を**ニュートンの運動方程式**という.

**例 1.3**　質量 $m\,\mathrm{kg}$ の質点を地上 $x_0\,\mathrm{m}$ のところから真上に速度 $v_0\,\mathrm{m/s}$ で投げ上げたとする．投げ上げてから $t$ 秒後の高さを $x = x(t)\,\mathrm{m}$ とする．重力加速度を $g$ (単位は $\mathrm{m/s^2}$) とすれば，質点にかかる力は地球の引力による $mg$ (単位は $\mathrm{kgm/s^2}$) であるから $F < 0$ であって，

$$F = -mg$$

となる. $F = mx''$ であるから

$$x'' = -g$$

がこの質点の運動を記述している. これを 2 回積分すれば

$$x' = -gt + C_1, \quad x = -\frac{g}{2}t^2 + C_1 t + C_2$$

となる. $x(0) = x_0$, $x'(0) = v_0$ であるので

$$x = -\frac{g}{2}t^2 + v_0 t + x_0$$

でなければならない. $g = 9.8 \,\mathrm{m/s^2}$ であるから簡単なように $g = 10 \,\mathrm{m/s^2}$ としておく. $x_0 = 1.5 \,\mathrm{m}$, $v_0 = 10 \,\mathrm{m/s}$ とすれば

$$x = -5(t-1)^2 + 6.5 \ (\mathrm{m})$$

となり, 1 秒後に最高点 $6.5 \,\mathrm{m}$ に達し, それから落ちてくることがわかる.

## 1.3　幾何学からの問題

　微分係数が関数の接線の傾きであるということから次のような問題を考えてみよう.

**例 1.4**　$y = f(x)$ で表される $xy$ 平面上の曲線の接線の, 接点から $x$ 軸までの距離を**接線の長さ**という. 接線の長さが一定 $a$ である曲線を考えてみよう. この曲線は一つの直線から距離 $a$ の点にある物体に長さが $a$ のひもをつけ, そのひもの一端を持ちながら直線上を移動すると, 物体が引きずられて移動する軌跡として現れ, **トラクトリックス**あるいは**追跡線**とよばれる. これは犬の首に長さ $a$ のひも (リード) をつけて, 直線の道から $a$ だけ離れたところにいる犬を道を歩きながら引っ張るときの曲線であることから, ドイツでは**犬曲線** (Hundkurve) という. この曲線を最初に導入したのはペローであり, 後にニュートンやホイヘンスも研究した.

　図 1.1 のように曲線上の点を $\mathrm{P} = (x, y)$ $(a \geqq y > 0)$ とし $y(0) = a$ とす

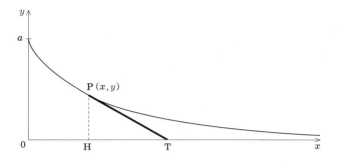

図 **1.1** トラクトリックス

る．それに対して $x$ 軸上の点 $\mathrm{H} = (x, 0)$ と，接線と $x$ 軸との交点を T をとる．$x > 0$ で考えれば $0 < y < a$ かつ $y' < 0$ であり，接線の傾きが $y'$ であるから

$$\frac{\overline{\mathrm{PH}}}{\overline{\mathrm{TH}}} = -y'$$

となり，$\overline{\mathrm{PT}}^2 = \overline{\mathrm{TH}}^2 + \overline{\mathrm{PH}}^2$ であることから

$$a^2 = \left(-\frac{y}{y'}\right)^2 + y^2$$

となる微分方程式が得られる．これより

$$(y')^2 = \frac{y^2}{a^2 - y^2}$$

であるから

$$\frac{dy}{dx} = y' = -\frac{y}{\sqrt{a^2 - y^2}}$$

となる．$y$ は $x$ の関数であるが，$x$ を $y$ の関数と考えれば，$\dfrac{dx}{dy} = \left(\dfrac{dy}{dx}\right)^{-1}$ であるので，

$$\frac{dx}{dy} = -\frac{\sqrt{a^2 - y^2}}{y}$$

である．したがって解は

$$x = -\int \frac{\sqrt{a^2 - y^2}}{y}\, dy$$

となる．この不定積分は $y = a \sin t \left(0 < t < \frac{\pi}{2}\right)$ とおいて求めることができる．

$$x = -a \int \frac{\cos^2 t}{\sin t}\, dt = -a \int \frac{dt}{\sin t} + a \int \sin t\, dt$$

となる．$0 < \frac{t}{2} < \frac{\pi}{4}$ であるから $\tan \frac{t}{2} = u$ とおけば $0 < u < 1$ であり，$y = \frac{2au}{u^2 + 1}$ であるので $yu^2 - 2au + y = 0$ となり，これを $u$ について解けば

$$u = \frac{a \pm \sqrt{a^2 - y^2}}{y}$$

が得られる．$0 < \dfrac{a - \sqrt{a^2 - y^2}}{y} < \dfrac{a + \sqrt{a^2 - y^2}}{y}$ であり，この二つの根をかけ合わせれば $1$ になるので，

$$u = \frac{a - \sqrt{a^2 - y^2}}{y}$$

でなければならない．$\sin t = \dfrac{2u}{1 + u^2}$, $\dfrac{dt}{du} = \dfrac{2}{1 + u^2}$ より

$$\begin{aligned}
-a \int \frac{dt}{\sin t} &= -a \int \frac{du}{u} = -a \log |u| + C_1 \\
&= -a \log\left(\frac{a - \sqrt{a^2 - y^2}}{y}\right) + C_1 \\
&= a \log\left(\frac{a + \sqrt{a^2 - y^2}}{y}\right) + C_1
\end{aligned}$$

であり，

$$a\int \sin t\, dt = -a\cos t + C_2 = -\sqrt{a^2-y^2} + C_2$$

となるが，$\lim_{y\to a} x(y) = 0$ であるから，$C_1 + C_2 = 0$ であり

$$x = -\sqrt{a^2-y^2} + a\log\left(\frac{a+\sqrt{a^2-y^2}}{y}\right)$$

が求める解となる． ◇

### 1.3.1 曲線群

微分方程式 $y' = 2x$ の一般解は $y = x^2 + c$ でパラメータ $c$ をもつ曲線群を表している．逆にパラメータで与えられた曲線群からパラメータを消去することによって曲線群を表す微分方程式を得られる．

**例 1.5** 曲線群

$$y = cx^2 \qquad (c \in \mathbb{R})$$

から $c$ を消去する．

$$y' = 2cx$$

の両辺に $x$ を掛けた

$$xy' = 2cx^2$$

に $cx^2 = y$ を代入すれば

$$xy' = 2y$$

となる． ◇

**例 1.6** 中心が直線 $y = 1$ 上にあり，半径が $1$ の円群は

$$(x-c)^2 + (y-1)^2 = 1 \qquad (c \in \mathbb{R}) \tag{1.9}$$

である．$y$ を $x$ の関数と考えて $x$ で微分すれば

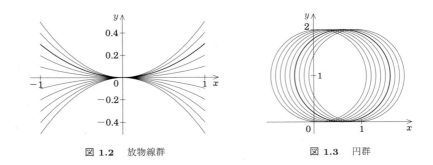

図 1.2 放物線群　　　　図 1.3 円群

$$2(x-c) + 2(y-1)y' = 0.$$

これより

$$x - c = -(y-1)y'$$

となるからこれを (1.9) に代入すれば

$$(y-1)^2(y'^2 + 1) = 1$$

が得られる．得られた微分方程式は円群だけではなく，これらのすべての円に接する直線である $y=0$ と $y=2$ も解になっている．これについては 4.4 節で考察する． ◇

演習問題 1

**1.** 次の式の定数 $c, c_1, c_2$ を消去することによって $x$ の関数 $y$ についての微分方程式を求めよ.

 (1) $y = ce^{x^2+x}$

 (2) $y = c_1 x^2 + c_2 x + 1$

**2.** 次のことを示せ.

 (1) $y = e^{2x}\sin x$ は微分方程式 $y'' - 4y' + 5y = 0$ の解である.

 (2) $y = x - \dfrac{1}{x}$ は微分方程式 $y' = y^2 - x^2 + 3$ の解である.

**3.** 高さ $0\,\mathrm{m}$ から初速 $20\,\mathrm{m/s}$ で真上に投げ上げたボールは何 m まで上がるかを, $g = 10\,\mathrm{m/s^2}$ として求めよ.

**4.** 次の微分方程式を解け.

 (1) $y'' = xe^x$,   $y(0) = y'(0) = 0$

 (2) $y' = \dfrac{1}{x(x+1)}$,   $y\left(-\dfrac{1}{2}\right) = 0$ の $-1 < x < 0$ における解

# 第2章

## 微分方程式とは何か
(2)

1 階微分方程式 $y' = f(x, y)$ について，解の意味を幾何学的に説明する．また初期値と解の関係を考え，ある条件をみたせば，解の存在が保証されると共に，解が初期値で決まることを見る．

### 2.1 方向場

$x$ の関数 $y = y(x)$ がある微分方程式の解であるとき，$y = y(x)$ のグラフである $xy$ 平面上の曲線をこの方程式の**解曲線**という．1 階微分方程式を

$$y' = f(x, y)$$

の形に書き表したものを**正規形**という．この正規形は解曲線 $y = y(x)$ の $(x, y)$ における接線の傾きが，関数の値 $f(x, y)$ で与えられることを示している．平面上のある領域の各点にその点を通る直線の傾きの値を与えたものを**方向場**あるいは**勾配場**という．図 2.1 は各点 $(x, y)$ に傾きが $f(x, y)$ の短い線分を書いた方向場が目に見えるようにしたものである．このような方向場が与えられるとき，初期条件 $y(x_0) = y_0$ をみたす解 $y = y(x)$ は，点 $(x_0, y_0)$ を通り各点 $(x, y(x))$ で方向場の線分に接する曲線をグラフにもつ関数である．

初期条件のついた微分方程式

$$y' = f(x, y), \qquad y(x_0) = y_0$$

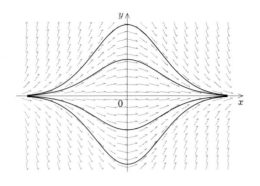

図 **2.1** 方向場

があるとき，点列 $x_0 < x_1 < x_2 < \cdots$ を考え，$x_0 \leqq x \leqq x_1$ のとき直線 $y = y_0 + f(x_0, y_0)(x - x_0)$ 上をたどり，$y_1 = y_0 + f(x_0, y_0)(x_1 - x_0)$ として $x_1 \leqq x \leqq x_2 = x_1 + h$ のとき直線 $y = y_1 + f(x_1, y_1)(x - x_1)$ をたどる．この操作を続けて $x_k \leqq x \leqq x_{k+1}$ では直線 $y = y_k + f(x_k, y_k)(x - x_k)$ 上をたどると一つの折れ線ができる．この点列の間隔を小さくしていけば解に近づくであろう．このようにして解の近似解を求める方法を**折れ線法**という．この方法は直感的にわかりやすいが，厳密に証明するのは容易ではない．コーシーはこの方法である条件のもとでの解の存在を証明した (**コーシー–ペアノの定理**，課外授業 2.2 参照).

## 2.2 リプシッツ条件

微分方程式が解を持つか持たないかは一般には即断できない．また，与えられた初期条件をみたす解がただ一つだけしかないということも一般的には保証されない．存在と一意性を保証するゆるやかな条件として**リプシッツ条件**が知られている．

関数 $f(x)$ が $x$ の区間 $I$ において**リプシッツ連続**であるとは，$I$ のすべての $x_1, x_2$ に対して，不等式

$$|f(x_1) - f(x_2)| \leqq K|x_1 - x_2| \tag{2.1}$$

をみたすような定数 $K$ が存在することである．この $K$ を**リプシッツ定数**とよぶ．

(2.1) がみたされるとき，$x, x_0 \in I$ に対して，$x \to x_0$ なる極限を考えれば，$f(x) \to f(x_0)$ となり，関数 $f(x)$ は連続であることがわかる．しかも，値の差の絶対値 $|f(x) - f(x_0)|$ は変数の差の絶対値 $|x - x_0|$ を用いて評価され，$I$ の点 $x, x_0$ の場所に依存しない．このような強い連続は**一様連続**といわれる．さらに

$$\left| \frac{f(x) - f(x_0)}{x - x_0} \right| \leqq K$$

となり関数のグラフが $(x_0, f(x_0))$ を通り，その前後では図 2.2 の網掛け部分に入らなければならない．さらに，$f(x)$ が微分可能であれば，$|f'(x)| \leqq K$ となる．

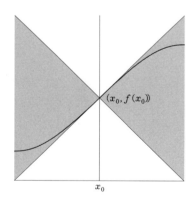

図 **2.2** リプシッツ条件

逆に，$f(x)$ が有界閉区間 $I$ を含む区間で $C^1$ 級であれば，平均値の定理によって $x_1, x_2 \in I$ に対してこの 2 数の間に

$$f(x_1) - f(x_2) = f'(\xi)(x_1 - x_2)$$

となる $\xi$ が存在し，$f'(x)$ は $I$ で最大値をもつから，$f(x)$ は $I$ で $K = \max\limits_{x \in I} |f'(x)|$ をリプシッツ定数とするリプシッツ連続である．

## 2.3 コーシー–リプシッツの定理

解は存在するが,一意性の成り立たない例を一つあげよう.

**例 2.1**
$$y = x^3$$
とすれば
$$y' = 3x^2$$
であるから,これは微分方程式
$$y' = 3y^{\frac{2}{3}}, \qquad y(0) = 0 \tag{2.2}$$
の解である.(図 2.3 の $a=b=0$ の場合)  一方では
$$y = 0$$
も同じ微分方程式の同じ初期条件をみたす解である.

また任意の数 $a$ に対して
$$y = (x-a)^3$$
も初期条件を除いて同じ微分方程式 (2.2) の解である.さらに $a < 0 \leqq b$ とするとき,

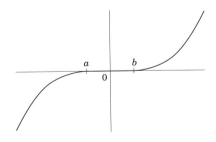

図 2.3  $y' = y^{\frac{2}{3}}$

$$
y = \begin{cases}
(x-a)^3 & (x < a) \\
0 & (a \leqq x < b) \\
(x-b)^3 & (b \leqq x)
\end{cases}
$$

などもすべて $y(0) = 0$ であるから，この方程式は初期条件 $y(0) = 0$ をみたす解が無限個あることになる． ◇

$y' = \dfrac{1}{x}$ のように二つ以上の分離した区間 (今の場合は $(-\infty, 0)$ と $(0, \infty)$) で考えなければならないときは，一つの区間で初期値を指定してもその区間での解は一意に決まっても，他の区間では定まらない．

　どのような条件をみたす方程式が解をもち，その解がただ一つに限られるかを考えよう．考える方程式は初期条件をみたす正規形方程式

$$
y' = f(x, y), \qquad y(x_0) = y_0 \tag{2.3}
$$

である．ここで $f(x, y)$ の定義域は長方形閉領域 $[a, b] \times [c, d]$[1] を含んでいるとする．第 1 章で見たように，初期条件の与えられた微分方程式

$$
y' = f(x), \qquad y(x_0) = y_0
$$

の解は

$$
y = y_0 + \int_{x_0}^{x} f(t)\, dt
$$

であった．そこで $y = y(x)$ が (2.3) の解であれば，(2.3) に代入して $x$ で積分すれば

$$
y(x) = y_0 + \int_{x_0}^{x} f(t, y(t))\, dt \tag{2.4}
$$

となる．これは解を与える式ではなく，未知関数 $y = y(x)$ を含んだ積分を用いた等式で**積分方程式**である．逆に $y = y(x)$ が積分方程式 (2.4) の解であれば，両辺を $x$ で微分すれば $y$ は微分方程式 (2.3) の解になることがわかる．

---

[1] $[a, b] \times [c, d] = \{(x, y) \mid x \in [a, b],\ y \in [c, d]\}$ である．

積分方程式 (2.4) の解 $y(x)$ を近似する関数列 $y_n(x)$ $(n = 0, 1, 2, \cdots)$ を構成する．

$$y_0(x) = y_0, \qquad y_n(x) = y_0 + \int_{x_0}^{x} f(t, y_{n-1}(t)) \, dt \qquad (2.5)$$

とおく．これが定義できるためには，$t$ が $x_0$ と $x$ の間にあるとき $(t, y_{n-1}(t))$ が $f(x, y)$ の定義域に入らなくてはならない．なおかつ $t$ の関数 $f(t, y(t))$ が積分できなければならない．その上で，関数列 $\{y_n(x)\}$ がある関数 $y(x)$ に収束して，$f(x, y_n(x)) \to f(x, y(x))$ $(n \to \infty)$ と

$$\int_{x_0}^{x} f(t, y_{n-1}(t)) \, dt \to \int_{x_0}^{x} f(t, y(t)) \, dt \quad (n \to \infty)$$

が成り立てば，極限となる関数 $y = y(x)$ は (2.4) の解となり，したがって (2.3) の解になる．このように解に近似する関数列を作って解を求める方法を，初期条件 $y(x_0) = y_0$ から始める**ピカールの逐次近似法**または**ピカールの反復法**という．

ピカールの逐次近似法による解の存在を保証してくれるのが，次の定理の仮定の部分である**リプシッツ条件**である．次の定理はリプシッツ条件があれば，解の存在だけではなく解の一意性も保証してくれる．

---

**定理 2.1**　（**コーシー—リプシッツの定理**）　関数 $f(x, y)$ は長方形閉領域 $D = [a, b] \times [c, d]$ で連続であり，$x$ に関係しないリプシッツ定数 $K$ をもった $y$ に関するリプシッツ連続性があるとする．すなわち，定数 $K$ があって任意の $(x, y_1), (x, y_2) \in D$ に対して不等式

$$|f(x, y_1) - f(x, y_2)| \leqq K|y_1 - y_2|$$

が成り立つとする．そのとき，$a < x_0 < b, \, c < y_0 < d$ となる $D$ 内の任意の $(x_0, y_0)$ に対して，ある $\delta > 0$ があって，区間 $[x_0 - \delta, x_0 + \delta]$ において，正規形微分方程式

$$\frac{dy}{dx} = f(x, y), \qquad y(x_0) = y_0$$

をみたす関数 $y = y(x)$ がただ一つ存在する．

この解 $y(x)$ は初期条件 $y(x_0) = y_0$ から始めるピカールの逐次近似法で得られる.

定理の $\delta$ は次のように与えることができる. $a < x_0 - A < x_0 + A < b$, $c < y_0 - B < y_0 + B < d$ となる $A, B$ に対して, $\{(x, y) \mid |x - x_0| \leqq A, |y - y_0| \leqq B\}$ における $|f(x, y)|$ の最大値を $M$ とする. そして $A$ と $\dfrac{B}{M}$ の小さい方を $\delta$ とする.

この定理は解が局所的に存在することを主張しているに過ぎない. $D$ が一般の領域 2) のときは, 各 $(x, y) \in D$ を含み $D$ に含まれる長方形でリプシッツ条件が成り立つならば, **局所的リプシッツ条件**をみたすという. ある区間で定義された関数に一致し定義域が真に大きい関数をもとの関数の**延長**といい, それ以上の延長となっている関数がないとき**延長不能**という. 解の延長について次の定理が知られている.

---

**定理 2.2** 正規形微分方程式

$$y' = f(x, y)$$

において, $f(x, y)$ は領域 $D$ で連続であり, 局所的リプシッツ条件をみたすとする. そのとき, すべての解は延長不能な解にまで拡張される.

---

延長不能な解 $y = y(x)$ が区間 $I = (a, b)$ で定義されているとすると, $b$ において

**1°** $b = \infty$,

または $b < \infty$ ならば

**2°** $\displaystyle \lim_{x \to b} y(x) = \infty$ または $-\infty$,

**3°** $\displaystyle \lim_{x \to b} y(x)$ は振動する,

---

2) 平面上の集合 $D$ は任意の 2 点が $D$ に含まれる連続曲線で結ばれるとき**連結**といい, $D$ の任意の点にその点を中心とする円で $D$ に含まれるものがあるとき**開集合**という. そして, 連結な開集合を**領域**という.

**4°** $\lim_{x \to b} y(x) = d$ が存在し点 $(b, d)$ は $D$ の境界上の点.

などとなる. $x = a$ においても同様である

**例 2.2** 微分方程式

$$xy' = y$$

を考えよう. 任意の定数 $c$ に対して $y = cx$ はすべて解になる. したがって初期条件 $y(0) = 0$ をみたす解が無限個あることになる. 正規形に直せば

$$y' = \frac{y}{x}$$

であるが, 右辺は $x = 0$ では定義されておらず, $x = 0$ 上の点が境界上にある領域ではリプシッツ条件をみたしていない. $\Diamond$

**例 2.3** 例 2.1 の

$$y' = f(x, y) = 3y^{\frac{2}{3}}$$

は, 例えば $y_1 = y > 0$, $y_2 = 0$ とすれば,

$$|f(x, y_1) - f(x, y_2)| = 3y^{-\frac{1}{3}}|y_1 - y_2|$$

であって, $3y^{-\frac{1}{3}}$ を $y = 0$ の近くで定数で抑えることはできないのでリプシッツ条件をみたしていない. $\Diamond$

関数 $f(x, y)$ が定理の $D$ 上で $x$ についても $y$ についても微分可能 (すなわち偏微分可能) で, 微分したもの (偏導関数) が $D$ で連続であればリプシッツ条件がみたされることを注意しておこう.

**例 2.4** リプシッツ条件をみたす微分方程式

$$y' = y, \quad y(0) = 1$$

の解をピカールの反復法を用いて解いてみよう.

$$y_0 = 1,$$

$$y_1 = 1 + \int_0^x y_0 \, dt = 1 + x,$$

$$y_2 = 1 + \int_0^x (1+t) \, dt = 1 + x + \frac{x^2}{2},$$

$$\vdots$$

$$y_n = 1 + x + \frac{x^2}{2} + \cdots + \frac{x^n}{n!}$$

であるから

$$y = \sum_{n=0}^{\infty} \frac{x^n}{n!}$$

となる．これは $y = e^x$ のテイラー展開であるから，

$$y = e^x$$

が得られる． ◇

例 **2.5**

$$y' = xy, \qquad y(0) = 1$$

は明らかにリプシッツ条件をみたす．

$$y_0 = 1,$$

$$y_1 = 1 + \int_0^x t \, dt = 1 + \frac{x^2}{2},$$

$$y_2 = 1 + \int_0^x \left( t + \frac{t^3}{2} \right) dt = 1 + \frac{x^2}{2} + \frac{x^4}{4 \cdot 2},$$

$$y_3 = 1 + \frac{x^2}{2} + \frac{x^4}{4 \cdot 2} + \frac{x^6}{6 \cdot 4 \cdot 2},$$

$$\vdots$$

$$y_n = 1 + \frac{x^2}{2} + \frac{x^4}{2^2 \cdot 2!} + \frac{x^6}{2^3 \cdot 3!} + \cdots + \frac{x^{2n}}{2^n n!}$$

となるので
$$y = e^{\frac{x^2}{2}}$$

となる.

24 | 第 2 章 微分方程式とは何か (2)

## ❖ 課外授業 2.1　多変数の微積分より (1)

　独立変数が二つ以上ある関数を多変数関数という．ここでは 2 変数関数について説明するが，3 以上の変数の場合も全く同様である．実数 $x$ と $y$ に実数 $z$ が対応しているとき，$z = f(x, y)$ のように表す．$x, y$ の組を $xy$ 平面上の点 $(x, y)$ と同一視する．関数 $f(x, y)$ が定義される点 $(x, y)$ の全体からなる集合を $f$ の**定義域**という．1 変数のとき，ある点における微分係数は関数のその点における値だけではなく，その点の前後の値を使って定義される．2 変数の場合，微分係数に当たるものを考えるとき，1 点だけではなく，小さい範囲でもよいからその点の周りで定義されている必要がある．そのため，ここでは $f(x, y)$ が定義されている平面上の集合 $D$ はその点を中心とする円の内部が $D$ に完全に含まれるものがある (円は半径がどんなに小さくても良い) ような点からなるとする．このような集合を**開集合**という．平面上の集合は有限な範囲 (同じことであるが，十分大きな半径の円内) にあるとき**有界**であるという．点 $(x, y)$ が $(x_0, y_0)$ に近づくとは $x \to x_0$ かつ $y \to y_0$ となるということであり，$(x, y) \to (x_0, y_0)$ と書く．集合 $S$ 内の $(x, y)$ が $(x, y) \to (x_0, y_0)$ となれば $(x_0, y_0) \in S$ となる性質をもつとき，$S$ は**閉集合**であるという．

　$D$ で定義された関数 $z = f(x, y)$ が $(x_0, y_0)$ において**連続**であるとは，動点 $(x, y)$ が $D$ に属しながら $(x, y) \to (x_0, y_0)$ となるとき，$f(x, y) \to f(x_0, y_0)$ となることをいう．$D$ の各点で連続のとき $D$ で連続であるという．有界な閉集合で定義された連続関数はその集合内の点において最大値，最小値をとる．

　$z = f(x, y)$ の $y$ を定数と考えたものが変数 $x$ の関数として微分可能である，すなわち極限値

$$\lim_{h \to 0} \frac{f(x + h, y) - f(x, y)}{h}$$

が存在するとき，$x$ について**偏微分可能**であるといい，極限値を $(x, y)$ における $x$ に関する**偏微分係数**という．偏微分係数を $(x, y)$ の関数と考えたものが，$f$ の $x$ に関する**偏導関数**であり

$$z_x = f_x(x, y) = \frac{\partial f}{\partial x}(x, y)$$

と表す．同様に $y$ に関する偏導関数，すなわち $x$ を定数と考えて $y$ で微分した導関数を

$$z_y = f_y(x, y) = \frac{\partial f}{\partial y}(x, y)$$

と表す．

偏導関数の偏導関数を 2 階の偏導関数という. $f(x, y)$ の 2 階の偏導関数には $(f_x)_x, (f_x)_y, (f_y)_x, (f_y)_y$ の 4 種類ある. これらはそれぞれ

$$f_{xx} = \frac{\partial^2 f}{\partial x^2}, \quad f_{xy} = \frac{\partial^2 f}{\partial y \partial x}, \quad f_{yx} = \frac{\partial^2 f}{\partial x \partial y}, \quad f_{yy} = \frac{\partial^2 f}{\partial y^2}$$

と表される. 一般には $f_{xy}$ と $f_{yx}$ は等しくないが, もし $f_{xy}(x, y)$ と $f_{yx}(x, y)$ が連続であれば, 微分の順序に関係なく $f_{xy}(x, y) = f_{yx}(x, y)$ が成り立つ (**シュヴァルツの定理**). 3 以上階の偏導関数も考える. 偏微分を行わない元の関数を便宜上 **0 階**の偏導関数とよぶ. $n$ 階の偏導関数がすべて連続であれば $x$ と $y$ の微分の順序によらず微分した回数のみによる. $f(x, y)$ が $D$ において $n$ 回偏微分可能であり, $n$ 階までの偏導関数がすべて連続であるとき, $f$ は $D$ で $\boldsymbol{C^n}$ 級であるという.

$z$ が $x, y$ の偏微分可能な関数 $z = f(x, y)$ であり, $x, y$ が変数 $t$ の微分可能な関数 $x = x(t), \ y = y(t)$ で $(x(t), y(t))$ が $f$ の定義域に含まれれば, $z$ は $t$ の関数となり微分可能である. そのとき, 次の**連鎖法則**が成り立つ.

$$\frac{dz}{dt} = \frac{\partial z}{\partial x}\frac{dx}{dt} + \frac{\partial z}{\partial y}\frac{dy}{dt}. \tag{2.6}$$

また, $z = f(x, y), \quad x = x(s, t), \quad y = y(s, t)$ が $s, t$ の関数であれば, 連鎖法則は

$$\frac{\partial z}{\partial s} = \frac{\partial z}{\partial x}\frac{\partial x}{\partial s} + \frac{\partial z}{\partial y}\frac{\partial y}{\partial s}, \tag{2.7}$$

$$\frac{\partial z}{\partial t} = \frac{\partial z}{\partial x}\frac{\partial x}{\partial t} + \frac{\partial z}{\partial y}\frac{\partial y}{\partial t} \tag{2.8}$$

となる. 例えば, 平面の極座標 $x = r\cos\theta, \quad y = r\sin\theta$ であるとき, $z = f(r\cos\theta, r\sin\theta)$ の $r, \theta$ に関する偏導関数は

$$f_r = f_x \cos\theta + f_y \sin\theta, \quad f_\theta = -f_x r\sin\theta + f_y r\cos\theta \tag{2.9}$$

となる.

26 | 第 2 章　微分方程式とは何か (2)

## ♣ 課外授業 2.2　　解の存在と一意性━━━━━━━━━━━━━━━━

　例 2.3 では，解は存在するが，一意性が成り立たない方程式を見た．この方程式はリプシッツ条件をみたさないものであった．したがって，微分方程式 (2.3) について，リプシッツ条件は解が一意的に存在するための十分条件ではあるが必要条件ではない．解の (局所的) 存在のためには $f(x,y)$ の連続性だけでよい．

---

**定理 2.3**　（コーシー–ペアノの定理）関数 $f(x,y)$ は長方形閉領域 $E = [a,b] \times [c,d]$ で連続であれば，$a < x_0 < b$ となる $E$ 内の任意の $(x_0, y_0)$ に対して，ある $\delta > 0$ があって，区間 $[x_0 - \delta, x_0 + \delta]$ において，微分方程式
$$\frac{dy}{dx} = f(x,y)$$
をみたす関数 $y = y(x)$ が存在する．

---

　証明の方針は下記の通りである．区間 $[x_0, x_0 + \delta]$ を小区間に分割 ($x_0 < x_1 < x_2 < \cdots$) して作った折れ線
$$y = y_k + f(x_k, y_k)(x - x_k) \qquad (x_k \leqq x \leqq x_{k+1})$$
の集合が**正規族**とよばれる関数族になること示し，正規族からはよい性質をもつ関数列を取り出すことができる (**アスコリ–アルツェラの定理**)．同様に $[x_0 - \delta, x_0]$ においても同様の関数列を取り出し，それらの極限関数をつないだものが解であることを示すことができる．アスコリ–アルツェラの定理についての正確な記述は杉浦 [14, II] 第 9 章を参照．

## 演習問題 2

**1.** 次の微分方程式を解き，解は一意であるかどうか述べよ.

   (1)  $y' = \sin \pi x + \cos \dfrac{\pi x}{2}, \qquad y\left(\dfrac{1}{2}\right) = 0$

   (2)  $y'' = \sin x, \qquad y(0) = 0$

   (3)  $y' = \dfrac{1}{x}, \qquad y(1) = 0$

**2.** 次の初期値問題をピカールの逐次近似法で解け.

   (1)  $y' = x + y, \qquad y(0) = 0$

   (2)  $y' = x + xy, \qquad y(0) = 0$

**3.** $D = \{(x, y) \mid |x| < 1, \ |y| < 1\}$ における関数 $f(x, y) = xy$ の $y$ に関する ($x$ に関係しない) リプシッツ定数を求めよ.

# 第3章

## 1階の微分方程式を解く
### (1)

　これまでに微分方程式とはなにか，特にその解が存在しているか，存在するとすればそれは一意に決まるか，ということを中心にして学習してきた．しかし，与えられた微分方程式の解が存在しても，その解を既知の関数を用いて表すことが出来るとは限らない．ここでは，特別な形の微分方程式では実際にそれが可能であることを観察する．ここで扱うのは1階の微分方程式で，変数分離形，同次形，そして線形微分方程式の解の求め方を考える．

### 3.1　方程式の解とはなにか？

　微分方程式の解を求めることは微分方程式の中で最も基本的な問題である．微積分の概念がニュートンとライプニッツによって発見されてから，解析すべき現象を微分方程式として書くことと並んで，その微分方程式の解をどのようにして求めるかは常に微分方程式の中心問題であった．

　微分方程式を解く (解を求める) ことの意味は立場によって異なる．解を既知の関数を組み合わせた式で表現できればそれを微分方程式の解を求めたとすることができる．これを**解析的な解**ということにする．

　一方，特に最近のようにコンピュータの性能が上がってくると，解が式で表される必要はなく，必要な位置での関数の値が数値として求まればよいと考えることもできる．この場合は，関数の定義域のいくつかの点における数値を (十分な精度をもって) 近似的に与えることができれば解が求まったとする．

これを**数値的な解**という.

　最初に微分方程式が考えられた当時はコンピュータがなかったので，主に解析的な解を求める方法で微分方程式が解かれた．解析的な解を求めるための基本的な方法は，与えられた式を変形して最終的にいくつかの式の積分の計算に帰着させることである．

## 3.2　求積法

　**求積法**とは，元来は図形の面積や体積を求める方法を意味していたが，それは定積分を求めることである．微分方程式を解くには積分を繰り返して関数の形を求めることから，微分方程式を解いて解を求める方法を**求積法**とよんでいる．

　第1章で述べたように，微分方程式の解をただ一度の積分で求められるのは

$$y' = f(x)$$

の形である場合である．この場合は

$$\frac{dy}{dx} = f(x)$$

と書けている．左辺を $x$ について積分すると $y(x)$ となる．一方，右辺の $f(x)$ の原始関数を $F(x)$ とすると，両辺を積分することによって

$$y(x) = F(x) + c$$

となって解の一つとして $F(x)$ が求まる．

**例 3.1**　例として

$$\frac{dy}{dx} = \frac{1}{(x-1)(x+1)}$$

を取り上げよう．

$$\frac{dy}{dx} = \frac{1}{(x-1)(x+1)} = \frac{1}{2}\left(\frac{1}{x-1} - \frac{1}{x+1}\right)$$

30 | 第 3 章　1 階の微分方程式を解く (1)

であるので，この両辺を $x$ で積分することにより

$$y = \frac{1}{2}\left(\log|x-1| - \log|x+1|\right) + c = \frac{1}{2}\log\left|\frac{x-1}{x+1}\right| + c$$

が得られる．この解は $x \neq \pm 1$ で定義されているので，任意定数 $c$ は $x < -1,\ -1 < x < 1$ および $1 < x$ で異なった値でもかまわない．言い換えれば，解は方程式が定義されている三つの区間 $(-\infty, -1), (-1, 1), (1, \infty)$ における独立なそれぞれの解からなっている．したがって，方程式の定義域全体における特殊解は各区間での初期条件を与えることにより決められる．　　　♢

## 3.3　変数分離形の微分方程式

このように $\dfrac{dy}{dx} = f(x)$ の形で与えられる微分方程式は両辺を積分することで解が求まる．これに対して，たとえば $\dfrac{x}{y} - y' = 0$ は $y' = \dfrac{x}{y}$ となるのでこの両辺を積分しても $y$ を $x$ の関数として書き表すことはできない．しかし，このような方程式でも少し工夫すれば同じ方法で解を求めることができる．

この微分方程式の特徴は

$$y' = f(x)g(y) \tag{3.1}$$

の形に書けることである．変数 $x$ と $y$ の関数の積に書けることから，これを**変数分離形**の微分方程式という．変数分離形に帰着された微分方程式は**積分**という**操作**で解くことができる．なぜならばまず両辺を $g(y)$ で割って

$$\frac{1}{g(y)}\frac{dy}{dx} = f(x)$$

としてからこの両辺を $x$ で積分する．これが可能なのは $g(y) \neq 0$ のときである．$g(y_0) = 0$ となる数 $y_0$ があるときは，定数関数 $y = y_0$ は (3.1) の解である．$g(y) \neq 0$ のときは左辺の積分は置換積分によって

$$\int \frac{1}{g(y)}\frac{dy}{dx}\,dx = \int \frac{1}{g(y)}\,dy$$

となるから，被積分関数は変数 $y$ だけの積分になる．右辺は変数 $x$ だけの関

数の積分になるので，両辺ともに原始関数が計算できて，既知の関数の組合せ
で表せるときには，微分方程式の解が求まった，ということになる．両辺の原
始関数を求められれば $y$ と $x$ の関係式が求まり，その関係式から $y$ が $x$ の関
数となる形に変換できる．

**例 3.2** 微分方程式

$$\frac{dy}{dx} = \frac{y}{(x-1)(x+1)}$$

は変数分離形である．$y \neq 0$ であれば，

$$\frac{1}{y}\frac{dy}{dx} = \frac{1}{(x-1)(x+1)} = \frac{1}{2}\left(\frac{1}{x-1} - \frac{1}{x+1}\right)$$

であるので，この両辺を $x$ で積分することにより

$$\log|y| = \frac{1}{2}\left(\log|x-1| - \log|x+1|\right) + c = \frac{1}{2}\log\left|\frac{x-1}{x+1}\right| + c$$

が得られる．これより

$$|y| = \exp\left(\log\sqrt{\left|\frac{x-1}{x+1}\right|} + c\right) = e^c\sqrt{\left|\frac{x-1}{x+1}\right|}$$

となるので，任意定数を $C = \pm e^c$ とおくことによって

$$y = C\sqrt{\left|\frac{x-1}{x+1}\right|}$$

が解となる．ここで $C$ はゼロではないが，はじめに除外した $y = 0$ も解であ
るので，$C$ としてゼロも許して，任意の実数とすれば，これが一般解となる．
しかし，例 3.1 と同様に，$x \neq \pm 1$ で解が定義されており，任意定数 $C$ は $x <$
$-1$，$-1 < x < 1$ および $1 < x$ で異なるものである．                    ◇

**例 3.3** もう一つの例として

$$\frac{dy}{dx} = \frac{y^2}{x^2+1}$$

を考えよう．$y \neq 0$ であれば，

$$\frac{1}{y^2}\frac{dy}{dx} = \frac{1}{1+x^2}$$

と変形して両辺を $x$ で積分すると

$$-\frac{1}{y} = \tan^{-1} x + c$$

が得られる．これより一般解は

$$y = -\frac{1}{\tan^{-1} x + c} \tag{3.2}$$

となる．除外した $y = 0$ も明らかに解になっているが，$c$ として何をとっても
この解を (3.2) の一般解に含めることはできない．　　　　　　　　　　◇

　例 3.3 の解 $y = 0$ のように一般解に含まれない解を**特異解**という．

## 3.4　同次形の微分方程式

　変数分離は微分方程式を解く場合の基本的な考え方であるが，**同次形**の方程
式とよばれる微分方程式は，変数分離形の微分方程式に書き直すことができる．
　変数 $y$ と $x$ に対して，$u = \dfrac{y}{x}$ とおく．同次形の微分方程式とは

$$\frac{dy}{dx} = h(u)$$

の形で与えられる微分方程式のことをいう．ここで右辺の $h(u)$ は変数 $u$ の
関数である．
　もっとも簡単な例は

$$\frac{dy}{dx} = \frac{y}{x}$$

で，$h(u) = u$ であるが，これは変数分離形であり，$y = Cx\,(x \neq 0)$ が解と
なっている．一般には次のようにして変数分離形にして解く．$y = ux$ という
関係式の両辺を $x$ で微分して方程式を書き直すと

$$\frac{dy}{dx} = \frac{du}{dx}x + u = h(u)$$

であるから

$$\frac{du}{dx} = \frac{h(u) - u}{x}$$

となる．これは $u$ と $x$ に関する変数分離形の微分方程式である．既に述べた方法により，

$$\int \frac{du}{h(u) - u} = \int \frac{dx}{x}$$

から $u$ を求めれば，$y = ux$ が解として求められる．

## 例 3.4

$$\frac{dy}{dx} = \frac{x}{y}$$

を解いてみよう．$u = \dfrac{y}{x}$ とおいて，方程式を書き換えると $\dfrac{x}{y} = \dfrac{1}{u}$ であるから

$$\frac{du}{dx} = \frac{\dfrac{1}{u} - u}{x} = \frac{1 - u^2}{u} \frac{1}{x}$$

となり，これは変数分離形の方程式であるから，右辺の分子が $0$ ではないとき，

$$\int \frac{u}{1 - u^2} \, du = \int \frac{1}{x} \, dx$$

となる．右辺の積分は $\log |x| + c$ であり，

$$\int \frac{u}{1 - u^2} \, du = \frac{1}{2} \int \left( \frac{1}{1 - u} - \frac{1}{1 + u} \right) du$$
$$= -\frac{1}{2} \log |(1 - u)(1 + u)|$$

となるので，

$$\log |1 - u^2| = -2 \log |x| - 2c$$

となり，ここから $\log$ を取ると

$$1 - u^2 = \pm \frac{e^{-2c}}{x^2}$$

として解が求まる. ここで $a^2 = e^{-2c}$ とおき, $u = \dfrac{y}{x}$ を代入すると一般解

$$x^2 - y^2 = \pm a^2$$

が求まる. この方程式は直角双曲線を表す. 除外した $u = \pm 1$ は $y = \pm x$ であり, これは一般解で $a = 0$ としたものになる. ただし, $y = 0$ は与えられた方程式の形から除外されているので, $x$ 軸上の点は除く. ◇

## 例 3.5

$$\frac{dy}{dx} = \frac{2xy}{x^2 + y^2}$$

を解く. $u = \dfrac{y}{x}$ とおくと

$$\frac{2xy}{x^2 + y^2} = h(u) = \frac{\dfrac{2y}{x}}{1 + \left(\dfrac{y}{x}\right)^2} = \frac{2u}{1 + u^2}$$

となり, 方程式を書き換えると

$$\frac{du}{dx} = \frac{\dfrac{2u}{1 + u^2} - u}{x}$$

となる. $\dfrac{2u}{1 + u^2} - u \neq 0$, すなわち, $u \neq 0, \pm 1$ のときは, これを変形して積分すると

$$\int \frac{1}{\dfrac{2u}{1 + u^2} - u} \, du = \int \frac{1}{x} \, dx = \log |x| + c$$

となる. 左辺の積分を計算すると

$$\int \frac{1}{\dfrac{2u}{1 + u^2} - u} \, du = \int \left(-\frac{1}{u - 1} + \frac{1}{u} - \frac{1}{u + 1}\right) du = \log \left|\frac{u}{u^2 - 1}\right|$$

であるから結局

$$\log \left| \frac{u}{u^2 - 1} \right| = \log |x| + c$$

が得られる．log をはずせば，

$$|x| = e^{-c} \left| \frac{u}{u^2 - 1} \right| = e^{-c} \left| \frac{\dfrac{y}{x}}{\left(\dfrac{y}{x}\right)^2 - 1} \right|$$

となり，これを整理すると

$$y^2 - x^2 = \pm e^{-c} y$$

が最終的な解として現れる．$u = 0, \pm 1$ の場合を除外したが，このときは $y = 0, \pm x$ であり，いずれも元の方程式の解になっている．$x \neq 0$ のときの $y = \pm x$ と $y = 0$ である．そこで $C$ を任意の実数として

$$y^2 - x^2 = Cy$$

とすれば，$y = \pm x$ は一般解に含まれる．しかし，この解曲線から $(0, 0)$ は除かなければならない．$y = 0 \, (x \neq 0)$ は一般解に含まれない特異解である．◇

## 3.5　1階の線形微分方程式

ここでは

$$\frac{dy}{dx} + p(x)y = q(x) \tag{3.3}$$

あるいは

$$\frac{dz}{dx} + p(x)z = 0 \tag{3.4}$$

の形の微分方程式を考える．これらを1階の**線形微分方程式**とよび，特に前者の微分方程式を**非斉次**方程式，後者の微分方程式をそれに付随する**斉次方程式**という．

斉次方程式 (3.4) は変数分離形であるから簡単に解くことができる．すなわ

ち，$z \neq 0$ のとき，

$$\int \frac{dz}{z} = -\int p(x)\,dx$$

より，$\log|z| = -\int p(x)\,dx + c$ となるから，この両辺を指数関数 $e^u$ の変数 $u$ に代入すると $|z| = e^c e^{-\int p(x)\,dx}$ となる．$C = \pm e^c$ とおくと

$$z = Ce^{-\int p(x)\,dx}$$

が一般解として求まる．ここで $C$ はゼロでない任意定数であるが，解 $z = 0$ も含むように $C = 0$ も含めて (3.4) の解であることがわかる．

非斉次の微分方程式 (3.3) の解 $y$ に対して

$$\left(ye^{\int p\,dx}\right)' = y'e^{\int p\,dx} + ype^{\int p\,dx} = qe^{\int p\,dx}$$

が成り立つので

$$ye^{\int p\,dx} = \int qe^{\int p\,dx}\,dx + C.$$

したがって，

$$y(x) = \left(\int q(x)e^{\int p(x)\,dx}\,dx + C\right)e^{-\int p(x)\,dx} \tag{3.5}$$

が求める解である．

この一般解 $y(x)$ は斉次方程式 (3.4) の一般解 $Ce^{-\int p(x)\,dx}$ と (3.5) で $C = 0$ とした解，すなわち非斉次方程式の特解の和になっている．

## 例 3.6

$$\frac{dy}{dx} - 3y = e^x$$

の解を求めよう．(3.3) において $p(x) = -3$，$q(x) = e^x$ の場合であるから，(3.5) によって

$$y(x) = \left(\int e^x e^{-3x}\,dx + C\right)e^{3x} = \left(-\frac{1}{2}e^{-2x} + C\right)e^{3x}$$

$$= -\frac{1}{2}e^x + Ce^{3x}$$

が求める解になる．ここで $C$ は任意の定数である． ◇

**例 3.7**

$$\frac{dy}{dx} - 2xy = x^3$$

は，(3.3) において $p(x) = -2x, \quad q(x) = x^3$ の場合であるから，(3.5) により

$$y(x) = \left\{ \int x^3 e^{\int(-2x)\,dx}dx + C \right\} e^{\int 2x\,dx} = \left\{ \int x^3 e^{-x^2}\,dx + C \right\} e^{x^2}$$

$$= \left\{ -\frac{1}{2} \int x^2(e^{-x^2})'\,dx + C \right\} e^{x^2}$$

$$= \left\{ -\frac{1}{2}\left( x^2 e^{-x^2} - \int 2xe^{-x^2}\,dx \right) + C \right\} e^{x^2}$$

$$= \left\{ -\frac{1}{2}(x^2 e^{-x^2} + e^{-x^2}) + C \right\} e^{x^2} = -\frac{1}{2}(x^2 + 1) + Ce^{x^2}$$

となる．ここで $C$ は任意の定数である． ◇

### 3.5.1　1 階線形微分方程式に帰着される方程式

❖**1.** ベルヌーイの微分方程式

$$y' + p(x)y = q(x)y^{\alpha} \qquad (\alpha \neq 0, 1)$$

$u = y^{1-\alpha}$ とおくと，

$$u' = (1-\alpha)y^{-\alpha}y' = -p(x)(1-\alpha)y^{1-\alpha} + (1-\alpha)q(x)$$

となり，$u$ に関する 1 階線形微分方程式

$$u' + (1-\alpha)p(x)u = (1-\alpha)q(x)$$

となる．

**例 3.8**　ベルヌーイの微分方程式

$$y' + y \tan x = y^2$$

を解こう. $y = \dfrac{1}{u}$ と置き換えると

$$u' - u \tan x = -1$$

となる. 両辺に $\cos x$ を掛けると

$$u' \cos x - u \sin x = - \cos x$$

となり, 左辺は $(u \cos x)'$ であるから,

$$u \cos x = - \sin x + C.$$

ゆえに解は

$$y = \frac{1}{u} = \frac{\cos x}{- \sin x + C}$$

となる. ◇

## ❖2. リッカチの微分方程式

$$y' = p(x)y^2 + q(x)y + r(x) \tag{3.6}$$

この方程式の一つの解 $y = \eta(x)$ が既知であるとする. $y = \eta + \dfrac{1}{u}$ とおき, $y$ と

$$y' = \eta' - \frac{1}{u^2}u'$$

を与えられた方程式に代入すれば,

$$\eta' - \frac{1}{u^2}u' = p\left(\eta + \frac{1}{u}\right)^2 + q\left(\eta + \frac{1}{u}\right) + r$$

であるが, $\eta' = p\eta^2 + q\eta + r$ を代入して整理すれば,

$$\frac{u'}{u^2} = -\frac{2p\eta + q}{u} - \frac{p}{u^2}$$

となり, 線形微分方程式

$$u' + \{2p(x)\eta(x) + q(x)\}u = -p(x)$$

に帰着される．

リッカチの方程式 (3.6) が $p(x) + q(x) + r(x) = 0$ であれば $y = 1$ が解になる．

**例 3.9**

$$y' = e^x y^2 - (2e^x - 1)y + e^x - 1$$

は $y = 1$ を解にもつので $y = 1 + \dfrac{1}{u}$ とおくことによって $u$ の線形微分方程式

$$u' + u = -e^x$$

が得られる．

$$(e^x u)' = e^x(u' + u) = -e^{2x}$$

であるから

$$u = e^{-x}\left(-\frac{e^{2x}}{2} + C\right) = -\frac{e^x}{2} + Ce^{-x}$$

となる．したがって

$$y = 1 + \frac{1}{u} = \frac{-e^x + 2 + 2Ce^{-x}}{-e^x + 2Ce^{-x}}$$

が一般解である．

40 | 第 3 章　1 階の微分方程式を解く (1)

## 演習問題 3

**1.** 次の変数分離形の 1 階微分方程式を解け.

(1)　$y' = x(y - 1)$

(2)　$y' = x(y^2 - 1)$

(3)　$y' = \dfrac{1 + y}{\sin x}$

(4)　$xy' = y(y + 1)$

**2.** 次の同次形の 1 階微分方程式を解け.

(1)　$y' = \dfrac{x - y}{x + y}$

(2)　$y' = \dfrac{2y}{x - y}$

(3)　$y' = \dfrac{x^2 - y^2}{2xy}$

(4)　$y' = \dfrac{x}{y} + \dfrac{y}{x}$

**3.** 次の非斉次の 1 階微分方程式を解け.

(1)　$y' + xy = x$

(2)　$y' + xy = 2xe^{-x^2/2}$

(3)　$y' - ay = be^{-\lambda x}$

(4)　$y' - \dfrac{y}{x} = \dfrac{a}{x}$

**4.** 1 階の非斉次線型微分方程式

$$\frac{dy}{dx} + p(x)y = q(x)$$

に対して，$z(x)$ をその斉次微分方程式 $\dfrac{dz}{dx} + p(x)z = 0$ の解とする．非斉次
の方程式の両辺に $\dfrac{1}{z}$ をかけて変形することにより，微分方程式

$$\left(\frac{y}{z}\right)' = \frac{1}{z}q(x)$$

を導け (この方程式を解くことにより別の方法で非斉次の方程式の解 $y$ が得られる).

# 第4章

## 1階の微分方程式を解く (2)

本章では**全微分方程式**を扱う．この微分方程式は変数分離形を一般化した微分方程式の一種であるが，それに留まらずその解が幾何学的な意味の背景をもつもので，

$$\frac{dy}{dx} = -\frac{P(x,y)}{Q(x,y)}$$

という形で与えられる方程式である．その一般解 $y(x)$ は等式

$$U(x,y) = C \qquad (C \text{ は任意定数})$$

によって定義される関数 (陰関数) になるが，このような解が存在する条件，求め方について説明する．

### 4.1 全微分方程式

本章で考える微分方程式は

$$P(x,y) + Q(x,y)\frac{dy}{dx} = 0 \tag{4.1}$$

で与えられる．これは形式的に

$$P(x,y)\,dx + Q(x,y)\,dy = 0 \tag{4.2}$$

と書き表すことができる. (4.2) の形の方程式を**全微分方程式**という. $P(x, y)$ と $Q(x, y)$ は考える領域 $D$ で $C^1$ 級であり, $P(x, y)$ と $Q(x, y)$ は同時には 0 にならないものとする. 一般に, 微分 $dx, dy$ が入った式 (**微分形式**) の厳密な取り扱いには準備が必要となるので深入りせず, 本書の中では, (4.2) の形の微分方程式は常に (4.1) または

$$P(x, y)\frac{dx}{dy} + Q(x, y) = 0$$

の形式的な書き方と解釈する.

$C^2$ 級関数 $U(x, y)$ でその全微分が

$$dU(x, y) = P(x, y)\, dx + Q(x, y)\, dy \tag{4.3}$$

となるものがあれば, $U_x(x, y) = P(x; y),\ \ U_y(x, y) = Q(x, y)$ となる. このとき

$$dU(x, y) = 0$$

であるから, ある定数 $C$ に対して

$$U(x, y) = C$$

となる. $(x_0, y_0) \in D$ で $U(x_0, y_0) = C$ かつ $Q(x_0, y_0) \neq 0$ をみたす点とすれば, $U_y(x_0, y_0) \neq 0$ であるから, 陰関数の定理 (課外授業 4.2) により $x_0$ を含むある開区間 $I$ で定義された $C^1$ 級関数 $y = \varphi(x)$ で, $\varphi(x_0) = y_0, U(x, \varphi(x)) = C\ (x \in I)$ となるとなるものが存在して,

$$\varphi'(x) = -\frac{U_x(x, \varphi(x))}{U_y(x, \varphi(x))} = -\frac{P(x, \varphi(x))}{Q(x, \varphi(x))}$$

をみたす. したがって, $y = \varphi(x)$ は全微分方程式 (4.2) の初期条件 $y(x_0) = y_0$ をみたす解である. $Q(x_0, y_0) = 0$ であっても $P(x_0, y_0) \neq 0$ であれば, $y$ の関数 $x = \psi(y)$ で (4.2) の初期条件 $x(y_0) = x_0$ をみたす解が得られる.

(4.3) が成り立つような関数 $U(x, y)$ が存在するとき微分式 $P(x, y)\, dx + Q(x, y)\, dy$ は**完全**であるといい, 微分方程式 (4.2) は**完全微分形**の方程式あるいは**完全微分方程式**であるという.

44 | 第 4 章 1 階の微分方程式を解く (2)

微分方程式 (4.2) が完全形で $C^2$ 級関数 $U(x, y)$ によって (4.3) が成り立っているとする. $C^2$ 級であれば $U_{xy}(x, y) = U_{yx}(x, y)$ が成り立つ (シュヴァルツの定理). したがって,

$$P_y(x, y) = Q_x(x, y)$$

が成り立つ. 実はこの等式の条件があれば完全になる. すなわち次の定理が成り立つ.

---

**定理 4.1**　$P(x, y)$ と $Q(x, y)$ は領域 $D$ において $C^1$ 級関数とする. 条件

$$\frac{\partial P}{\partial y} = \frac{\partial Q}{\partial x} \tag{4.4}$$

は全微分方程式 $P(x, y)\,dx + Q(x, y)\,dy = 0$ が $C^2$ 級関数によって完全形であるための必要十分条件である.

---

(4.4) は**完全微分条件**とよばれる.

**証明**　$(x_0, y_0) \in D$ と $(x, y) \in D$ を 2 頂点とする長方形が $D$ に含まれるとする. そこで 2 変数関数 $U(x, y)$ を

$$U(x, y) = \int_{x_0}^{x} P(s, y_0)\,ds + \int_{y_0}^{y} Q(x, t)\,dt \tag{4.5}$$

によって定める. $Q_x(x, y)$ が連続であるから積分と微分の順序を変更することができ

$$\begin{aligned}
\frac{\partial U}{\partial x} &= P(x, y_0) + \frac{\partial}{\partial x} \int_{y_0}^{y} Q(x, t)\,dt \\
&= P(x, y_0) + \int_{y_0}^{y} \frac{\partial}{\partial x} Q(x, t)\,dt \\
&= P(x, y_0) + \int_{y_0}^{y} \frac{\partial}{\partial t} P(x, t)\,dt \quad ((4.4) \text{ による}) \\
&= P(x, y_0) + \Big[ P(x, t) \Big]_{t=y_0}^{t=y} = P(x, y)
\end{aligned}$$

となり, 同様に $y$ による偏導関数も

$$\frac{\partial U}{\partial y} = Q(x, y)$$

となる．したがって，(4.3) が成り立ち全微分方程式は完全である．　　　□

> **系 4.1**　$P(x, y)$ と $Q(x, y)$ は長方形領域 $D$ において $C^1$ 級関数であり，全微分方程式 $P(x, y)\,dx + Q(x, y)\,dy = 0$ が完全であれば，解は
> $$U(x, y) = \int_{x_0}^{x} P(s, y_0)\,ds + \int_{y_0}^{y} Q(x, t)\,dt = C$$
> あるいは
> $$V(x, y) = \int_{x_0}^{x} P(s, y)\,ds + \int_{y_0}^{y} Q(x_0, t)\,dt = C$$
> によって与えられる．

(4.5) における $(x_0, y_0)$ を別の点にとって計算しても，得られる $U(x, y)$ との間には定数の差しか現れない．また系におけるように異なる経路で積分しても積分が得られるが，その値は等しい (課外授業 4.3 を参照).

ここで示した事実

「もし条件 (4.4) をみたしていれば，関数 $U(x, y)$ が存在して

$$\frac{\partial U(x, y)}{\partial x} = P(x, y), \qquad \frac{\partial U(x, y)}{\partial y} = Q(x, y)$$

となる.」

を**ポアンカレの補題**という．

**例 4.1**　全微分方程式

$$(3x^2 + 2xy + y^2)\,dx + (x^2 + 2xy + 3y^2)\,dy = 0 \tag{4.6}$$

は

$$\frac{\partial}{\partial y}(3x^2 + 2xy + y^2) = 2x + 2y,$$
$$\frac{\partial}{\partial x}(x^2 + 2xy + 3y^2) = 2x + 2y \tag{4.7}$$

となるので，完全微分の条件をみたす．そこで (4.5) の公式において $x_0 = 0$, $y_0 = 0$ として次の積分を計算する．

$$\int_0^p 3x^2\,dx + \int_0^q (p^2 + 2py + 3y^2)\,dy = p^3 + p^2 q + pq^2 + q^3 \tag{4.8}$$

ここで $p = x$, $q = y$ と置き換えた式が $U(x, y)$ で，

$$U(x, y) = x^3 + x^2 y + xy^2 + y^3 = C \tag{4.9}$$

が求める一般解になる．

## 4.2 積分因子

例 4.2 全微分方程式

$$y\,dx - x\,dy = 0 \tag{4.10}$$

は完全形ではない．しかし，$y^{-2}$ を掛けることによって

$$d\left(\frac{x}{y}\right) = \frac{y\,dx - x\,dy}{y^2} = 0 \tag{4.11}$$

となり完全形になる．また $\dfrac{1}{x^2 + y^2}$ を掛ければ，

$$d\tan^{-1}\frac{x}{y} = \frac{y\,dx - x\,dy}{x^2 + y^2} = 0 \tag{4.12}$$

と完全形にすることができる． ◇

　このように，全微分方程式 (4.2) が完全微分条件 (4.4) をみたしていない場合に，関数 $\lambda(x, y)$ を掛けることによって

$$\lambda(x, y)P(x, y)\,dx + \lambda(x, y)Q(x, y)\,dy = 0 \tag{4.13}$$

が完全形になれば解くことができる。すると完全微分条件は，

$$\frac{\partial(\lambda(x,y)P(x,y))}{\partial y} = \frac{\partial(\lambda(x,y)Q(x,y))}{\partial x} \tag{4.14}$$

となる。このとき，

$$dU(x,y) = \lambda(x,y)P(x,y)\,dx + \lambda(x,y)Q(x,y)\,dy$$

となる $U(x,y)$ があるが，$\lambda(x,y)$ を**積分因子**といい，$U(x,y)$ を (4.2) の**積分**という。例 4.2 に見るように積分因子と積分は一意的には決まらない。これらについては次の定理が成り立つ。

---

**定理 4.2** (1) 関数 $U(x,y)$ を (4.2) の積分とする。任意の一変数関数 $A(u)$ に対して $A(U(x,y))$ はやはり (4.2) の積分となる。逆に，任意の (4.2) の積分 $V(x,y)$ に対して $U(x,y)$ と $V(x,y)$ は関数関係がある，すなわち $F(U(x,y),V(x,y)) = 0$ となる関数 $F(u,v)$ がある。

(2) $\lambda(x,y)$ を (4.2) の任意の積分因子，$U(x,y)$ を任意の積分とする。このとき $\mu(x,y) = \lambda(x,y)U(x,y)$ も (4.2) の積分因子である。逆に $\lambda, \mu$ を (4.2) の任意の積分因子とすると $\dfrac{\mu}{\lambda}$ は定数ではないとき (4.2) の積分である。

---

この定理の証明の概略は課外授業 4.4 参照．

**例 4.3** 微分方程式

$$(xy^2 + xy^2\cos x + xy\cos y)\,dx + (xy\sin x - x^2 y\sin y + x^2 y)\,dy = 0$$

を考える。ここで，

$$P(x,y) = xy^2 + xy^2\cos x + xy\cos y,$$

$$Q(x,y) = xy\sin x - x^2 y\sin y + x^2 y$$

とすると

$$\frac{\partial P}{\partial y} - \frac{\partial Q}{\partial x} = xy\cos x + x\cos y - y\sin x + yx\sin y \neq 0$$

であるから，完全微分方程式ではない．しかし，積分因子として $\lambda = \dfrac{1}{xy}$ をとれば，完全微分方程式

$$(y\cos x + \cos y + y)\,dx + (\sin x - x\sin y + x)\,dy = 0$$

になる．このとき，(4.5) において $(x_0, y_0) = (0,0)$ することによって積分として

$$U(x,y) = y\sin x + x\cos y + xy$$

が出てくる． $\diamondsuit$

### ❖ 積分因子の方程式

積分因子 $\lambda(x,y)$ のみたす条件は (4.14) である．

$$\frac{\partial(\lambda P)}{\partial y} = \frac{\partial \lambda}{\partial y}P + \lambda\frac{\partial P}{\partial y}, \qquad \frac{\partial(\lambda Q)}{\partial x} = \frac{\partial \lambda}{\partial x}Q + \lambda\frac{\partial Q}{\partial x}$$

の二つの方程式のそれぞれの辺を引くことにより

$$\frac{\partial \lambda}{\partial y}P - \frac{\partial \lambda}{\partial x}Q = -\lambda\frac{\partial P}{\partial y} + \lambda\frac{\partial Q}{\partial x}$$

が得られる．この両辺を $\lambda$ で割ることによって，$\lambda(x,y)$ に対する偏微分方程式

$$\frac{1}{\lambda}\left(\frac{\partial \lambda}{\partial y}P - \frac{\partial \lambda}{\partial x}Q\right) = -\left(\frac{\partial P}{\partial y} - \frac{\partial Q}{\partial x}\right)$$

が得られる．これらは偏微分方程式なので，必ずしも簡単に解けないが，限られた場合には積分因子を求める重要な手がかりになる．

**1°** $(P_y - Q_x)/Q$ が $x$ のみの関数のとき．

積分因子を $x$ のみの関数として求めることができる．実際，$\lambda_y = 0$ として

$$\frac{1}{\lambda}\frac{d\lambda}{dx} = \frac{P_y - P_x}{P}$$

の解 $\lambda = \lambda(x)$ が積分因子となる．このとき

$$\log |\lambda| = \int (P_y - Q_x)/Q \, dx$$

であるから

$$e^{\int (P_y - Q_x)/Q \, dx}$$

を積分因子としてとることができる．

**2°** $(P_y - Q_x)/Q$ が $y$ のみの関数のとき．

同様に積分因子として $y$ の関数

$$e^{-\int (P_y - Q_x)/P \, dy}$$

をとることができる．

## 4.3 包絡線と特異解

例 1.6 で円群

$$(x - c)^2 + (y - 1)^2 = 1 \tag{4.15}$$

のみたす微分方程式は

$$(y - 1)^2(y'^2 + 1) = 1 \tag{4.16}$$

であることを見た．ここでは，$c$ がパラメーターであることを強調し $t$ で表し，円 (4.15) を $C_t$ で表すことにしよう．微分方程式 (4.16) が与えられたとして，これを求積法で解いてみる．$y = 1$ は除かれなくてはならないことを注意する．

$$y'^2 = \frac{1}{(y-1)^2} - 1 = \frac{1 - (y-1)^2}{(y-1)^2}$$

であるから，変数分離形で，$(y-1)^2 \neq 1$，すなわち $y \neq 0, 2$ のとき，

$$\pm \frac{y-1}{\sqrt{1 - (y-1)^2}} y' = 1$$

となる．$s = (y-1)^2$ とおき，任意定数を $-t$ とすれば

と変換されるから，
$$\mp\sqrt{1-s} = x-t$$
となり，
$$(x-t)^2 + (y-1)^2 = 1 \tag{4.17}$$
となる．

除外した $y=0$ および $y=2$ も解であるが，これらは一般解 (4.17) の任意定数 $t$ に何を代入しても得られないので，特異解である．

この特異解を表す曲線を $C: y=0$ と $C': y=2$ としよう．$C$ は，パラメーター表示で，$x=x(t)=t,\ y=y(t)=0$ であるとすれば，すべての $t$ について $(x(t), y(t)) \in C_t$ であり，点 $(x(t), y(t))$ において $C_t$ に接している．また，$C'$ をパラメーター表示で $x=x(t),\ y=y(t)=2$ とすれば $(x(t), y(t)) \in C_t$ であり，この点において $C'$ は $C_t$ に接している．

このように曲線群 $C_t: f(x,y,t)=0$ に対して，$t$ をパラメーターにもつ曲線 $C: x=x(t),\ y=y(t)$ が，$(x(t), y(t)) \in C_t$ であり，この点において $C_t$ と $C$ が接するとき，$C$ をこの曲線群の**包絡線**という (図 4.1)．二つの曲線が接するということは，共通の接線をもつということである．$C_t$ の接線の傾

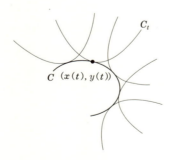

図 **4.1**　包絡線

きは，陰関数の定理から $y' = -\dfrac{f_x(x(t), y(t), t)}{f_y(x(t), y(t), t)}$ であり，$C$ の接線の傾きは

$\dfrac{dy/dt}{dx/dt} = \dfrac{dy}{dx}$ である．したがって

$$f_x(x(t), y(t), t)\frac{dx}{dt} + f_y(x(t), y(t), t)\frac{dy}{dt} = 0$$

となる．すべての $t$ に対して $f(x(t), y(t), t) = 0$ であるから，$t$ で微分すれば連鎖法則より

$$\frac{d}{dt}(f(x(t), y(t), t)) = f_x(x(t), y(t), t)\frac{dx}{dt} + f_y(x(t), y(t), t)\frac{dy}{dt}$$
$$+ f_t(x(t), y(t), t) = 0$$

となり

$$f_t(x(t), y(t), t) = 0$$

が得られる．

逆に曲線群 $C_t : f(x, y, t) = 0$ が与えられ，二つの式

$$f(x, y, t) = 0, \quad f_t(x, y, t) = 0$$

が $x, y$ について解けて，$x = x(t), \quad y = y(t)$ が得られれば，$t$ をパラメーターとする曲線 $C$ である．もし $C$ 上で $f_x(x, y, t) = f_y(x, y, t) = 0$ とならなければ $C$ は曲線群 $C_t$ の包絡線である．$f_x(x, y, t) = f_y(x, y, t) = 0$ となる点は $C_t$ の**特異点**とよばれている．

1 階の微分方程式

$$y' = F(x, y) \tag{4.18}$$

が，任意定数を $t$ とする一般解が $C_t : f(x, y, t) = 0$ で表されていれば，包絡線 $C : x = x(t), \quad y = y(t)$ があれば，それも解になり特異解である．包絡線も解になっているときは，包絡線上を $t = t_0$ まで進み，そこから $C_{t_0}$ に入る曲線も解曲線となる．この場合は解の一意性が成り立たない．

## ❖ クレローの微分方程式

微分可能関数 $f(x)$ によって

$$y = xy' + f(y') \qquad (4.19)$$

と表される方程式を**クレローの微分方程式**という．両辺を微分すると $y' = y' + xy'' + f'(y')y''$ であるから

$$y''(x + f'(y')) = 0$$

という関係がある．$y'' = 0$ のとき，$c$ を任意定数として $y' = c$ である．そのとき (4.19) は

$$y = cx + f(c)$$

という直線 $C_t$ を表す．これが一般解である．$x + f'(y') = 0$ のときは

$$\begin{cases} y = xy' + f(y'), \\ x + f'(y') = 0 \end{cases}$$

から $y'$ を消去して $x$ の関数 $y$ を求めればよい．これは

$$\begin{cases} F(x, y, c) = cx - y + f(c) = 0, \\ F_c(x, y, c) = x + f'(c) = 0 \end{cases}$$

から $c$ を消去したものであるから，曲線群 (実は直線群) $\{C_t\}$ の包絡線であるような特異解である．

## ❖ 課外授業 4.1　　多変数の微積分より (2)　　全微分——————————————————

1 変数関数 $y = f(x)$ に対して $x$ の増分 $\Delta x$ に対応する $y$ の増分を

$$\Delta y = f(x + \Delta x) - f(x)$$

とする．$f(x)$ が微分可能であることは

$$\Delta y = A\Delta x + o(|\Delta x|) \tag{4.20}$$

となる $\Delta x$ に関係しない $x$ の関数 $A = A(x)$ が存在することであり，そのとき $A = f'(x)$ であるということができる．(4.20) の 1 次近似 $f'(x)\Delta x$ を $y$ の**微分**といい，$dy$ と表す．$f(x) = x$ のときを考えれば，$dx = \Delta x$ である．したがって，一般に $dy = f'(x)dx$ となる．$\Delta x$ に関係なく $dy = 0$ となるのは $f(x + \Delta x) - f(x) = 0$ であるから，$f(x) = $ 定数となるときである．

2 変数関数 $z = f(x, y)$ において，$x$ の増分 $\Delta x$，$y$ の増分 $\Delta y$ に関する $z$ の増分が

$$\Delta z = f(x + \Delta x, y + \Delta y) - f(x, y) = A\Delta x + B\Delta y + o(\sqrt{(\Delta x)^2 + (\Delta y)^2})$$

が成り立つとき，$z = f(x, y)$ は**全微分可能**であるという．$\Delta z$ の 1 次近似 $A\Delta x + B\Delta y$ を $z$ の**全微分**といい $dz$ と表す．$\Delta y = 0$ としてみれば，$A = f_x(x, y)$ であり，$\Delta x = 0$ のときをみれば，$B = f_y(x, y)$ であることがわかる．1 変数と同じく，$f(x, y) = x$ のとき，$f(x, y) = y$ のときを考えれば，独立変数 $x, y$ については $\Delta x = dx$，$\Delta y = dy$ である．したがって

$$dz = f_x(x, y)dx + f_y(x, y)dy$$

である．$dz = 0$ となるのは $f(x, y)$ が定数関数のときである．

54 第 4 章　1 階の微分方程式を解く (2)

## ♣ 課外授業 4.2　多変数の微積分より (3)　陰関数の定理

2 変数関数 $F(x, y)$ で与えられる式

$$F(x, y) = 0 \tag{4.21}$$

が $y$ について解ければ，$y$ は $x$ の関数であるが $y = \varphi(x)$ という形に明示的に書かなくても，(4.21) で $x$ の関数 $y$ が与えられたものと考え，(4.21) によって定義される陰関数という．$F(x, y)$ が $C^1$ 級，かつ $F(x_0, y_0) = 0$，$F_y(x_0, y_0) \neq 0$ であれば，$\varphi(x_0) = y_0$，かつ $F(x, \varphi(x)) = 0$ となる $C^1$ 級関数 $y = \varphi(x)$ が $x = x_0$ の近くで存在する (陰関数の定理) ことが示される．このとき

$$\varphi'(x) = -\frac{F_x(x, y)}{F_y(x, y)}$$

である．例えば，$F(x, y) = x^2 + y^2 - 1$ のとき $F(x_0, y_0) = 0$ となる $(x_0, y_0)$ は円 $x^2 + y^2 = 1$ 上にあり，$F_y(x_0, y_0) = 2y_0 > 0$ であれば $y = \varphi(x) = \sqrt{1 - x^2}$ となる．また，$y' = -F_x/F_y = -\dfrac{x}{y} = -\dfrac{x}{\sqrt{1 - x^2}}$ となる．

## ♣ 課外授業 4.3　微分形式の積分

2 変数関数 $F(x, y)$ の区分的に滑らかな平面曲線

$$\Gamma : x = x(t), \ y = y(t) \qquad (\alpha \leqq t \leqq \beta)$$

に沿った $x$ 方向と $y$ 方向の線積分はそれぞれ

$$\int_\Gamma F(x, y)\, dx = \int_\alpha^\beta F(x(t), y(t)) x'(t)\, dt,$$

$$\int_\Gamma F(x, y)\, dy = \int_\alpha^\beta F(x(t), y(t)) y'(t)\, dt$$

によって定義され，微分形式 $\omega = P(x, y)\, dx + Q(x, y)\, dy$ の $\Gamma$ に沿った線積分は

$$\int_\Gamma \omega = \int_\Gamma P(x, y)\, dx + Q(x, y)\, dy = \int_\Gamma P(x, y)\, dx + \int_\Gamma Q(x, y)\, dy$$

によって定義される．$\Gamma$ が閉曲線 (始点と終点が一致する曲線) の場合には

$$\oint_\Gamma \omega$$

と書く．始点と終点を除いて自分自身とは交わらない曲線は単純であるとよばれる．次の定理は線積分と重積分を結びつけるものである．

---

**定理 4.3**　(グリーンの定理) 有界領域 $D$ の境界 $\partial D$ は有限個の区分的に滑らかな単純閉曲線からなっており，$D$ の内部を左に見る向きを正とする向きがついているとする．$P(x, y), Q(x, y)$ が $D \cup (\partial D)$ を含む領域で $C^1$ 級であるとすると

$$\iint_D \left( \frac{\partial Q}{\partial x} - \frac{\partial P}{\partial y} \right) dxdy = \oint_{\partial D} P(x, y)\, dx + Q(x, y)\, dy$$

が成り立つ．

---

完全微分条件があれば左辺が 0 であるから，$(x_0, y_0)$ から $(x, y)$ への二つの積分路 $\Gamma_1$ と $\Gamma_2$ があれば，$\Gamma_1$ を $(x_0, y_0)$ から $(x, y)$ へ進み，続けて $\Gamma_2$ の逆向きの路 $-\Gamma_2$ を通る閉曲線 $\Gamma$ を考える．$\omega = Pdx + Qdy$ とする．

$$\int_{\Gamma_1} \omega - \int_{\Gamma_2} \omega = \oint_\Gamma \omega = 0$$

となり，積分路の選び方によらないことがわかる．

特に $\Gamma$ として $(x_0, y_0)$ から $(x, y_0)$ までの線分と $(x, y_0)$ から $(x, y)$ までの線分をつないだ折れ線とすれば，

$$\Gamma_1 : x(t) = t, \quad y(t) = y_0 \qquad (x_0 \leqq t \leqq x),$$

$$\Gamma_2 : x(s) = x, \quad y(s) = s \qquad (y_0 \leqq s \leqq y)$$

であるから

$$\begin{aligned}
\int_\Gamma P\, dx + Q\, dy &= \int_{\Gamma_1} P\, dx + Q\, dy + \int_{\Gamma_2} P\, dx + Q\, dy \\
&= \int_{x_0}^x \{ P(t, y_0) \times 1 + Q(t, y_0) \times 0 \}\, dt \\
&\quad + \int_{y_0}^y \{ P(x, s) \times 0 + Q(x, s) \times 1 \}\, ds \\
&= \int_{x_0}^x P(t, y_0)\, dt + \int_{y_0}^y Q(x, s)\, ds
\end{aligned}$$

となる．したがって，積分 $U(x, y)$ としては $(x_0, y_0)$ から $(x, y)$ への任意の単純な区分的に滑らかな曲線 $\Gamma$ によって定義される

$$U = \int_\Gamma P(x, y)\, dx + Q(x, y)\, dy$$

56 | 第 4 章　1 階の微分方程式を解く (2)

をとることができる.

　積分路の始点を $(x_1, y_1)$ によって定義すれば,$(x_0, y_0)$ を始点にとった積分とはこの 2 点を結ぶ曲線上の積分である定数を除いて一致する.

❖ 課外授業 4.4　全微分方程式の積分について──────────────

　まず定理 4.2 の (1) を見るために,二つの関数が関数関係がある (関連する) ことについて述べておく.

　$(x, y)$ 平面上の集合 $D$ で定義され $(u, v)$ 平面への写像 $(x, y) \mapsto (u, v)$ が二つの関数

$$u = u(x, y), \qquad v = v(x, y)$$

で与えられているとする.もしこの写像の値域 (像) を含む集合で定義された $C^r$ 級の関数 $F(u, v)$ で $F(u, v) = 0$ となる点の集合が空ではなく,内点をもたないものが存在して,$D$ で恒等的に

$$F(u(x, y), v(x, y)) = 0$$

となるとき,$u, v$ は $D$ で $C^r$ 関数関係があるという.関数関係について次の定理が知られている (一松 [6] IX 章 §9 参照).

---

定理 4.4　領域 $D$ において $C^1$ 級関数 $u(x, y), v(x, y)$ が $C^0$ 関数関係があれば,ヤコビアン

$$J = \frac{\partial(u, v)}{\partial(x, y)} = u_x(x, y) v_y(x, y) - u_y(x, y) v_x(x, y)$$

は $D$ で恒等的に 0 である.

　逆に $(x_0, y_0)$ の近傍で $J$ が $D$ で恒等的に 0 であり,$(x_0, y_0)$ において $u_x$,$u_y, v_x, v_y$ の少なくとも一つが 0 ではないならば,$u$ と $v$ は $(x_0, y_0)$ の十分小さな近傍において $C^1$ 関数関係がある.

---

　関数 $U(x, y)$ と $V(x, y)$ がともに全微分方程式

$$P(x, y)\, dx + Q(x, y)\, dy = 0$$

の積分である,すなわち,ある積分因子 $\lambda, \mu$ によって

$$dU = \lambda P\,dx + \lambda Q\,dy, \quad dV = \mu P\,dx + \mu Q\,dy$$

とする．このとき

$$\frac{\partial(U,V)}{\partial(x,y)} = U_x V_y - U_y V_x = (\lambda P)(\mu Q) - (\lambda Q)(\mu P) = 0$$

となる．全微分方程式では $P, Q$ が同時には $0$ にならないとしているので，$U_x, U_y, V_x, V_y$ は同時にすべて $0$ ということはない．したがって定理によって，関数 $F(u,v)$ が存在して

$$F(U,V) = 0$$

となる．

例 4.2 の場合，$U = \dfrac{x}{y}$，$V = \tan^{-1}\dfrac{x}{y}$ はともに $y\,dx - x\,dy = 0$ の積分であり，$V = \tan^{-1} U$ という関係がある．この例のように積分 $U$ の関数 $A(U)$ を考えれば

$$dU = \lambda P\,dx + \lambda Q\,dy$$

のとき，

$$d(A(U)) = A'(U)U_x\,dx + A'(U)U_y\,dy = A'(U)\lambda P\,dx + A'(U)\lambda Q\,dy$$

となり，$A(U)$ も積分であることがわかる．

次に定理 4.2 の (2) を見よう．$U$ を系 4.1 の積分とすれば，ある積分因子 $\mu$ によって

$$dU = \mu P\,dx + \mu Q\,dy$$

であって

$$(\mu P)_y = (\mu Q)_x$$

をみたす．一方 $\lambda$ も積分因子であるから

$$(\lambda P)_y = (\lambda Q)_x$$

である．すると

$$(\lambda U)_y = \lambda_y U + \lambda U_y = \lambda_y U + \lambda \mu Q,$$

$$(\lambda U)_x = \lambda_x U + \lambda U_x = \lambda_x U + \lambda \mu P$$

であるから

$$d(\lambda U) = U\lambda_y\,dx + U\lambda_x\,dy + \lambda\mu(Q\,dx + P\,dy)$$

となる.

(2) の後半：$\lambda$ を $P\,dx + Q\,dy = 0$ の積分因子，$U$ をある積分因子 $\nu$ に対する積分とすれば

$$(\lambda P)_y = (\lambda Q)_x, \qquad U_x = \nu P, \qquad U_y = \nu Q,$$

であるから

$$(\mu P)_y = (\lambda U P)_y = (\lambda P)_y U + (\lambda P) U_y = (\lambda Q)_x U + \lambda\nu PQ$$

かつ

$$(\mu Q)_x = (\lambda U Q)_x = (\lambda Q)_x U + (\lambda Q) U_x = (\lambda Q)_x U + \lambda\nu PQ$$

となり $\mu P\,dx + \mu Q\,dy$ が完全となり $\mu$ は積分因子である.

$$\frac{\partial(\lambda P)}{\partial y} = \frac{\partial(\lambda Q)}{\partial x}, \qquad \frac{\partial(\mu P)}{\partial y} = \frac{\partial(\mu Q)}{\partial x}$$

より

$$P\frac{\partial\lambda}{\partial y} - Q\frac{\partial\lambda}{\partial x} = \lambda\left(\frac{\partial Q}{\partial x} - \frac{\partial P}{\partial y}\right),$$
$$P\frac{\partial\mu}{\partial y} - Q\frac{\partial\mu}{\partial x} = \mu\left(\frac{\partial Q}{\partial x} - \frac{\partial P}{\partial y}\right)$$

が得られる. この上の式に $\mu$ を掛けたものから下の式に $\lambda$ を掛けたものを引いて移項すれば

$$P\left(\mu\frac{\partial\lambda}{\partial y} - \lambda\frac{\partial\mu}{\partial y}\right) = Q\left(\mu\frac{\partial\lambda}{\partial x} - \lambda\frac{\partial\mu}{\partial x}\right)$$

となる. 両辺を $\mu^2$ で割れば

$$P\frac{\partial}{\partial y}\left(\frac{\lambda}{\mu}\right) = Q\frac{\partial}{\partial x}\left(\frac{\lambda}{\mu}\right)$$

となり，これより得られる

$$\frac{1}{Q}\frac{\partial}{\partial y}\left(\frac{\lambda}{\mu}\right) = \frac{1}{P}\frac{\partial}{\partial x}\left(\frac{\lambda}{\mu}\right)$$

を $\nu(x, y)$ とおけば

$$d\left(\frac{\lambda}{\mu}\right) = \frac{\partial}{\partial x}\left(\frac{\lambda}{\mu}\right)dx + \frac{\partial}{\partial y}\left(\frac{\lambda}{\mu}\right)dy = \nu(P\,dx + Q\,dy) = 0$$

となって，$\dfrac{\lambda}{\mu}$ は $P\,dx + Q\,dy = 0$ の積分である．

60 | 第 4 章 1 階の微分方程式を解く (2)

## 演習問題 4

**1.** 次の微分方程式は完全微分形であることを確かめて，その解を求めよ．

(1) $(2\sin x \cos x + y)dx + (-2\cos y \sin y + x)dy = 0$

(2) $(4x^3 + 2xy^2)dx + (2x^2y + 3y^2)dy = 0$

(3) $(2x + 2xy^2)dx + (2x^2y + 4y)dy = 0$

(4) $\left(\dfrac{2x}{y} - \dfrac{y^2}{x^2}\right)dx + \left(-\dfrac{x^2}{y^2} + \dfrac{2y}{x}\right)dy = 0$

**2.** 次の (完全微分形ではない) 微分方程式に対して，積分因子を与え，その解を求めよ．

(1) $(xy\sin x - x^2y\sin y + x^2y)dy + (xy^2 + xy^2\cos x + xy\cos y)dx = 0$

(2) $(-xy\sin x \sin y + x^2y)\,dy + (xy\cos x \cos y + xy^2)\,dx = 0$

(3) $(2x^4y + 2x^3y + 11x^2y^2 + 2x^3y^2 + 9xy^3)dy + (3x^3y^2 + 2x^2y^2 + 5xy^3$
$+3x^2y^3 + 3y^4)dx = 0$

(4) $(x^2 + 3xy + 2y^2)\,dy + (2x^2 + 3xy + y^2)\,dx = 0$

**3.** 次の非正規形の微分方程式の一般解と，それらの解曲線の包絡線である特異解を求めよ．

(1) $\dfrac{dy}{dx} - \dfrac{3}{2}\sqrt[3]{y-a} = 0$

(2) $y^2\left(9 + \left(\dfrac{dy}{dx}\right)^2\right) = 9$

(3) $y - x\dfrac{dy}{dx} + \dfrac{1}{3}\left(\dfrac{dy}{dx}\right)^3 = 0$

# 第5章

# 微分方程式を例で学ぶ
(1)

これまでさまざまの微分方程式の求積法を学んできた．これらの微分方程式を実際の問題に応用することによって自然や社会の中のさまざまな現象を解析することができる．本章では時間 $t$ を変数とする微分方程式が，自然現象，社会現象の解析に使われる例を取り上げる．

本章では時間変数 $t$ による導関数の方程式を考える．

## 5.1 変化率が量だけに依存して決まる関数の微分方程式

時間によって決まる量 $y = y(t)$ の正規形の 1 階微分方程式は

$$\frac{dy}{dt} = f(t, y)$$

であるが，$f(t, y)$ が $y$ のみで決まり，

$$\frac{dy}{dt} = f(y) \tag{5.1}$$

の形になるとき，このように変数 $t$ が表に現れない方程式を**自励系**の微分方程式という．自励系の方程式で表される現象は自然界に多く見られる．自励系の方程式は (5.1) は変数分離形であり，$\int \frac{1}{f(y)} \, dy$ が計算できれば，$y$ と $t$ との関係が具体的に求められ，$y$ を $t$ の関数として明示的に表せなくても，数値解を求めグラフを描くこともできる．

実際に，(5.1) を解いてみると，$f(y) \neq 0$ であれば，

$$\int \frac{1}{f(y)} \, dy = \int dt = t + C \tag{5.2}$$

となる．ここで，左辺の関数を $G(y)$ とおき，$G(y)$ の逆関数を $G^{-1}$ とするとき

$$y(t) = G^{-1}(t + C) \tag{5.3}$$

が一般解となる．$t = 0$ のとき $y(0) = y_0$ である初期値を持つ解は，$G(y_0) = C$ であるので，

$$y(t) = G^{-1}(t + G(y_0)) \tag{5.4}$$

によって与えられる．$f(y_0) = 0$ となる $y = y_0$ があるときは，$y(t) = y_0$ という定数関数も解である．このような $y_0$ は，(5.1) の**平衡解**とよばれる．平衡解については第 13 章で改めて説明する．

例えば，$k$ を定数として $y' = ky$, $y(0) = y_0 > 0$ であるならば，すでに第 1 章で示したように，

$$y(t) = e^{kt + \log(y_0)} = y_0 e^{kt}$$

が解になり，$y' = \lambda(1 + y^2)$ であるならば

$$y(t) = \tan(\lambda t + \tan^{-1}(y_0))$$

が解になる．

## 5.2　変化率が時間によっても変化する方程式の一つ

次に微分方程式が $t$ の関数 $\gamma(t)$ を用いて

$$\frac{dy}{dt} = \gamma(t) f(y) \tag{5.5}$$

のように表される場合を考えよう．このとき，微分方程式はやはり変数分離形である．$f(y) \neq 0$ とする．

$$\int \frac{1}{f(y)} \, dy = \int \gamma(t) \, dt = g(t) + C \tag{5.6}$$

によって解ける．この左辺を $G(y)$ とおくと，$y(t) = G^{-1}(g(t) + C)$ が一般解
となる．特に，$t = 0$ のとき $y(0) = y_0$ である初期値をもつとすると，$G(y_0) = g(0) + C$ であるので，この $C = G(y_0) - g(0)$ を代入した特殊解

$$y(t) = G^{-1}(g(t) + G(y_0) - g(0)) \tag{5.7}$$

が得られる．

例えば $\dfrac{dy}{dt} = (t+1)y$ であるならば

$$y(t) = e^{t^2/2 + t + \log(y_0)}$$

が解になり，$y' = (1 + y^2)/(1 + t)$ であるならば

$$y(t) = \tan(\log(t+1) + \tan^{-1}(y_0))$$

が解になる．

## 5.3  マルサスの人口方程式

　人口の変化を予測することは非常に重要な問題である．日本では第 2 次世
界大戦後のベビーブームのあとは 1970 年代の一時的な第 2 次ベビーブームを
除いて出生率が低下しつづけ，2007 年にはついに死亡数が出生数を上回るま
でになった (厚生労働省「人口動態調査」による)．人口が増えたり減ったりす
るには，なんらかの外的な要因があるが，それらが死亡率や出生率にどのよう
な影響を与えるかを分析して妥当な人口予測をたてる必要がある．実際には，
天災や戦争，産業の発展による人口の移動などがあって正確な予測は難しいの
が実情である．

　18 世紀末に英国の経済学者マルサスは，1798 年にその著書『人口論』の中
で「人口は制限がなければ幾何級数的に増加するが生活資源は算術級数的にし
か増加しない．このギャップから生活資源が不足するため様々な困難が生じ，
人口増加も抑制される．これは自然法則であり，社会制度の改良でこれを回避

64 | 第 5 章　微分方程式を例で学ぶ (1)

することはできない」とする見方を述べている (**マルサスの人口法則**). この中の幾何級数的, 算術数列的はそれぞれ幾何数列的, 算術数列的が正しいと思われる.「人口は制限がなければ幾何数列的に増加する」ということは期間を限定した人口変動の過去のデータを観察すれば多く見いだすことができる. 均質な集団において, 何の制限もなければ, 人口が 2 倍になれば出生数も死亡数も 2 倍になり, 考慮する期間が 2 倍になれば変動数も 2 倍になるのではないかと考えることは不自然ではない. すると, マルサスの「制限なしの人口変動」は次のように考えられる.

$N = N(t)$ を時刻 $t$ における人口とする. 短い時間変化ならば, ある時刻 $t_0$ から $t_1$ までの出生数と死亡数はともに $N(t_0)$ と $t_1 - t_0$ に比例すると考える. すなわち, 出生率を $\alpha(t_0)$, 死亡率を $\beta(t_0)$ とすれば

$$出生数 = \alpha(t_0)N(t_0)(t_1 - t_0),$$

$$死亡数 = \beta(t_0)N(t_0)(t_1 - t_0)$$

したがって, 変動率を $\gamma(t_0) = \alpha(t_0) - \beta(t_0)$ とすれば

$$人口の変動数 = 出生数 - 死亡数$$

$$= N(t_1) - N(t_0)$$

$$= (\alpha(t_0) - \beta(t_0))N(t_0)(t_1 - t_0)$$

$$= \gamma(t_0)N(t_0)(t_1 - t_0)$$

となるから, これより

$$\frac{N(t_1) - N(t_0)}{t_1 - t_0} = \gamma(t_0)N(t_0)$$

において $t_1 \to t_0$ に近づけて, $t_0 = t$ に置き換えると次の微分方程式が得られる.

$$\frac{dN(t)}{dt} = \gamma(t)N(t) \tag{5.8}$$

この微分方程式は変数分離形であるので解析的に解くことができる.

$$\int \frac{dN(t)}{N(t)} = \int \gamma(t)\,dt = \int_{t_0}^{t} \gamma(s)\,ds + C$$

($C$ は積分定数) で，この右辺の積分を $G(t) = \displaystyle\int_{t_0}^{t} \gamma(t)\,dt$ とすると，$\log N(t)$ $= G(t) + C$ だから，

$$N(t) = e^{C}\exp(G(t)) = C_1\exp(G(t)) \tag{5.9}$$

として解が求まる．ここで $C_1 = e^{C}$ は任意定数である．特に，$\gamma(t) = \gamma$ が**定数関数であれば** 方程式は自励系であり，$G(t) = \gamma t + C$ と書くことができるから

$$N(t) = C_1\exp(\gamma t)$$

となって，解が指数関数で表される．マルサスが考えたのはこのような解であり，**マルサスの人口方程式**とよばれる．

　人口が順調に増えている場合にはこの解が現実にあう場合もあるが，実際には $\gamma(t) = \gamma$ が定数関数であるという仮定は特に根拠があるわけではない．数学的に考えれば，人口の増加が「算術的 (時間に比例)」に増えるモデルも作ることができる．それは $\gamma(t) = 1/t$ である場合である (ただし $t > 0$ とする)．これは**人口の変動率が時間に反比例して減っていく場合**と考えられる．この場合は

$$G(t) = \log t + C$$

となるから，

$$N(t) = C_1\exp(\log t) = C_1 t$$

となって，人口は時間に比例して増えていく[1]．これ以外でも，解 (5.9) の形から人口増加率 $\gamma(t)$ を求めることができるので，この人口増加率が状況からみてそれなりの根拠があれば，この数学モデルによって人口増加の説明をすることができる．ただし，それが正しいかどうかを決めるのは数学ではなく，そ

---

[1] もちろんこのような人口増加が現実に起こるわけではない．

66 第 5 章　微分方程式を例で学ぶ (1)

の数学モデルがいかに現実にあっているかの検証ということになる.

　指数関数的増大の特徴を考えれば，基準時点から時間が経てば経つほど増大 (あるいは減少) が急激になり現実との乖離は大きくなる.

## 5.4　マルサスの人口モデルの変形

　マルサスは，人口の変動率がそのときの人口 $N$ に比例するのが自然である と考えたのであるが，気づいていない何らかの隠れた要因によって，$N^\alpha$ に比 例するとした方がデータによりうまく適合する $\alpha$ があるということはないで あろうか．数学モデルの構築には一つのモデルの変形によりシミュレーション を行い，現実と較べることによりより適切なモデルを探求することはよく行わ れることである.

　そこで，

$$\frac{dN(t)}{dt} = \gamma N(t)^\alpha \tag{5.10}$$

となる人口の数学モデルを考えてみよう．ここで $\alpha, \gamma$ は定数で $\alpha > 0$ である とする．特に $\alpha = 1$ の場合がマルサスのモデルである.

　$\alpha \neq 1$ とすると，その一般解は

$$\gamma t + A = \frac{N^{-\alpha+1}}{-\alpha + 1} \tag{5.11}$$

で与えられ，これから，初期条件 $N(0) = N_0$ をみたす解

$$N(t) = e^{\left(\log\left(\gamma t(1-\alpha)+N_0^{1-\alpha}\right)/(1-\alpha)\right)}$$

$$= \left(\gamma t(1-\alpha) + N_0^{1-\alpha}\right)^{1/(1-\alpha)} \tag{5.12}$$

が得られる．この式では $\alpha = 1$ のときは意味を持たないが，$\alpha$ を 1 に近づけ るとマルサスの方程式の解が得られる．図 5.1 は $\alpha = 1$ の場合の解がどのよ うに増えるかを初期条件を少しずつ変えて図示したものである．ここではマル サスの人口方程式が初期条件 $N(0)$ の値を 0 から 4 の間で変化させたときの 解の曲線を表示した．これをみるとわかるように，初期条件が大きくなるにし

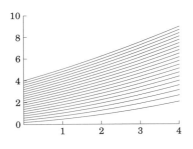

図 5.1　$\alpha = 1$ の場合

たがって，増加の度合いが急激になっていることがわかる．

次に，$0 < \alpha < 1$ の場合と $1 < \alpha$ の場合には人口の変化が $\alpha = 1$ の場合と比べてどのように変わるかを見てみよう．図 5.2 と図 5.3 は $0 < \alpha < 1$ の場合と $1 < \alpha$ の場合に同様に解が増加する様子を初期条件を少しずつ変えながら図示したものである．

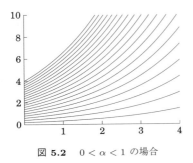

図 5.2　$0 < \alpha < 1$ の場合

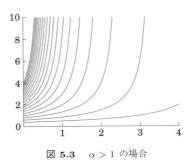

図 5.3　$\alpha > 1$ の場合

今度は，初期条件 $N(0) = 1$ と $\gamma = 1/2$ と固定して，$\alpha$ の値を $1/10$ から $2$ まで少しずつ変化させたときに，増加の度合いがどのように変化するかを図示した．この図をみればわかるように，$\alpha$ の値を変化させることによって急激に増加の度合いが大きくなる．これが 図 5.4 (次ページ) である．

**1°**　$\alpha = 1$ の場合．

これはマルサスの人口モデルで，人口が増えるにしたがって人口の増加率が比例して増えるので，その増加度は急速になる．これを**指数関数的な増加**と

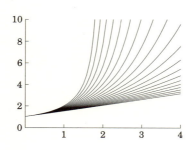

図 5.4　$N(0) = 1$ の解を $0 < \alpha < 2$ で変化させたもの

いう．

**2°　$0 < \alpha < 1$ の場合．**

　これは，人口が増えるにしたがって個体が子孫を作る意欲が低下する場合を想定した数学モデルである．人口が増えれば環境が悪くなり，その結果子孫を作ることを抑制するようになるとしたモデルで，この場合はマルサスのモデルより人口の増加が緩慢になる．しかし，人口は増加を続ける．増加の仕方は $\alpha = 1$ の場合とくらべてずっと緩慢で $\alpha = 0$ に近づくと増加度は一定に近づく．

**3°　$1 < \alpha$ の場合．**

　これは，人口が増えるにしたがって個体の子孫を作る意欲が向上する場合を想定した数学モデルである．人口の増加によって社会の発達がすすみ，個体が子孫をもつことによるメリットが大きいと考えるようになるならばこのモデルは現実味がある．この場合は，ある時点で人口が無限大に向かって爆発的に増加することが観察される．

　このように現実にあった数学モデルを見つけるには，微分方程式を実際に解きながら，その解と現実の観測結果を比較していくという方法が取られる．現実のモデルはいくつもあるので，その中のどれが本当の現実をあらわしているのか，ということは別に検討する必要があるが，考えられるさまざまの微分方程式によるモデルによってシミュレーションを行って，どれが適切でどれが不適切なのかを検討することが行われる．

## 5.5 フェルフルストの人口モデル

マルサスの人口方程式の欠陥は，人口がどこまでもしかも指数関数的に増えつづけることである．戦争や疫病など実際には人口が抑制される原因も多く，これらの要因も考えないかぎり正しく現象を記述する微分方程式を見つけることはできない．

実際の人口の変化をみると，人口は増加し続けるものの，ある時点からその増加率が緩慢になり，ある上限に向かってゆっくりと増えていくように見える場合がある．このような状況を説明するために，1837 年にフェルフルストが次のような人口のモデルを考えた．人口の変化を記述するのは (5.8) の形ではなく，人口には上限 $N_\infty$ があり，$t$ における増加率が総人口 $N(t)$ だけではなく，上限までの増加の許容率とでもいえる $\dfrac{N_\infty - N(t)}{N_\infty}$ にも比例するとする考え方である．

$$\frac{dN(t)}{dt} = \gamma N(t) \left(1 - \frac{N(t)}{N_\infty}\right) \tag{5.13}$$

これをフェルフルストの人口モデルという．$\gamma$ は定数としているが，一般には時間に依存するものとして解析することも必要であろう．総人口 $N(t)$ は $N_\infty$ に近づくと増加率が減少し，$N(t) = N_\infty$ の限界では増加は次第に緩やかになっていく．

$$N' - \gamma N = -\frac{1}{N_\infty} N^2$$

と変形してみれば，微分方程式の形としてはベルヌーイの微分方程式 (3.5.1 節) の $\alpha = 2$ の場合である．

ここで，この微分方程式のモデルでは初期値が重要な役割を果たすことに気をつけなければならない．マルサスのモデルでは人口増加率 $\gamma$ は常に一定であるから，$\gamma > 0$ であれば初期値が何であっても人口もその増加率も増え続けるが，フェルフルストのモデルでは，$N$ は増え続けるが，初期値が限界 $N_\infty$ に近づくと急速に増加率が減り始め $N$ は $N_\infty$ を越えて増えることはない．

この微分方程式を解けば次の解が求まる．

$$N(t) = \frac{N_\infty}{1 + (N_\infty/N_0 - 1)\exp(-\gamma t)}$$

ここで，初期条件は $N(0) = N_0$ である．$t_0 = \dfrac{1}{\gamma}\log\left(\dfrac{N_\infty}{N_0} - 1\right)$ とおけば，双曲線正接関数を用いて

$$N(t) = \frac{N_\infty}{2}\tanh\frac{\gamma}{2}(t - t_0) + \frac{N_\infty}{2}$$

と表すことができる．

$N_\infty = 2$ の場合に，$N_0 = \dfrac{1}{10}$ から $N_0 = \dfrac{9}{10}$ まで初期値を変化させて，微分方程式の解を描いたものが図 5.5 である．この図を見るとわかるように，初期値が小さいときには解は最初は大きく増加するが，その後増加が緩やかになる．全体として S 字型のカーブになることが大きな特徴である．この曲線は**ロジスティック曲線**とよばれる**成長曲線**の一つである．

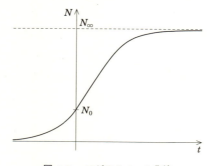

図 5.5　ロジスティック曲線

フェルフルストが方程式 (5.13)(**ロジスティック方程式**) を発表したときは注目されなかったが，1920 年に R. パールと L.J. リードが再発見し，アメリカの人口に当てはめた論文を発表してから注目を集めた．ロジスティック方程式で表されるものとして耐久消費財の売れ行きや，技術革新の普及などが知られている．

## 5.6 年代測定のための方程式

最後に，微分方程式の解を求めることによって，仏像や建築に使われた木がどのくらい古いものかを推定する方法を述べる．古くから伝えられ祀られている仏像は日本の各地に見られる．それらは古く平安時代に作られたものとして伝えられているものが多くあるが，実際にそれが作られた年代が言い伝えにすぎないとすると，本当にその時代に作られたのかどうかわからない．従来は，古文書などの資料や仏像の作風や銘などを見て専門家が作られた年代を推定していたのであるが，これは必ずしも客観的なやりかたとはいえず，科学的には疑問符がつく場合がある．

アメリカの化学者 W.F. リビィは 1940 年代後半に放射性炭素による年代測定法を確立した (**炭素年代測定法**)．この功績によって，リビィは 1960 年にノーベル化学賞を受賞している．この方法によって，歴史的な文化財が作られた年代をある程度正確に測定できるようになった．

放射性炭素を使った年代測定は放射性物質が崩壊する現象にその基礎を置いている．放射性物質とは，不安定なある種の原子が崩壊するときに放射線を放ちそれによってその物質の原子が別の原子に遷移するものである．20 世紀のはじめにラザフォードとソディはこのような放射性物質のサンプルの崩壊を研究し，その崩壊の仕方を記述する単純なモデルを定式化した．ラザフォードは崩壊の割合が放射性物質の量に比例するという単純な法則を見出した (**ラザフォードの原子崩壊説**)．単位質量の物質中のある放射性物質の時刻 $t$ における量を $N = N(t)$ とする．時刻 $t$ から $t + \Delta t$ までの間に $\Delta N = N(t + \Delta) - N(t)$ だけ変化するとすれば，ラザフォードが与えた方程式は

$$\frac{dN}{dt} = -\lambda N$$

である．この比例定数が $\lambda (> 0)$ で，放射性物質ごとに決まっている固有の値で**崩壊定数**という．この方程式の解は

$$N(t) = N_0 e^{-\lambda t}$$

によって与えられる．ここで $N_0$ は時刻 $t = 0$ における放射性物質の量である．

$\tau > 0$ として $N(t)$ が $t$ から $t + \tau$ の間に崩壊が進んで $\dfrac{N(t)}{2}$ になるとすると,

$$N(t + \tau) = N_0 e^{-\lambda(t+\tau)} = \frac{N(t)}{2} = \frac{N_0}{2} e^{-\lambda t}$$

であるから $e^{-\lambda \tau} = \dfrac{1}{2}$ であり

$$\tau = \frac{1}{\lambda} \log 2 = \frac{0.6931471806}{\lambda}$$

となる. この $\tau$ は $t$ に関係しない定数であり, この原子の**半減期**とよばれる. これはそれぞれの放射性物質に固有な値で崩壊定数 $\lambda$ と反比例の関係にある.

崩壊速度 $\dfrac{dN}{dt} = -\lambda N_0 e^{\lambda t} = -\lambda N$ の絶対値

$$R(t) = \left| \frac{dN}{dt} \right| = \lambda N$$

をこの放射性物質の放射能 (単位はベクレル) という.

さて, 地球を取り巻く大気は宇宙線によって絶え間なく衝撃を受け, 大気中に中性子が産み出される. 産み出された中性子は大気中の窒素と結びついて炭素 14 ($^{14}$C) をつくる. 生きている植物は光合成によって二酸化炭素を取り込み, その中に一定の $^{14}$C がある. その量は, 自然崩壊で崩壊して失われる量だけ取り込む. 単位時間あたりの崩壊量 (すなわち, 崩壊速度および放射能は) 平衡状態にある. 植物が死ねば $^{14}$C は新たに取り込まれることはなく, 体中の崩壊だけが進行する. 宇宙線によって大気 (地表) が受ける衝撃の強さは昔も今も変わらないと仮定する. 木が切り倒された時を $t = 0$ とし, サンプルの木の時刻 $t$ である現在の単位重量あたりの原子数 $N(t)$ (または密度や $^{12}$C との相対個数), あるいは崩壊速度 $R(t)$ を計測することにより $t$, すなわちサンプルが切り倒されてからの時間 (年数) がわかる. $N_0$ としては現在生きている木の単位重量当たりの個数を用いることができる. $t$ を求める式は

$$t = \frac{1}{\lambda} \log \frac{N_0}{N(t)} = \frac{1}{\lambda} \log \frac{R(0)}{R(t)}$$

となる．$^{14}$C の半減期は $\tau = 5730$ 年であることが知られている．崩壊定数 $\lambda$ は

$$\lambda = \frac{1}{\tau} \log 2 = 1.20968 \times 10^{-4}$$

となる．また，生きている木材 1 グラムの中の炭素の崩壊率は

$$R(0) = 6.68$$

であることは実際の生きている木材について計測することにより得られる．たとえば $R(t) = 6.20$ であると測定されたとすれば

$$t = \frac{1}{1.20968 \times 10^{-4}} \log \frac{6.68}{6.20} = 616.270211$$

となりおおよそ 600 年前に切り倒された木材から作られたものだとわかる．

　もちろん，この測定を正確に行うには微量のサンプルから精密に $^{14}$C の崩壊率 (すなわち個数) を測定する技術が必要となる．歴史的な文化財を傷つけてまで測定のサンプルを採取することは許されない．一方で，得られるサンプルが微量であればあるほどその測定は難しくなるが，加速器質量分析法により $1\,\mathrm{mg}$ 程度のサンプル量の 30 分から 1 時間の計測で行われる．実際にはサンプルの置かれていた状態，歴史上の宇宙線の変化，近代以降の化石燃料による大気汚染などの影響も考慮する必要がある．

74 | 第 5 章 微分方程式を例で学ぶ (1)

## 演習問題 5

**1.** あるバクテリアの，時刻 $t$ から $t + \Delta t$ までの増殖 $\Delta N$ が全数 $N = N(t)$ と時間幅 $\Delta t$ 時間に比例すると仮定する．1 時間に 2% ずつ増えるとすると，1 時間後には $N + 0.02N = 1.02N$ である．また，30 分後には 1% 増えると考えられ，$N + 0.01N = 1.01N$ であり，それから 30 分後すなわち 1 時間後には，$1.01N + 0.01(1.01N) = 1.01^2 N = 1.0201N$ である．この推論の誤りを指摘せよ．

**2.** ある国の人口が $t_0$ 年に $N_0$ であったものが，$t_0$ 年から 10 年間に 1.2 倍に，50 年間に 1.5 倍になったとする．この人口動態はマルサスの人口モデルでは表すことができないことを示せ．

**3.** 成長曲線

$$N(t) = \frac{N_\infty}{1 + (N_\infty/N_0 - 1)\exp(-\gamma t)}$$

の変曲点での $N$ の値を求めよ．

**4.** オーストリアの生物学者フォン・ベルタランフィは魚の体重について次のモデルを提唱した．$w = w(t)$ を時刻 $t$ における魚の体重とすれば

$$\frac{dw}{dt} = \alpha w^{2/3} - \beta w$$

である．体重は体積に比例するとすれば，右辺の第 1 項は表面積に比例する項であり栄養分による体重の増加を表す．第 2 項は呼吸による体重減少で，体重に比例することを仮定したものである．この方程式はベルヌーイの方程式である．第 3 章 3.5.1 節の方法によって，初期条件 $w(0) = 0$ の下で解け．

## ✤ 研究課題

表 5.1 は 1950–2050 年の世界の人口の変化 (2010 年以降は予測) を表したものである.

**表 5.1** 国連経済社会局 (United Nations Department of Economic and Social Affairs) による年央推定・予測人口 (World Population Prospects : The 2006 Revision.: 1950 年から 2050 年までの年央推定・予測人口)

| 年 | 人口 | 年 | 人口 | 年 | 人口 |
|------|------------|------|------------|------|------------|
| 1950 | 2535093000 | 1990 | 5294879000 | 2030 | 8317707000 |
| 1955 | 2770753000 | 1995 | 5719045000 | 2035 | 8587050000 |
| 1960 | 3031931000 | 2000 | 6124123000 | 2040 | 8823546000 |
| 1965 | 3342771000 | 2005 | 6514751000 | 2045 | 9025982000 |
| 1970 | 3698676000 | 2010 | 6906558000 | 2050 | 9191287000 |
| 1975 | 4076080000 | 2015 | 7295135000 | | |
| 1980 | 4451470000 | 2020 | 7667090000 | | |
| 1985 | 4855264000 | 2025 | 8010509000 | | |

1950 年に 25 億 3510 万人であった人口は 2050 年には 91 億 9129 万人まで増加すると予測されている. この表をもとにして

(1) マルサスのモデルでは 1950–2050 年の人口変化を説明できるモデルは作りにくい.

(2) フェルフルストのモデルではパラメータの取り方によっては非常に近いモデルを作ることができる.

ことをマルサスのモデルとフェルフルストのモデルにパラメータを入れて確かめよ.

# 第6章

## 定数係数線形微分方程式
(1)

　非斉次線形微分方程式の一般解を求めることは容易ではないが，何らかの方法で一つの特殊解が見つかれば，一般解はその特殊解と付随する斉次方程式の一般解との和として求まる．$n$ 次斉次方程式の解の全体は $n$ 次元線形空間 (ベクトル空間) となる．したがってその基底が求まれば，一般解が得られる．以上のことを説明し，さらに定数係数の場合に解空間の基底 (基本解) を特性方程式から求める方法を説明する．

### 6.1　複素変数の指数関数

　実数の全体を $\mathbb{R}$ で，複素数全体を $\mathbb{C}$ で表す．$i$ を虚数単位とする．複素数 $z = x + iy \ (x, y \in \mathbb{R})$ の絶対値を $|z| = \sqrt{x^2 + y^2}$ で，共役複素数を $\bar{z} = x - iy$ で表す．複素数の列 $\{\alpha_n\}$ が $\alpha$ に収束するとは，$n \to \infty$ のとき，$|\alpha_n - \alpha| \to 0$ となることをいう．複素数の級数 $\sum_{n=0}^{\infty} \alpha_n$ の和が $s$ であるとは，部分和 $s_n = \sum_{k=0}^{n} \alpha_k$ からなる数列 $\{s_n\}$ が $s$ に収束することをいう．

　実変数 $x$ の指数関数の $x = 0$ におけるテイラー級数は

$$e^x = \exp x = \sum_{n=0}^{\infty} \frac{x^n}{n!}$$

であるが，この拡張として複素数 $z = x + iy$ を変数とする**指数関数**

$$e^z = \exp z = \sum_{n=0}^{\infty} \frac{z^n}{n!}$$

によって定義する．するとこの級数はすべての $z \in \mathbb{C}$ で収束し，$z$ に関して微分可能であり，次の性質がある：

(1) $e^{z+w} = e^z e^w$

(2) （オイラーの公式） $t \in \mathbb{R}$ ならば，$e^{it} = \cos t + i \sin t$

(3) $\dfrac{d(e^z)}{dz} = e^z$

## 6.2 線形微分方程式

線形代数学の基本的用語の定義は課外授業 6.1 を参照されたい．

$n$ 階の微分方程式の中でも

$$p_0(t)x^{(n)} + p_1(t)x^{(n-1)} + \cdots + p_{n-1}(t)x' + p_n(t)x = r(t) \tag{6.1}$$

の形のものを**線形**という．本章においては 2 階に限定して話を進めるが，ほとんどのことは一般の $n$ 階について成立する．

$$p_0(t)x''(t) + p_1(t)x'(t) + p_2(t)x(t) = r(t)$$

において最初の係数 $p_0(t), p_1(t), p_2(t)$ が不連続になる点があったり，$p_0(t) = 0$ となる $t$ がある場合は複雑になるので，これらは連続で $p_0(t) \neq 0$ であると仮定する．その仮定の下では，方程式を $p_0(t)$ で割って，$x''$ の係数が 1 であると仮定することができるので，ここでは区間 $I$ における連続関数 $p(t), q(t), r(t)$ を係数とする方程式

$$x'' + p(t)x' + q(t)x = r(t) \tag{6.2}$$

を扱うことにする[1]．

---

[1]一般の $n$ 階常微分方程式は $F(t, x, x', \cdots, x^{(n)}) = 0$ であるが，これが $x^{(n)} = f(t, x, x', \cdots, x^{(n-1)})$ によって与えられた方程式を**正規形**という．線形方程式 (6.2) は，第 2 項以下の項の移項により正規形に変形できるので，これ自身を正規形とよぶ．高階線形方程式においても同様のよび方をする．

$x_1 = x$, $x_2 = x'$ とおけば, (6.2) は同値な連立微分方程式

$$\begin{cases} x_1' = x_2, \\ x_2' = -q(t)x_1 - p(t)x_2 + r(t) \end{cases}$$

に書き直すことができる.

$$\boldsymbol{x} = \begin{pmatrix} x_1 \\ x_2 \end{pmatrix}, \quad A(t) = \begin{pmatrix} 0 & 1 \\ -q(t) & -p(t) \end{pmatrix}, \quad \boldsymbol{b}(t) = \begin{pmatrix} 0 \\ r(t) \end{pmatrix}$$

と行列表示すれば

$$\frac{d\boldsymbol{x}}{dt} = A(t)\boldsymbol{x} + \boldsymbol{b}(t)$$

という形で, 1 階の線形微分方程式となる.

座標平面上の点 $(x_1, x_2)$ と数ベクトル $\begin{pmatrix} x_1 \\ x_2 \end{pmatrix}$ を同一視し, $\mathbb{R}^2$ で座標平面も, (2 次元) 数ベクトル空間も表すことにする. $\mathbb{R}^n$ についても同様である.

一般に, 実数区間 $I$ の $t$ と $\mathbb{R}^2$ の閉領域 $D$ のベクトル $\boldsymbol{v}$ を変数にするベクトル値関数 $\boldsymbol{f}(t, \boldsymbol{v})$ が

$$\|\boldsymbol{f}(t, \boldsymbol{v}) - \boldsymbol{f}(t, \boldsymbol{w})\| \leqq K\|\boldsymbol{v} - \boldsymbol{w}\| \qquad (t \in I, \ \boldsymbol{v}, \boldsymbol{w} \in D)$$

をみたす定数 $K$ があるとき, $\boldsymbol{f}$ はリプシッツ条件をみたすという. ここで $\boldsymbol{v} = \begin{pmatrix} v_1 \\ v_2 \end{pmatrix}$ のとき $\|\boldsymbol{v}\| = \sqrt{v_1^2 + v_2^2}$ である. 連立微分方程式

$$\frac{d\boldsymbol{x}}{dt} = \boldsymbol{f}(t, \boldsymbol{x})$$

は $\boldsymbol{f}(t, \boldsymbol{x})$ がリプシッツ条件をみたせば, 定理 2.1 と同じくコーシー–リプシッツの定理 (解の存在と一意性) が成立する.

$A(t)$ を $2 \times 2$ 行列, $\boldsymbol{b}(t)$ を $2 \times 1$ 行列 (縦ベクトル) でいずれも成分が $t$ の関数とする. $\boldsymbol{f}(t, \boldsymbol{x}) = A(t)\boldsymbol{x} + \boldsymbol{b}(t)$ に対し $A(t)$ の成分が区間 $I$ で有界連続,

$\boldsymbol{b}(t)$ の成分が $I$ で連続であればリプシッツ条件がみたされる．このことは，$A(t) = (a_{ij}(t)), |a_{ij}(t)| \leqq M$ であれば，$\boldsymbol{x} - \boldsymbol{y} = \begin{pmatrix} v_1 \\ v_2 \end{pmatrix}$ とするとき，不等式 $(v_1 + v_2)^2 \leqq 2(v_1^2 + v_2^2)$ を用いて

$$\|\boldsymbol{f}(t, \boldsymbol{x}) - \boldsymbol{f}(t, \boldsymbol{y})\| = \|A(t)(\boldsymbol{x} - \boldsymbol{y})\| = \sqrt{\sum_{i=1}^{2} \left( \sum_{j=1}^{2} a_{ij}(t) v_j \right)^2}$$

$$\leqq \sqrt{\sum_{i=1}^{2} \left( 2M^2 \sum_{j=1}^{2} v_j^2 \right)} \leqq 2M \|\boldsymbol{x} - \boldsymbol{y}\|$$

が示されることからわかる．連続関数は有界閉区間で最大値をもつから，区間 $I$ が有界閉区間であれば，$p(t), q(t)$ が有界となりリプシッツ条件がみたされ，次の定理が成り立つ．閉区間でないときは $I$ に含まれる任意の有界閉区間を考えれば，そこで解の存在と一意性が成り立つ．したがって定理 2.2 により，$I$ 全体で解の存在と一意性が成り立つ．したがって，次の定理が任意の単一の区間 $I$ で成り立つ．

---

**定理 6.1** 関数 $p(t), q(t), r(t)$ は $t$ の区間 $I$ において連続であるとする．そのとき，すべての $a \in I$ と $b, b' \in \mathbb{R}$ に対して，$I$ 全体で定義され，$x(a) = b$, $x'(a) = b'$ となる (6.2) の解 $x = x(t)$ がただ一つ存在する．

---

この定理は $p_0(t) = 1$ とした $n$ 階線形微分方程式 (6.1) でも同様に成立する．

以下では (2 階) 線形方程式の解の構造，求め方について述べる．(6.2) の左辺を $L[x](t)$ と置いてみれば，(6.2) は

$$L[x](t) = r(t) \tag{6.3}$$

と書き表され，$L$ は $x$ に関数 $L[x]$ を対応させる写像で

$$L[x_1 + x_2] = L[x_1] + L[x_2], \quad L[cx] = cL[x]$$

となる線形性がある．

線形方程式の著しい性質として，$x_j$ $(j = 1, 2)$ がそれぞれ $L[x] = r_j$ の解で

80 | 第 6 章 定数係数線形微分方程式 (1)

あれば，$c_1 x_1 + c_2 x_2$ は

$$L[x] = c_1 r_1 + c_2 r_2$$

の解であるということが成り立つ．これを**重ね合わせの原理**という．

一般に線形方程式 (6.3) を**非斉次**方程式といい，特に $r(t) = 0$ となる場合，すなわち

$$L[x](t) = 0$$

となる方程式を非斉次方程式 (6.3) に付随する**斉次**方程式という．斉次方程式の解 $x_1, x_2$ と任意の定数 $c_1, c_2$ に対して，$c_1 x_1 + c_2 x_2$ も解となるので，解の全体が線形空間となる．これを線形斉次方程式の**解空間**という．これについて次の定理が成り立つ．

---

**定理 6.2** 斉次線形方程式

$$x'' + p(t)x' + q(t)x = 0 \qquad (6.4)$$

の解は 2 次元の線形空間をつくる．

---

斉次方程式 (6.4) の解空間の次元は 2 次元であることを示そう．考えている区間 $I$ の点 $t = a$ を固定する．定理 6.1 より

$$\begin{cases} x_1(a) = 1, & x_1'(a) = 0, \\ x_2(a) = 0, & x_2'(a) = 1 \end{cases} \qquad (6.5)$$

をみたす解 $x_1, x_2$ をとることができる．もし定数 $c_1, c_2$ によって

$$c_1 x_1(t) + c_2 x_2(t) = 0 \qquad (t \in I)$$

とする．$t = a$ を代入すれば $c_1 = 0$ であり，微分してから $t = a$ とすれば $c_2 = 0$ となり $x_1, x_2$ は 1 次独立である．

(6.4) の任意の解 $x(t)$ に対して

$$y(t) = x(a)x_1(t) + x'(a)x_2(t)$$

とおく. $y(t)$ は (6.4) の解の 1 次結合であるからやはり解である. そして

$$y(a) = x(a), \quad y'(a) = x'(a)$$

となる. 定理 6.1 の一意性によって $x(t) = y(t)$ でなければならない. したがって $x(t)$ は $x_1(t)$ と $x_2(t)$ の 1 次結合となる. したがって $x_1(t), x_2(t)$ は解空間の基底であり, 解空間の次元は 2 である.

　一般の $n$ 階斉次線形方程式についても全く同様に解空間は $n$ 次元であることが示される. 解空間の基底となる解の組を**基本解**という. 上で見たのは, 解の組 $x_1, x_2$ が基本解であることを示すには, ある $a \in I$ において $c_1, c_2$ を未知数とする連立方程式

$$\begin{cases} x_1(a)c_1 + x_2(a)c_2 = 0, \\ x_1'(a)c_1 + x_2'(a)c_2 = 0 \end{cases}$$

が自明な解 $c_1 = c_2 = 0$ しかもたないことを示せばよいということであった. したがって, 必ずしも (6.5) でなくても行列式について

$$\det \begin{pmatrix} x_1(a) & x_2(a) \\ x_1'(a) & x_2'(a) \end{pmatrix} = x_1(a)x_2'(a) - x_1'(a)x_2(a) \neq 0$$

がみたされればよい.

　一般に二つの関数 $x_1, x_2$ に対して, 関数

$$W[x_1, x_2](t) = \det \begin{pmatrix} x_1(t) & x_2(t) \\ x_1'(t) & x_2'(t) \end{pmatrix}$$

を $x_1, x_2$ の**ロンスキアン (Wronskian)** または**ロンスキー行列式**という.

　$x_1, x_2$ が 2 階線形斉次方程式 (6.4) の解であれば, $W(t) = W[x_1, x_2](t)$ は

$$\begin{aligned} W'(t) &= \{x_1(t)x_2'(t) - x_1'(t)x_2(t)\}' = x_1(t)x_2''(t) - x_1''(t)x_2(t) \\ &= x_1(t)(-p(t)x_2'(t) - q(t)x_2(t)) - (-p(t)x_1'(t) - q(t)x_1(t))x_2(t) \\ &= -p(t)(x_1(t)x_2'(t) - x_1'(t)x_2(t)) = -p(t)W(t) \end{aligned}$$

となり，$W$ は 1 階線形方程式 $x' = -p(t)x$ の解である．したがって，任意の $a \in I$ に対して

$$W(t) = W(a)e^{-\int_a^t p(\tau)d\tau}$$

となる．この公式は**アーベルの公式**といわれる．この公式よりロンスキアンはある $a \in I$ で 0 でないこととすべての $t \in I$ で 0 にならないことは同値である．

一般に $n$ 個の関数 $x_1(t), \cdots, x_n(t)$ のロンスキアンは

$$W[x_1, x_2, \cdots, x_n](t) = \det \begin{pmatrix} x_1 & x_2 & \cdots & x_n \\ x_1' & x_2' & \cdots & x_n' \\ \vdots & \vdots & \ddots & \vdots \\ x_1^{(n-1)} & x_2^{(n-1)} & \cdots & x_n^{(n-1)} \end{pmatrix}$$

によって定義される．以下のロンスキアンの議論には $n$ 次正方行列の行列式の性質をことわりなく使う．必要であれば線形代数学の本を参照されたい．$x_1, \cdots, x_n$ が斉次方程式

$$x^{(n)} + p_1(t)x^{(n-1)} + \cdots + p_n(t)x = 0$$

の解であれば，

$$x_j^{(n)} = -p_1(t)x_j^{(n-1)} - \cdots - p_n(t)x_j \qquad (j = 1, 2, \cdots, n) \tag{6.6}$$

である．$W$ の $t$ に関する導関数は，各行を順に微分した行列式の和であるが，二つの行が一致すれば行列式の値は 0 であるから，第 $n$ 行を $x_1^{(n)}, \cdots, x_n^{(n)}$ で置き換えたものだけが残る．(6.6) を代入すれば

$$W[x_1, \cdots, x_n]'(t) = -p_1(t)W[x_1, \cdots, x_n](t)$$

となる．したがって $W[x_1, \cdots, x_n](t)$ についても**アーベルの公式**が成り立つ：

$$W[x_1, \cdots, x_n](t) = W[x_1, \cdots, x_n](a) \exp\left(-\int_a^t p_1(\tau)d\tau\right).$$

正方行列の列ベクトルが 1 次独立であることとその行列式が 0 ではないこと

は同値であり，$x_1, \cdots, x_n$ が関数として 1 次独立であることと，これらのロンスキアンの列ベクトルがすべての $t$ において 1 次独立であることは同値である．したがって，斉次方程式の解 $x_1, \cdots, x_n$ が 1 次独立であることとある $a$ において $W[x_1, \cdots, x_n](a) \neq 0$ であることは同値である．

## 6.3 非斉次線形方程式の解

非斉次線形方程式

$$x'' + p(t)x' + q(t)x = r(t)$$

の一つの解 (特解)$y(t)$ がわかったとき，一般解 $x(t)$ は次のように表すことができる．$z(t) = x(t) - y(t)$ とおけば，重ね合わせの原理により，$z(t)$ は付随する斉次方程式の解であり，$x(t) = y(t) + z(t)$ となる．これをまとめると次の定理となる．

---

**定理 6.3** 非斉次線形方程式の一般解は，その特解と付随する斉次方程式の一般解の和として表すことができる．

---

したがって，線形非斉次方程式の解は，何らかの方法で斉次方程式の基本解と非斉次方程式の特解がわかれば完全に求められる．

## 6.4 定数係数 2 階線形微分方程式

以下本章においては $p, q$ を定数として**定数係数**の 2 階線形方程式

$$x'' + px' + qx = r(t) \tag{6.7}$$

およびこれに付随した斉次方程式

$$x'' + px' + qx = 0 \tag{6.8}$$

を考える．定数係数といっても右辺の $r(t)$ は定数関数である必要はない．(6.8) の左辺に，$\alpha \in \mathbb{C}$ を含んだ指数関数 $x = e^{\alpha t}$ を代入してみる．すると

$$x'' + px' + qx = (\alpha^2 + p\alpha + q)e^{\alpha t}$$

であるから

$$\alpha^2 + p\alpha + q = 0$$

であれば $x = e^{\alpha t}$ は (6.8) の解である。この $\alpha$ がみたす 2 次方程式

$$s^2 + ps + q = 0 \tag{6.9}$$

を微分方程式 (6.8) の**特性方程式**，その根を**特性根**という．

特性方程式が相異なる 2 根 $\alpha_1, \alpha_2$ をもつとき，すなわち特性方程式の判別式を $D = p^2 - 4q$ として，$D \neq 0$ のときは $e^{\alpha_1 t}, e^{\alpha_2 t}$ は 1 次独立であるから，解空間の基底となり基本解となる．したがって，任意の解 $x$ は定数 $c_1, c_2$ を用いて

$$x = c_1 e^{\alpha_1 t} + c_2 e^{\alpha_2 t}$$

と表すことができる．

$D = 0$ のときは $s = -p/2$ で $x = e^{-pt/2}$ は一つの解である．これと 1 次独立になる解として $x = te^{-pt/2}$ をとることができる．実際に解であることは

$$x' = \left(1 - \frac{pt}{2}\right)e^{-pt/2},$$
$$x'' = -\frac{p}{2}\left(2 - \frac{pt}{2}\right)e^{-pt/2}$$

であるから，$q = \dfrac{p^2}{4}$ であることを使えば

$$x'' + px' + qx = \left\{\left(-p + \frac{p^2 t}{4}\right) + \left(p - \frac{p^2 t}{2}\right) + \frac{p^2 t}{4}\right\}e^{-pt/2} = 0$$

となりわかる．したがって一般解は

$$x = e^{-pt/2}(c_1 + c_2 t)$$

で与えられる．

$p, q$ が実数のとき，$D > 0$ であれば，$s = r_1 = \dfrac{-p + \sqrt{p^2 - 4q}}{2}$ および $s = r_2 = \dfrac{-p - \sqrt{p^2 - 4q}}{2}$ は実数で指数関数 $e^{r_1 t}, e^{r_2 t}$ が基本解になる．一般解は

$$x = c_1 e^{r_1 t} + c_2 e^{r_2 t}$$

である．

$p, q$ が実数のとき，$D < 0$ であれば，上に求めた基本解は複素数値関数であるが，オイラーの公式を用いれば，実数値関数の基本解が得られる．$\dfrac{\sqrt{4q - p^2}}{2} = \omega$ とおけば，$s = r_1, r_2$ を特性根として

$$e^{st} = e^{-pt/2}e^{\pm i\omega t} = e^{-pt/2}(\cos \omega t \pm i \sin \omega t)$$

であり，

$$e^{-pt/2} \cos \omega t = \frac{e^{r_1 t} + e^{r_2 t}}{2},$$
$$e^{-pt/2} \sin \omega t = \frac{e^{r_1 t} - e^{r_2 t}}{2i}$$

であるから，$y_1 = e^{-pt/2} \cos \omega t$，$y_2 = e^{-pt/2} \sin \omega t$ は解である．さらに

$$W[y_1, y_2](t) = \omega e^{-pt} \neq 0$$

であるから，$y_1, y_2$ は 1 次独立であり基本解となる．一般解は

$$x = e^{-pt/2}(c_1 \cos \omega t + c_2 \sin \omega t)$$

である．

## 6.5　非斉次 2 階線形方程式の特殊解—定数変化法

非斉次線形方程式

$$x'' + p(t)x' + q(t)x = r(t) \tag{6.10}$$

の特解を定数変化法とよばれる方法で求めてみよう．付随する斉次方程式

86 | 第 6 章 定数係数線形微分方程式 (1)

$$x'' + p(t)x' + q(t)x = 0 \tag{6.11}$$

の基本解を $x_1, x_2$ とするとき，その一般解は定数 $c_1, c_2$ を用いて

$$x(t) = c_1 x_1(t) + c_2 x_2(t) \tag{6.12}$$

と表すことができる．この係数を定数ではなく $t$ の関数として

$$x(t) = u_1(t)x_1(t) + u_2(t)x_2(t) \tag{6.13}$$

となるもので非斉次方程式の解となるものを探す．(6.12) は係数関数が定数関数の場合であるとみなして一般化して，非斉次方程式の解を求めようというものである．この方法を**定数変化法**という．(6.13) だけでは $u_1, u_2$ が定まらないので，$u_1, u_2$ が定数のとき当然なり立つ付加条件

$$u_1'(t)x_1(t) + u_2'(t)x_2(t) = 0$$

もみたすものを考える．

$$x' = u_1'x_1 + u_2'x_2 + u_1x_1' + u_2x_2' = u_1x_1' + u_2x_2'$$

および

$$
\begin{aligned}
x'' &= u_1'x_1' + u_2'x_2' + u_1x_1'' + u_2x_2'' \\
&= u_1'x_1' + u_2'x_2' + u_1(-px_1' - qx_1) + u_2(-px_2' - qx_2) \\
&= u_1'x_1' + u_2'x_2' - p(u_1x_1' + u_2x_2') - q(u_1x_1 + u_2x_2)
\end{aligned}
$$

を (6.10) に代入すれば

$$
\begin{aligned}
r(t) &= \{u_1'x_1' + u_2'x_2' - p(u_1x_1' + u_2x_2') - q(u_1x_1 + u_2x_2)\} \\
&\quad + p(u_1x_1' + u_2x_2') + q(u_1x_1 + u_2x_2) \\
&= u_1'x_1' + u_2'x_2'
\end{aligned}
$$

となる．こうしてえられた $u_1'(t), u_2'(t)$ についての連立 1 次方程式

$$\begin{cases} x_1(t)u_1'(t) + x_2(t)u_2'(t) = 0, \\ x_1'(t)u_1'(t) + x_2'(t)u_2'(t) = r(t) \end{cases}$$

を解く．すると

$$u_1'(t) = -\frac{x_2(t)r(t)}{W[x_1, x_2](t)}, \qquad u_2'(t) = \frac{x_1(t)r(t)}{W[x_1, x_2](t)}$$

となる．したがって，

$$x(t) = -x_1(t) \int \frac{x_2(t)r(t)}{W[x_1, x_2](t)}\, dt + x_2(t) \int \frac{x_1(t)r(t)}{W[x_1, x_2](t)}\, dt \qquad (6.14)$$

は (6.10) の特殊解である．こうして次の定理が得られた．

---

**定理 6.4**　非斉次線形方程式
$$x'' + p(t)x' + q(t)x = r(t)$$
の一般解は，付随する斉次方程式
$$x'' + p(t)x' + q(t)x = 0$$
の基本解を $x_1, x_2$ とすれば，
$$\begin{aligned} x(t) = &x_1(t)\left(-\int \frac{x_2(t)r(t)}{W[x_1, x_2](t)}\, dt + c_1\right) \\ &+ x_2(t)\left(\int \frac{x_1(t)r(t)}{W[x_1, x_2](t)}\, dt + c_2\right) \end{aligned}$$
によって与えられる．

---

**例 6.1**　次の微分方程式の一般解を求めよ．

(1) $x'' - 3x' + 2x = e^{3t}$

(2) $x'' - 4x' + 4x = 3t$

(3) $x'' + x = \sin t$

**解.** (1) 特性方程式は $s^2 - 3s + 2 = (s-1)(s-2) = 0$ であるから，$s = 1, 2$ であり，$x_1 = e^t$, $x_2 = e^{2t}$ は付随する斉次方程式の基本解である．ロンスキアンは $W[e^t, e^{2t}] = e^{3t}$ となるから非斉次方程式の特殊解は (6.14) により

$$x = -e^t \int e^{2t}\,dt + e^{2t} \int e^t\,dt = \frac{1}{2}e^{3t}$$

である．しがって一般解は

$$x = \frac{1}{2}e^{3t} + c_1 e^t + c_2 e^{2t}$$

である．

(2) 特性根は $s = 2$(重複度 2) であるから，$x_1 = e^{2t}$, $x_2 = te^{2t}$ は付随する斉次方程式の基本解となる．

$$W[e^{2t}, te^{2t}] = e^{2t} \cdot (1+2t)e^{2t} - 2e^{2t} \cdot te^{2t} = e^{4t}$$

であるから，非斉次方程式の特殊解は

$$x = -e^{2t} \int 3t^2 e^{-2t}\,dt + te^{2t} \int 3te^{-2t}\,dt = \frac{3}{4}(t+1)$$

であり，一般解は

$$x = \frac{3}{4}(t+1) + (c_1 + c_2 t)e^{2t}$$

となる．

(3) 前章で見たように $x_1 = \cos t$, $x_2 = \sin t$ は付随する斉次方程式の解である．そのとき見たようにロンスキアンは 1 であるから，非斉次方程式の特殊解として

$$
\begin{aligned}
x &= -\cos t \int \sin^2 t\,dt + \sin t \int \cos t \sin t\,dt \\
&= -\frac{\cos t}{2} \int (1 - \cos 2t)\,dt + \frac{\sin t}{2} \int \sin 2t\,dt \\
&= -\frac{t}{2}\cos t + \frac{1}{4}\sin t
\end{aligned}
$$

をとることができる．したがって一般解は

$$x = \frac{t}{2}\cos t + \frac{1}{4}\sin t + c_1 \cos t + c_2 \sin t$$

となる.

**別解.** 例題 7.1 では公式 (6.14) を用いたが，非斉次項の形から特殊解を類推する方法もしばしば用いられる．この方法は**未定係数法**といわれる．

(1) $x = ae^{3t}$ の形の解があるとすれば，$x' = 3ae^{3t}$，$x'' = 9ae^{3t}$ であるから，$9a - 9a + 2a = 1$ より $a = 1/2$. ゆえに特殊解として $e^{3t}/2$ をとることができる.

(2) $x = at^2 + bt + c$ の形の特殊解を探す．$x' = 2at + b$，$x'' = 2a$ であるから

$$2a - 4(2at + b) + 4(at^2 + bt + c) = 3t$$

より，$a = 0$，$b = 3/4$，$c = 3/4$ となり，特殊解として $x = 3(t+1)/4$ がとれる.

(3) この方程式の特殊解を視察によって求めるのは，この種の問題を解いた経験がなければ容易ではない．公式 (6.14) を使うほうが無難であろう．8.1 節の強制振動の項ではこの種の問題を定数変化法で求める.

90 第 6 章 定数係数線形微分方程式 (1)

## ♣ 課外授業 6.1 　線形代数学より

　和とスカラー倍の定義された体系は**線形空間**または**ベクトル空間**とよばれる. $t$ の
関数 $x_1(t)$ と $x_2(t)$ の和は関数の値の和 $x_1(t) + x_2(t)$ として, 関数 $x(t)$ のスカラー
(ここでは実数あるいは複素数) $c$ 倍は値の $c$ 倍 $cx(t)$ と定義する. ある区間における
連続関数の全体, 微分可能関数の全体, 無限回微分可能関数の全体などは線形空間であ
る. 以下関数の線形空間を考える. 関数 $x_1(t), \cdots, x_n(t)$ のスカラー倍の和 $c_1 x_1(t) +$
$\cdots + c_n x_n(t)$ をそれらの **1 次結合**といい, $c_1 x_1(t) + \cdots + c_n x_n(t) = 0$ なる関係式
を **1 次関係式**という. $c_1 = \cdots = c_n = 0$ であれば, どの関数 $x_1(t), \cdots, x_n(t)$ も 1
次関係式をみたすこととなる. これを自明な 1 次関係式という. 自明な 1 次関係式以
外は 1 次関係式がないとき, 関数の組 $x_1(t), \cdots, x_n(t)$ は **1 次独立**であるという. す
なわち, $c_1 x_1 + \cdots + c_n x_n = 0$ から $c_1 = \cdots = c_n = 0$ が結論されれば, 1 次独立で
ある. 関数の組が 1 次独立ではないとき 1 次従属という. 2 個の関数については, 一
方が他方の定数倍であれば 1 次従属である.

　線形空間 $V$ に有限個の 1 次独立な関数の組があり, $V$ のすべての関数がこれらの 1
次結合であるとき, この組を $V$ の**基底**といい, 基底をなす関数の個数は基底によらず
一定でその個数 $n$ を $V$ の**次元**という.

　本書においては正方行列 $A$ の行列式を $\det A$ と表す. また主対角成分の和をトレー
スあるいは跡といい $\operatorname{tr} A$ と表す. $A = \begin{pmatrix} a_{11} & a_{12} \\ a_{21} & a_{22} \end{pmatrix}$ であれば

$$\det A = a_{11}a_{22} - a_{12}a_{21}, \quad \operatorname{tr} A = a_{11} + a_{22}$$

である.

## 演習問題 6

**1.** 次の微分方程式の基本解を求めよ.

   (1)  $x'' - 4x = 0$

   (2)  $x'' - x' - 6x = 0$

   (3)  $x'' + 4x = 0$

   (4)  $x'' + x + 1 = 0$

**2.** 2 階斉次線形方程式と同様に次の斉次線形方程式の特性方程式を解くことによって基本解を求めよ.

   (1)  $x''' - 6x'' + 11' - 6x = 0$

   (2)  $x''' - x = 0$

**3.** $\lambda$ を実数として,微分方程式

$$x''(t) + \lambda^2 x(t) = 0$$

が,条件 $x(0) = x(\pi) = 0$ をみたす,自明 (= 恒等的に 0) ではない解をもつのは $\lambda$ がどのような値のときか.またそのときの解を求めよ.

**4.** 微分方程式

$$xx'' = (x')^2$$

は関数 $x = ce^{kt}$ を解としてもつということと,解の全体は線形空間とならないことを示せ.

**5.** 次の微分方程式の一般解を求めよ.

   (1)  $x'' - x' - 6x = 5t$

   (2)  $x'' + x' = t + 2$

   (3)  $x'' - x = e^t + e^{2t}$

   (4)  $x'' - x' = \sin t + 2\cos t$

**6.** 次の初期値問題を解け.

   (1)  $x'' + 4x' + 5x = 10e^t, \quad x(0) = x'(0) = 0$

92 | 第 6 章 定数係数線形微分方程式 (1)

(2)  $x'' - 2x' + 5x = 20\cos t, \qquad x(0) = x'(0) = 0$

# 第7章

## 定数係数線形微分方程式
(2)

非斉次2階線形方程式のについて定数変化法を解説する．また，簡単に未定係数法にも触れる．次に微分方程式の解法を一種の代数演算に帰着させる高次線形微分方程式の記号解法を説明する．記号解法の発展であるヘヴィサイドの演算子法はラプラス変換によって合理化される．ラプラス変換の概説とその微分方程式への応用についても解説する．最初は本章で記号解法を学び，後にラプラス変換による解法を学ぶことも可能である．

### 7.1 記号解法：斉次方程式

ここでは高階の方程式について記すが，2階に限定すれば既に学んだことである．

$F(t)$ は $t$ について必要な回数だけ微分できるとし，$F(t)$ の $t$ による導関数 $\dfrac{dF(t)}{dt}$ を $(DF)(t)$ で，$n$ 階導関数 $\dfrac{d^n F(t)}{dt^n}$ を $(D^n F)(t)$ と表す．また $D^0 F = F$ としておく．変数 $s$ の多項式

$$P(s) = a_0 s^n + a_1 s^{n-1} + \cdots + a_{n-1} s + a_n$$

に対して導関数から作られる関数

$$P(D)F = a_0 D^n F + a_1 D^{n-1} F + \cdots + a_{n-1} DF + a_n F$$

を定義する．$F$ に $P(D)F$ 対応させる

94 | 第 7 章 定数係数線形微分方程式 (2)

$$P(D) = a_0 D^n + a_1 D^{n-1} + \cdots + a_{n-1} D + a_n$$

を**微分作用素**という. 微分作用素は線形性がある. すなわち,

$$P(D)\{c_1 F_1 + c_2 F_2\} = c_1 P(D) F_1 + c_2 P(D) F_2$$

が定数 $c_1, c_2$ と関数 $F_1, F_2$ に対して成立する. 微分作用素 $P(D), Q(D)$ に対して, 和 $P(D) + Q(D)$ と積 $P(D)Q(D)$ を

$$\{P(D) + Q(D)\}F = P(D)F + Q(D)F,$$

$$\{P(D)Q(D)\}F = P(D)\{Q(D)F\}$$

によって定義する. このとき微分作用素には次の性質がある.

(1) $P(D) + Q(D) = Q(D) + P(D)$

(2) $\{P(D) + Q(D)\} + R(D) = P(D) + \{Q(D) + R(D)\}$

(3) $P(D)Q(D) = Q(D)P(D)$

(4) $\{P(D)Q(D)\}R(D) = P(D)\{Q(D)R(D)\}$

(5) $P(D)\{Q(D) + R(D)\} = P(D)Q(D) + P(D)R(D).$

---

**補題 7.1** 微分作用素 $P(D)$ に対して
$$P(D)(e^{\alpha t} F) = e^{\alpha t} P(D + \alpha) F$$
が成り立つ.

---

実際,

$$D(e^{\alpha t} F) = \alpha e^{\alpha t} F + e^{\alpha t} DF = e^{\alpha t}(D + \alpha)F$$

であるから, これを繰り返せば

$$D^n(e^{\alpha t} F) = e^{\alpha t}(D + \alpha)^n F$$

となる．したがって微分作用素 $P(D)$ に対して

$$P(D)(e^{\alpha t}F) = e^{\alpha t}P(D+\alpha)F$$

が成り立つ．

　これらの性質を用いて以下のような方程式の解き方を**記号解法**という．まず

$$x' = \alpha x$$

に対しては

$$(D-\alpha)x = 0$$

である．$e^{-\alpha t}$ を掛ければ

$$e^{-\alpha t}(D-\alpha)x = D(e^{-\alpha t}x) = 0$$

となり，$e^{-\alpha t}x = c\,(定数)$ となる．したがって解は $x = ce^{\alpha t}$ であることがわかる．

　次に方程式

$$(D-\alpha)^n x = 0 \tag{7.1}$$

を考えよう．

$$e^{-\alpha t}(D-\alpha)^n x = D^n(e^{-\alpha t}x) = 0 \tag{7.2}$$

と，$D^n x = 0$ となるのは $x(t)$ が $t$ の高々 $n-1$ 式であることを使えば，次の定理が得られる．

---

**定理 7.1**　斉次方程式

$$(D-\alpha)^n x = 0$$

の一般解は

$$x = (c_1 + c_2 t + \cdots + c_n t^{n-1})e^{\alpha t}$$

$(c_1, c_2, \cdots, c_n$ は定数$)$ と表される．

---

96 | 第 7 章 定数係数線形微分方程式 (2)

このことは $e^{\alpha t}, te^{\alpha t}, t^2 e^{\alpha t}, \cdots, t^{n-1} e^{\alpha t}$ は (7.1) の基本解であることを示している.

2 階であれば,

$$(D - \alpha)^2 x = 0$$

の一般解は

$$x = (c_1 + c_2 t)e^{\alpha t}$$

で与えられる.

$\alpha_1 \neq \alpha_2$ のとき斉次方程式

$$(D - \alpha_1)(D - \alpha_2)x = 0$$

については,

$$1 = \frac{s - \alpha_2}{\alpha_1 - \alpha_2} - \frac{s - \alpha_1}{\alpha_1 - \alpha_2}$$

であるから,

$$x = \frac{D - \alpha_2}{\alpha_1 - \alpha_2} x - \frac{D - \alpha_1}{\alpha_1 - \alpha_2} x$$

と表すことができる. そこで

$$x_1 = \frac{D - \alpha_2}{\alpha_1 - \alpha_2} x, \quad x_2 = -\frac{D - \alpha_1}{\alpha_1 - \alpha_2} x$$

とおけば,

$$x = x_1 + x_2 \tag{7.3}$$

であるが,

$$(D - \alpha_1)x_1 = \frac{1}{\alpha_1 - \alpha_2}(D - \alpha_1)(D - \alpha_2)x = 0,$$

$$(D - \alpha_2)x_2 = -\frac{1}{\alpha_1 - \alpha_2}(D - \alpha_1)(D - \alpha_2)x = 0$$

であるから,

$$x_1 = c_1 e^{\alpha_1 t}, \qquad x_2 = c_2 e^{\alpha_2 t}$$

でなければならない. したがって

$$x = c_1 e^{\alpha_1 t} + c_2 e^{\alpha_2 t}$$

となる.

$(D-\alpha_1)(D-\alpha_2)x = 0$ の解の, $(D-\alpha_1)x_1 = 0$ の解 $x_1$ と $(D-\alpha_2)x_2 = 0$ の解 $x_2$ との和への分解 (7.3) は一意的であることを注意しておこう. 実際, $x = y_1 + y_2$ がもう一つの同様な分解とすれば, $x_1 - y_1 = -x_2 + y_2$ であるから, これを $z$ とおけば, $(D-\alpha_1)z = (D-\alpha_2)z = 0$ であるから

$$z = \frac{D-\alpha_2}{\alpha_1 - \alpha_2} z - \frac{D-\alpha_1}{\alpha_1 - \alpha_2} z = 0,$$

すなわち, $x_1 = y_1$, $x_2 = y_2$ である.

以上のことは次の定理のように一般化される. 二つの多項式 $P_1(s)$ と $P_2(s)$ は定数以外の共通因子がない, すなわち両式を割り切る多項式は定数以外にないとき, **互いに素**という.

---

**定理 7.2**　互いに素な $s$ の多項式 $P_1(s), P_2(s)$ に対して, 微分方程式
$$P_1(D)P_2(D)x = 0$$
の解 $x$ は, $P_1(D)x_1 = 0$, $P_2(D)x_2 = 0$ をみたす $x_1, x_2$ によって
$$x = x_1 + x_2$$
と一意的に分解される.

---

定理 7.1 および定理 7.2 より, 次の定理が導かれる.

98 | 第 7 章 定数係数線形微分方程式 (2)

---

**定理 7.3** 相異なる複素数 $\alpha_1, \cdots, \alpha_r$ について，多項式
$$P(s) = (s - \alpha_1)^{n_1} \cdots (s - \alpha_r)^{n_r}$$
に対応する斉次方程式
$$P(D)x = 0$$
の解は
$$x = \sum_{j=1}^{r} \sum_{k=0}^{n_j - 1} c_{j,k} t^k e^{\alpha_j t}$$
と表される.

---

## 7.2 記号法：非斉次方程式

非斉次方程式
$$P(D)x = f(t) \tag{7.4}$$
の特殊解を
$$x = \frac{f(t)}{P(D)}$$
と書くことにしよう．たとえば $Dt^2 = 2t$ であるので
$$\frac{t}{D} = \frac{t^2}{2}$$
と書くことにする．
$$P(s) = (s - \alpha_1)^{n_1}(s - \alpha_2)^{n_2} \cdots (s - \alpha_r)^{n_r} \tag{7.5}$$
と因数分解すると，
$$\frac{1}{P(s)} = \frac{P_1(s)}{(s - \alpha_1)^{n_1}} + \frac{P_2(s)}{(s - \alpha_2)^{n_2}} + \cdots + \frac{P_r(s)}{(s - \alpha_r)^{n_r}}$$

となる $n_j - 1$ 以下の次数の多項式 $P_j$ $(j = 1, 2, \cdots, r)$ がある．すると (7.4) の解は

$$x = P_1(D)\frac{f(t)}{(D - \alpha_1)^{n_1}} + P_2(D)\frac{f(t)}{(D - \alpha_2)^{n_2}} + \cdots + P_r(D)\frac{f(t)}{(D - \alpha_r)^{n_r}}$$

と表すことができる．

いくつかの $f(t)$ に対して特殊解を求めよう．まず (7.2) より

$$(D - \alpha)^n x = e^{\alpha t} D^n (e^{-\alpha t} x) \tag{7.6}$$

であることを注意しておこう．

**1°** $(D - \alpha)^n x = t^k e^{\alpha t}$ のとき．

これは $P(s) = (s - \alpha)^n$ のときである．(7.6) より

$$D^n (e^{-\alpha t} x) = t^k$$

となる．したがって，$n$ 回積分することによって

$$x = \frac{1}{(k + 1)(k + 2) \cdots (k + n)} t^{k+n} e^{\alpha t}$$

が特殊解であることがわかる．

**2°** $(D - \alpha)^n x = t^k e^{\beta t}$ $(\alpha \neq \beta)$ のとき．

$$D^n (e^{-\alpha t} x) = t^k e^{(\beta - \alpha)t} \tag{7.7}$$

である．$k = 0$ であれば $n$ 回積分することによって

$$e^{-\alpha t} x = \frac{1}{(\beta - \alpha)^n} e^{(\beta - \alpha)t}$$

であるから，

$$x = \frac{1}{(\beta - \alpha)^n} e^{\beta t} = \frac{1}{P(\beta)} e^{\beta t}$$

となる．

$k > 0$ のとき (7.7) より

100 | 第 7 章　定数係数線形微分方程式 (2)

$$D^{n-1}(e^{-\alpha t}x) = \frac{t^k e^{(\beta-\alpha)t}}{\beta - \alpha} - \frac{k}{\beta - \alpha}\int t^{k-1}e^{(\beta-\alpha)t}dt$$

となる．部分積分を繰り返せば

$$e^{-\alpha t}x = \frac{t^k e^{(\beta-\alpha)t}}{(\beta - \alpha)^n} + \{t^{k-1}, t^{k-2}, \cdots, 1 \text{ の 1 次結合}\} \times e^{(\beta-\alpha)t}$$

となるから，解は

$$x = \frac{t^k e^{\beta t}}{(\beta - \alpha)^n} + \{t^{k-1}, t^{k-2}, \cdots, 1 \text{ の 1 次結合}\} \times e^{\beta t}$$

と表すことができる．

**3°**　$P(D)x = e^{\beta t}$ ($P$ は一般の多項式) のとき．

$P(s)$ が (7.5) で因数分解されているとする．

$$x = P_1(D)\frac{e^{\beta t}}{(D - \alpha_1)^{n_1}} + P_2(D)\frac{e^{\beta t}}{(D - \alpha_2)^{n_2}}$$
$$+ \cdots + P_r(D)\frac{e^{\beta t}}{(D - \alpha_r)^{n_r}} \tag{7.8}$$

である．$\beta \neq \alpha_j \ (j = 1, 2, \cdots, r)$, すなわち $P(\beta) \neq 0$ のとき

$$x = \frac{P_1(\beta)}{(\beta - \alpha)^{n_1}}e^{\beta t} + \frac{P_2(\beta)}{(\beta - \alpha)^{n_2}}e^{\beta t} + \cdots + \frac{P_r(\beta)}{(\beta - \alpha)^{n_r}}e^{\beta t}$$
$$= \frac{1}{P(\beta)}e^{\beta t}$$

となる．

$\beta$ が $P(s) = 0$ の $m$ 重根のとき，$\alpha_1 = \beta$，$n_1 = m$ と仮定して特殊解を求めてみよう．

$$\frac{P_1(s)}{(s - \beta)^m} = \frac{c_1}{(s - \beta)^m} + \frac{c_2}{(s - \beta)^{m-1}} + \cdots + \frac{c_m}{s - \beta}$$

と変形すれば

$$\frac{1}{(D-\beta)^m}P_1(D)e^{\beta t} = \frac{1}{(D-\beta)^m}P_1(\beta)e^{\beta t} = P_1(\beta)\frac{1}{m!}t^m e^{\beta t}$$

となる．したがって

$$x = \sum_{k=1}^m \frac{c_k}{(m-k+1)!}t^{m-k+1}e^{\beta t} + \sum_{j=2}^r \frac{P_j(\beta)}{(\beta-\alpha)^{n_j}}e^{\beta t}$$

である．ここで $y = (t\ \text{の}\ (m-1)\ \text{以下の次数の多項式}) \times e^{\beta t}$ は $(D-\beta)^m y = 0$ をみたすので付随する斉次方程式

$$P(D)y = 0$$

の解である．したがって特殊解としては

$$x = \frac{c_1}{m!}t^m e^{\beta t}$$

をとることができる．(7.8) の両辺に $(s-\beta)^n$ を掛けてから $s = \beta$ とおけば

$$c_1 = \frac{1}{(\beta-\alpha_2)^{n_2}\cdots(\beta-\alpha_r)^{n_r}}$$

であることと

$$P^{(m)}(\beta) = m!(\beta-\alpha_2)^{n_2}\cdots(\beta-\alpha_r)^{n_r}$$

であることに注意すれば，特殊解は

$$x = \frac{t^m e^{\beta t}}{P^{(m)}(\beta)}$$

となる．

**例 7.1** 次の微分方程式の一般解を求めよ．

(1) $x'' - 3x' + 2x = e^{3t}$

(2) $x'' - 4x' + 4x = te^t$

(3) $x'' + x = \cos t$

**解．**(1) 記号解法では

102 | 第 7 章　定数係数線形微分方程式 (2)

$$(D-1)(D-2)x = e^{3t}$$

であり，

$$\frac{1}{(s-1)(s-2)} = -\frac{1}{s-1} + \frac{1}{s-2}$$

であるから，特殊解は

$$x = -\frac{e^{3t}}{D-1} + \frac{e^{3t}}{D-2} = -\frac{e^{3t}}{3-1} + \frac{e^{3t}}{3-2} = \frac{1}{2}e^{3t}$$

となる．したがって，一般解は

$$x = \frac{1}{2}e^{3t} + c_1 e^t + c_2 e^{2t}$$

となる．

(2)　与式は

$$(D-2)^2 x = te^t$$

であるから (7.7) によって

$$D^2(e^{-2t}x) = te^{-t}$$

となり，部分積分をして

$$D(e^{-2t}x) = -te^{-t} + \int e^{-t}dt + c_1 = -te^{-t} - e^{-t} + c_1$$

となり，さらに部分積分をすると

$$e^{-2t}x = te^{-t} + 2e^{-t} + c_1 t + c_2$$

が得られるから，一般解は

$$x = te^t + 2e^t + c_1 te^{2t} + c_2 e^{2t}$$

が求めるものである．

(3)　$(D^2+1)x = \cos t$ の解 $x$ とともに $(D^2+1)y = \sin t$ の解 $y$ を考え，$z = x + iy$ とおく．すると $z$ は微分方程式

の解である．$D^2 + 1 = (D-i)(D+i)$ であり，

$$\frac{1}{(s-i)(s+i)} = \frac{1}{2i}\Big(\frac{1}{s-i} - \frac{1}{s+i}\Big)$$

が成り立つので，

$$z = \frac{1}{2i}\Big(\frac{e^{it}}{D-i} - \frac{e^{it}}{D+i}\Big)$$

である．括弧内の第 1 項は **1°** の $\alpha = i$, $n = 1$, $k = 0$ の場合であるから

$$\frac{e^{it}}{D-i} = te^{it}$$

であり，第 2 項は **2°** の $\alpha = -i$, $\beta = i$, $n = 1$, $k = 0$ の場合であるから

$$\frac{e^{it}}{D+i} = \frac{1}{2i}e^{it}$$

となる．したがって

$$z = \frac{1}{2i}\Big(t - \frac{1}{2i}\Big)e^{it}$$
$$= \Big(\frac{1}{4}\cos t + \frac{t}{2}\sin t\Big) + i\Big(-\frac{t}{2}\cos t + \frac{1}{4}\sin t\Big)$$

となる，したがって

$$x = \frac{1}{4}\cos t + \frac{t}{2}\sin t$$

が特殊解である．ゆえに一般解は

$$x = \frac{1}{4}\cos t + \frac{t}{2}\sin t + c_1\cos t + c_2\sin t$$

となる．

記号解法は形式的には微分演算子を多項式のように考えてその割り算を行い，解を求めるものであった．非斉次方程式 $P(D)x = f(t)$ は $f(t)$ が $t$ の単

104 | 第 7 章 定数係数線形微分方程式 (2)

項式と指数関数の積の場合には解が $x = \dfrac{f(t)}{P(D)}$ として求められた．しかし斉次方程式 $P(D)x = 0$ については $x = \dfrac{0}{P(D)} = 0$ とはならない．これを合理化したものがラプラス変換による解法である．応用分野において広く使われている．これを次節以降で紹介する．

## 7.3 ラプラス変換

$[0, \infty)$ で定義された関数 $f(t)$ は**区分的に連続**であるとする．すなわち，$f(t)$ は $[0, \infty)$ の任意の有限区間に不連続点は高々有限個しかなく[1]，不連続点 $a$ では有限の右極限値 $f(a+0)$ および左極限値 $f(a-0)$ が存在するとする．ただし，$t = 0$ においては右極限値のみ考える．

区間 $[0, \infty)$ で定義された区分的に連続な関数 $f(t)$ と，複素数 $s = \sigma + i\tau$ に対して積分

$$\int_0^\infty f(t)e^{-st}\,dt = \lim_{T \to \infty} \int_0^T f(t)e^{-st}\,dt$$

が収束するとき，この $s$ の関数を $f(t)$ の**ラプラス変換**といい $\mathcal{L}\{f\}(s)$ または $\mathcal{L}\{f(x)\}(s)$ で表す．

$\mathcal{L}\{f\}(s)$ の収束は $s$ による．いま $s_0 = \sigma_0 + i\tau_0$ のとき $\mathcal{L}\{f\}(s_0)$ が収束したとしよう．$t > 0$ に対して

$$g(t) = \int_0^t f(u)e^{-s_0 u}\,du$$

とおく．すると $g(t)$ は連続関数であり，$g(0) = 0$ で $\lim_{t \to \infty} g(t) = \mathcal{L}\{f\}(s_0)$ であるから，$0 \leqq t < \infty$ で有界である．したがって，$t > 0$ に無関係な定数 $M$ があって

$$|g(t)| \leqq M$$

となる．$s = \sigma + i\tau \in \mathbb{C}$ が $\sigma > \sigma_0$ をみたすとする．

---

[1] $f(t)$ が連続でない点はないか，あるいはあっても有限個ということ．

$$g'(t) = f(t)e^{-s_0 t}$$

を用いて部分積分すれば

$$\int_0^T f(t)e^{-st}\,dt = \int_0^T e^{-(s-s_0)t}g'(t)\,dt$$

$$= e^{-(s-s_0)T}g(T) + (s-s_0)\int_0^T e^{-(s-s_0)t}g(t)\,dt$$

である. $|e^{-(s-s_0)T}g(T)| \leqq Me^{-(\sigma-\sigma_0)T}$ より, 第 1 項は $T \to \infty$ のとき 0 に収束する. 第 2 項は

$$\left|\int_0^T e^{-(s-s_0)t}g(t)\,dt\right| \leqq \int_0^T |e^{-(s-s_0)t}g(t)|\,dt$$

$$\leqq M\int_0^T e^{-(\sigma-\sigma_0)t}\,dt$$

$$= \frac{M}{\sigma-\sigma_0}(1 - e^{-(\sigma-\sigma_0)T}) \to \frac{M}{\sigma-\sigma_0} \quad (T \to \infty)$$

となるから収束する. したがって, 区分的に連続な関数 $f(t)$ のラプラス変換

$$\mathcal{L}\{f\}(s) = \int_0^\infty f(t)e^{-st}\,dt$$

が $s_0 \in \mathbb{C}$ で収束すれば $\operatorname{Re} s > \operatorname{Re} s_0$ なるすべての $s \in \mathbb{C}$ で収束することがわかった. このことよりある $s_0$ で発散すれば $\operatorname{Re} s < \operatorname{Re} s_0$ なる $s$ で発散する. したがって, 次の (1)〜(3) のいずれか一つが生じる.

---

**定理 7.4** (1) $\mathcal{L}\{f\}(s)$ がすべての $s \in \mathbb{C}$ で発散する.

(2) $\mathcal{L}\{f\}(s)$ がすべての $s \in \mathbb{C}$ で収束する.

(3) ある $\sigma_0 \in \mathbb{R}$ があって, $\mathcal{L}\{f\}(s)$ が $\operatorname{Re} s > \sigma_0$ で収束し, $\operatorname{Re} s < \sigma_0$ で発散する.

---

(3) の $\sigma_0$ をラプラス変換 $\mathcal{L}\{f\}(s)$ の**収束座標**という. (1) の場合は $\sigma_0 = -\infty$, (2) の場合は $\sigma_0 = \infty$ と考えることにする.

またラプラス変換が絶対収束する, すなわち

$$\int_0^\infty |f(t)e^{-st}|\,dt < +\infty$$

となる $s$ に対して $\operatorname{Re}s$ の下限 $\sigma_1$ を $f(t)$ のラプラス変換の**絶対収束座標**という．複素数平面上の領域 $\operatorname{Re}s > \sigma_0$ をラプラス変換の**収束領域**といい，領域 $\operatorname{Re}s > \sigma_1$ を**絶対収束領域**という．一般に $\sigma_0 \leqq \sigma_1$ である．

積分によって定義されるラプラス変換は次の線形性をもつ．

---

**定理 7.5** 関数 $f(t), g(t)$ のラプラス変換の共通の収束領域の $s$ と，定数 $a, b$ に対して
$$\mathcal{L}\{af(t) + bg(t)\}(s) = a\mathcal{L}\{f(t)\} + b\mathcal{L}\{g(t)\}(s).$$

---

また，置換積分を計算すれば，次の定理が成り立つことが確かめられる．

---

**定理 7.6** $\lambda > 0$ に対して
$$\mathcal{L}\{f(\lambda t)\}(s) = \frac{1}{\lambda}\mathcal{L}\{f(t)\}\left(\frac{s}{\lambda}\right).$$

---

収束座標を求める一般的な方法はない．ラプラス変換が絶対収束する関数のクラスを考えよう．$0 \leqq t < \infty$ において区分的に連続な関数 $f(t)$ について，定数 $T > 0$, $M > 0$, $a \geqq 0$ が存在して，すべての $t > T$ に対して

$$|f(t)| \leqq Me^{at} \tag{7.9}$$

が成り立つとき，関数 $f(t)$ は**指数 $a$ 型**といわれる．また $f(t)$ は適当な $a$ に対して指数 $a$ 型のとき，単に**指数位数**という．すると $\sigma > a$ となる $\sigma$ に対して

$$\int_T^\infty |f(t)|e^{-\sigma t}\,dt \leqq M\int_T^\infty e^{-(\sigma - a)t}\,dt = \frac{Me^{-(\sigma - a)T}}{\sigma - a}$$

となり，

$$\int_0^\infty |f(t)|e^{-\sigma t}\,dt < \infty$$

である．したがって $\operatorname{Re}s > a$ となる $s$ に対して，$f(t)$ のラプラス変換は絶対

収束する. そして，絶対収束座標 $\sigma_1$ は $\sigma_1 \leqq a$ をみたす. さらに，$\mathrm{Re}\,s = \sigma$ として

$$|\mathcal{L}\{f\}(s)| \leqq \frac{M}{\sigma - a}$$

であるから，$\sigma \to \infty$ のとき $\mathcal{L}\{f\}(s) \to 0$ が得られる. とくに，$a = 0$ のときを考えれば，関数 $f(t)$ が $[0, +\infty)$ で有界ならばラプラス変換は $\mathrm{Re}\,s > 0$ において絶対収束する.

多項式，指数関数，三角関数，双曲線関数などは指数位数である. それらのラプラス変換は次のようになる.

---

**定理 7.7** (1) $n = 0, 1, 2, \cdots$ のとき，$\mathrm{Re}\,s > 0$ に対して
$$\mathcal{L}\{x^n\}(s) = \frac{n!}{s^{n+1}}.$$

(2) $\mathrm{Re}\,s > \mathrm{Re}\,\alpha$ に対して，
$$\mathcal{L}\{e^{\alpha t}\}(s) = \frac{1}{s - \alpha}.$$

(3) $\mathrm{Re}\,s > 0$ に対して
$$\mathcal{L}\{\cos at\}(s) = \frac{s}{s^2 + a^2}, \quad \mathcal{L}\{\sin at\}(s) = \frac{a}{s^2 + a^2}.$$

(4) $\mathrm{Re}\,s > |a|$ に対して
$$\mathcal{L}\{\cosh at\}(s) = \frac{s}{s^2 - a^2}, \quad \mathcal{L}\{\sinh at\}(s) = \frac{a}{s^2 - a^2}.$$

---

**証明** (1) $\mathrm{Re}\,s > 0$ のとき，$\mathcal{L}\{x^n\}(s)$ は絶対収束し

$$\int_0^\infty \frac{d}{ds}(x^n e^{-sx})\,dx$$

は $\mathrm{Re}\,s > 0$ において広義一様収束するから $\mathcal{L}\{x^n\}(s)$ は $\mathrm{Re}\,s > 0$ において正則関数である. $s \in \mathbb{R}$, $s > 0$ のときは $st = u$ と変数変換すれば

$$\mathcal{L}\{x^n\}(s) = \frac{1}{s^{n+1}} \int_0^\infty u^n e^{-u}\,du = \frac{\Gamma(n+1)}{s^{n+1}} = \frac{n!}{s^{n+1}}$$

となる．したがって，一致の定理 ([12], 定理 10) によって $\mathrm{Re}\,s > 0$ において (1) の等式が成り立つ

(2) は $s - \alpha \in \mathbb{R}$ のとき，その実部が正であれば

$$\mathcal{L}\{e^{\alpha t}\}(s) = \int_0^\infty e^{-(s-\alpha)t}\,dt = \frac{1}{s - \alpha}$$

が成り立ち，$\mathrm{Re}(s - \alpha) > 0$ において両辺が正則であることから一致の定理によってわかる．(3), (4) は関係式

$$\cos t = \frac{e^{it} + e^{-it}}{2}, \qquad \sin t = \frac{e^{it} + e^{-it}}{2i},$$
$$\cosh t = \frac{e^t + e^{-t}}{2}, \qquad \sinh t = \frac{e^t - e^{-t}}{2}$$

と定理 (7.5) および (2) から得られる． □

次に，関数の導関数，不定積分のラプラス変換を求める．

---

**定理 7.8** 関数 $x(t)$ は $[0, \infty)$ において指数 $a$ 型の連続関数で，$x'(t)$ は区分的に連続で不連続点は有限個であり，かつ指数位数であるとする．そのとき $\mathrm{Re}\,s > a$ なる $s$ に対して

$$\mathcal{L}\{x'\}(s) = s\mathcal{L}\{x\}(s) - x(0)$$

が成り立つ．

---

**証明** $x'(t)$ の不連続点を $t_j$ $(j = 1, 2, \cdots, n,\ t_0 = 0 < t_1 < t_2 < \cdots < t_n)$ とする．

$$\mathcal{L}\{x'\}(s) = \int_0^\infty x'(t)e^{-st}\,dt$$
$$= \sum_{j=1}^n \int_{t_{j-1}}^{t_j} x'(t)e^{-st}\,dt + \int_{t_n}^\infty x'(t)e^{-st}\,dt.$$

ここで

$$\int_{t_{j-1}}^{t_j} x'(t)e^{-st}\, dt = \lim_{\substack{t' \to t_{j-1},\, t' > t_{j-1} \\ t'' \to t_j,\, t'' < t_j}} \int_{t'}^{t''} x'(t)e^{-st}\, dt$$

$$= \lim_{\substack{t' \to t_{j-1},\, t' > t_{j-1} \\ t'' \to t_j,\, t'' < t_j}} \left( \Big[ x(t)e^{-st} \Big]_{t'}^{t''} + s \int_{t'}^{t''} x(t)e^{-st}\, dt \right)$$

$$= \lim_{\substack{t' \to t_{j-1},\, t' > t_{j-1} \\ t'' \to t_j,\, t'' < t_j}} \left( x(t'')e^{-st''} - x(t')e^{-st'} + s \int_{t'}^{t''} x(t)e^{-st}\, dt \right)$$

$$= x(t_j)e^{-st_j} - x(t_{j-1})e^{-st_{j-1}} + s \int_{t_{j-1}}^{t_j} x(t)e^{-st}\, dt.$$

また

$$\int_{t_n}^{\infty} x'(t)e^{-st}\, dt = \lim_{\substack{t' \to t_n,\, t' > t_n \\ t'' \to \infty}} \int_{t'}^{t''} x'(t)e^{-st}\, dt$$

$$= \lim_{\substack{t' \to t_n,\, t' > t_n \\ t'' \to \infty}} \left( x(t'')e^{-st''} - x(t')e^{-st'} + s \int_{t'}^{t''} x(t)e^{-st}\, dt \right)$$

$$= -x(x_n)e^{-st_n} + s \int_{t_n}^{\infty} x(t)e^{-st}\, dt.$$

したがって

$$\mathcal{L}\{x'\}(s) = -x(t_0)e^{-st_0} + s \int_{t_0}^{\infty} x(t)e^{-st}\, dt$$

$$= -x(0) + s\mathcal{L}\{x\}(s)$$

となって証明された. □

この定理より容易に次の系が導かれる.

110 第 7 章 定数係数線形微分方程式 (2)

> **系 7.2** $[0, \infty)$ における関数 $x(t)$ に対して $x(t), x'(t), \cdots, x^{(n-1)}$ が定理の $x(t)$ の条件をみたし，$x^{(n)}$ が定理の $x'(t)$ の条件をみたせば，
> $$\mathcal{L}\{x^{(n)}\}(s) = s^n \mathcal{L}\{x\}(s) - s^{n-1}x(0) - s^{n-2}x'(0) - \cdots - x^{(n-1)}(0)$$
> が成り立つ.

次に関数の不定積分のラプラス変換を求めよう.

> **定理 7.9** 関数 $f(t)$ は $[0, \infty)$ において区分的に連続かつ指数位数であるとする．$t_0 \geqq 0$ とすると
> $$\mathcal{L}\left\{\int_{t_0}^t f(u)\,du\right\}(s) = \frac{1}{s}\mathcal{L}\{f\}(s) - \frac{1}{s}\int_0^{t_0} f(u)\,du$$
> が成り立つ.

**証明**

$$g(t) = \int_{t_0}^t f(u)\,du$$

とおけばすでに述べたように $g(t)$ は連続で指数位数であり，$g'(t) = f(t)$ である．したがって定理 7.8 によって

$$\mathcal{L}\{f(t)\}(s) = s\mathcal{L}\{g(t)\}(s) - g(0)$$

となって，これより直ちに定理が得られる． □

**例 7.2** 初期値問題

$$x'' - 3x' + 2x = e^{3t}, \quad x(0) = x_0, \quad x'(0) = v_0$$

を考えてみよう．両辺のラプラス変換は

$$(s^2 - 3s + 2)\mathcal{L}\{x\}(s) - (s-3)x(0) - x'(0) = \frac{1}{s-3}$$

となるので

$$\mathcal{L}\{x\} = \frac{1}{(s-1)(s-2)(s-3)} + \frac{x_0(s-3)}{(s-1)(s-2)} + \frac{v_0}{(s-1)(s-2)}$$

となる. 右辺は

$$\frac{1}{(s-1)(s-2)(s-3)} = \frac{1}{2(s-1)} - \frac{1}{s-2} + \frac{1}{2(s-3)}$$

$$= \mathcal{L}\left\{\frac{e^t}{2} - e^{2t} + \frac{e^{3t}}{2}\right\}(s),$$

$$\frac{s-3}{(s-1)(s-2)} = \frac{2}{s-1} - \frac{1}{s-2} = \mathcal{L}\{2e^t - e^{2t}\}(s),$$

$$\frac{1}{(s-1)(s-2)} = -\frac{1}{s-1} + \frac{1}{s-2} = \mathcal{L}\{-e^t + e^{2t}\}(s)$$

となる.

$$\mathcal{L}\{e^{\alpha t}\}(s) = \frac{1}{s-\alpha} \qquad (\operatorname{Re} s > \operatorname{Re} \alpha)$$

であるから,

$$\mathcal{L}\{x\}(s) = \mathcal{L}\left\{\frac{e^t}{2} - e^{2t} + \frac{e^{3t}}{2}\right\}(s)$$

となる. したがって

$$\mathcal{L}\{f\}(s) = \mathcal{L}\{g\}(s)$$

が $\operatorname{Re} s > a$ がある $a$ について成り立つならば $f(t) = g(t)$ であることが言えれば解は

$$x(t) = \frac{e^t}{2} - e^{2t} + \frac{e^{3t}}{2}$$

であることになる. ◇

　フーリエ変換の理論を使えば，次の定理が成り立つことがわかる (課外授業 7.1 参照).

112 | 第 7 章　定数係数線形微分方程式 (2)

---

**定理 7.10**　$f(t)$ と $g(t)$ を $[0,\infty)$ で定義された区分的に滑らかな関数で，$f(t)e^{-\sigma_0 t}$ および $g(t)e^{-\sigma_0 t}$ が絶対積分可能であって $\mathcal{L}\{f\}(s) = \mathcal{L}\{g\}(s)$ $(\mathrm{Re}\,s > \sigma_0)$ であれば

$$f(t-0) + f(t+0) = g(t-0) + g(t+0)$$

が成り立つ．特に $f(t), g(t)$ が連続であれば $f(t) = g(t)$ である．

---

　このように定数係数の線形微分方程式は，未知関数のラプラス変換 $\mathcal{L}\{x\}(s)$ が $s$ の関数 $X(s)$ として求まるので，ラプラス変換 $\mathcal{L}\{x(t)\}$ が $X(s)$ である関数 $x(t)$ が具体的に求まれば，$x = x(t)$ が解となる．

　$s$ の関数 $F(s)$ に対して $\mathcal{L}\{f(t)\}(s) = F(s)$ となる $t$ の関数 $f(t)$ を $F(s)$ の**ラプラス逆変換**といい $\mathcal{L}^{-1}\{F(s)\}(t) = f(t)$ と表す．

　既知の関数のラプラス逆変換から多くの関数の逆変換を求めるために合成積を導入する．$\mathbb{R}$ 上で定義された関数 $f, g$ に対して新しい関数 $f * g$ を

$$(f * g)(t) = \int_{-\infty}^{\infty} f(t-u)g(u)\,du$$

によって定義し，$f$ と $g$ の**合成積**，あるいは**畳み込み**という．$[0,\infty)$ で定義された関数 $f(t), g(t)$ に対して，関数を $t < 0$ では値が $0$ と拡張した上で合成積を考える．すると，$u < 0$ において $g(u) = 0$，$u > t$ において $f(t-u) = 0$ であるから

$$(f * g)(t) = \int_0^t f(t-u)g(u)\,du \tag{7.10}$$

である．合成積は次の性質をもつ．

---

**定理 7.11**　$[0,\infty)$ における関数 $f(t), g(t), h(t)$ に対して，

(1) $f * g = g * f$

(2) $(f * g) * h = f * (g * h)$

(3) $f * (g + h) = f * g + f * h$

---

**証明**　(1)　(7.10) において $t - u = v$ とおけば

$$(f * g)(t) = -\int_t^0 f(v)g(t-v)\,dv = \int_0^t g(t-v)f(v)\,dv$$
$$= (g * f)(t).$$

(2)

$$((f * g) * h)(t) = \int_0^t (f * g)(t-u)h(u)\,dt$$
$$= \int_0^t \left( \int_0^{t-u} f(t-u-v)g(v)\,dv \right) h(u)\,du$$

$u + v = w$ とおけば

$$\int_0^{t-u} f(t-u-v)g(v)\,dv = \int_u^t f(t-w)g(w-u)\,dw$$

であるから

$$((f * g) * h)(t) = \int_0^t f(t-w) \left( \int_0^w g(w-u)h(u)\,du \right) dw$$
$$= (f * (g * h))(t).$$

(3) は明らか.　　　　　　　　　　　　　　　　　　　　　　□

---

**定理 7.12**　$\mathcal{L}\{(f * g)(t)\}(s) = \mathcal{L}\{f(t)\}(s)\mathcal{L}\{g(t)\}(s).$

---

**証明**

$$\mathcal{L}\{(f * g)(t)\}(s) = \int_0^\infty \left( \int_0^t f(t-u)g(u)\,du \right) e^{-st}\,dt$$

において積分の順序交換をしてから $t - u = v$ とおく.

$$\mathcal{L}\{(f * g)(t)\}(s) = \int_0^\infty \left( \int_u^\infty f(t-u)e^{-st}\,dv \right) g(u)\,du$$
$$= \int_0^\infty \left( \int_0^\infty f(v)e^{-s(u+v)}\,dv \right) g(u)\,du$$

114 | 第 7 章　定数係数線形微分方程式 (2)

$$= \left( \int_0^\infty f(v)e^{-sv}\,dv \right) \left( \int_0^\infty g(u)e^{-su}\,du \right)$$

$$= \mathcal{L}\{f(t)\}(s)\mathcal{L}\{g(t)\}(s). \qquad \Box$$

---

**系 7.3**　$\mathcal{L}^{-1}\{F(s)\}(x) = f(x)$, $\mathcal{L}^{-1}\{G(s)\}(x) = g(x)$ ならば

$$\mathcal{L}^{-1}\{F(s)G(s)\}(x) = (f * g)(x).$$

---

ラプラス変換から元の関数を求める場合，ラプラス変換が $\dfrac{1}{s}$ を因子として含んでいるときは，次の定理が役に立つ.

---

**定理 7.13**　もし

$$\mathcal{L}\{f(t)\}(s) = \frac{G(s)}{s}$$

ならば，$\mathcal{L}^{-1}\{G(s)\}$ が存在するとき，

$$f(t) = \int_0^t \mathcal{L}^{-1}\{G(s)\}(u)\,du$$

が成り立つ.

---

**証明**　$\mathcal{L}^{-1}\{G(s)\}(t) = g(t)$ とおく. すると定理 7.9 より

$$\mathcal{L}\left\{ \int_0^t g(u)\,du \right\}(s) = \frac{1}{s}\mathcal{L}\{g(t)\}(s) - \frac{1}{s}\int_0^0 g(u)\,du = \frac{G(s)}{s}$$

である. したがって，

$$f(t) = \int_0^t \mathcal{L}^{-1}\{G(s)\}(u)\,du. \qquad \Box$$

> **定理 7.14** 関数 $f(x)$ のラプラス変換の収束座標を $\sigma_0$ とすれば, $f(x)$ のラプラス変換 $\mathcal{L}\{f\}(s)$ は収束域 $\operatorname{Re} s > \sigma_0$ において正則関数で,
> $$\frac{d^n}{ds^n}\mathcal{L}\{f\}(s) = (-1)^n \mathcal{L}\{x^n f(x)\}(s)$$
> が成り立つ.

**証明** まず
$$\frac{\partial}{\partial s}(f(t)e^{-st}) = -tf(t)e^{-st}$$
のラプラス変換
$$\int_0^\infty tf(t)e^{-st}\,dt$$
が $f(t)$ の収束域 $\operatorname{Re} s = \sigma > \sigma_0$ において $s$ に関して広義一様収束することをみよう. これは定理 7.4 の証明と同様に証明される. すなわち,
$$g(t) = \int_0^t f(u)e^{-\sigma_0 u}\,du$$
とおき, $|g(t)| \le M\ (t>0)$ となる $M$ をとる. いま, 任意の $\varepsilon > 0$ に対して $\sigma \ge \sigma_0 + \varepsilon$ とする. すると,
$$\int_0^T tf(t)e^{-st}\,dt = \int_0^T te^{-(s-\sigma_0)t}g'(t)\,dt$$
$$= Te^{-(s-\sigma_0)T}g(T) - \int_0^T e^{-(s-\sigma_0)t}g(t)\,dt$$
$$+ (s-\sigma_0)\int_0^T te^{-(s-\sigma_0)t}g(t)\,dt.$$
第 1 項は $T \to \infty$ とすれば $0$ に収束する. 第 3 項の積分に関しては
$$\left|\int_0^T te^{-(s-\sigma_0)t}g(t)\,dx\right| \le \int_0^T xe^{-(\sigma-\sigma_0)t}|g(t)|\,dt$$
$$\le M\int_0^T te^{-\varepsilon t}\,dt$$

$$= \frac{M}{\varepsilon^2}(-\varepsilon T e^{-\varepsilon T} + 1 - e^{-\varepsilon T}).$$

ここで $T \to \infty$ とすれば最後の式は $M/\varepsilon^2$ に収束する．第 2 項も同様にして $(1 - e^{-\varepsilon T})/\varepsilon$ で押さえられる．

同じ議論によって，$f(t)$ の代わりに $tf(t)$ を考えれば $t^2 f(t)$ が，一般に $t^n f(t)$ のラプラス変換が同じ領域で収束する．そしてその収束は広義一様収束である．

正則関数列の性質を適用し，$[0, T]$ における積分をリーマン和の極限として表し，次に $T \to \infty$ にすることにより，$\mathcal{L}\{f(x)\}(s)$ は $\mathrm{Re}\, s > \sigma_0$ で正則で，

$$\frac{d}{ds}\mathcal{L}\{f(x)\}(s) = \int_0^\infty \frac{\partial}{\partial s}(f(x)e^{-sx})\,dx$$

となる． □

**例 7.3**

$$\mathcal{L}\{e^{\alpha t}\}(s) = \frac{1}{s - \alpha}$$

の両辺を $\alpha$ で $n - 1$ 回微分することによって，

$$\mathcal{L}\{t^{n-1} e^{\alpha t}\}(s) = \frac{(n-1)!}{(s-\alpha)^n}$$

が成り立つ．したがって

$$\mathcal{L}^{-1}\left\{\frac{1}{(s-\alpha)^n}\right\}(x) = \frac{x^{n-1}e^{\alpha x}}{(n-1)!}$$

となる．

関数の平行移動について次の定理が成り立つ．

> **定理 7.15** $\mathcal{L}\{f(x)\}$ の収束座標を $\sigma_0$ とする.
>
> (1) $\alpha \in \mathbb{C}$ とすれば, $\operatorname{Re} s > \operatorname{Re} \alpha + \sigma_0$ に対して,
> $$\mathcal{L}\{e^{\alpha x} f(x)\}(s) = \mathcal{L}\{f(x)\}(s - \alpha).$$
>
> (2) $a > 0$ に対して,
> $$f_a(x) = \begin{cases} f(x-a) & (x \geqq a) \\ 0 & (0 < x < a) \end{cases}$$
>
> とおけば,
> $$\mathcal{L}\{f_a(x)\}(s) = e^{-as}\mathcal{L}\{f(x)\}.$$

**証明** (1)

$$\begin{aligned}
\mathcal{L}\{e^{\alpha x}\}(s) &= \int_0^\infty e^{\alpha x} f(x) e^{-sx}\, dx \\
&= \int_0^\infty f(x) e^{-(s-\alpha)x}\, dx = \mathcal{L}\{f(x)\}(s - \alpha).
\end{aligned}$$

(2)

$$\begin{aligned}
\mathcal{L}\{f_a(x)\}(s) &= \int_0^\infty f_a(x) e^{-sx}\, dx \\
&= \int_a^\infty f(x-a) e^{-sx}\, dx.
\end{aligned}$$

ここで $t = x - a$ とおけば,

$$\begin{aligned}
\int_a^\infty f(x-a) e^{-sx}\, dx &= \int_0^\infty f(t) e^{-s(t+a)}\, dt \\
&= e^{-as} \int_0^\infty f(t) e^{-st}\, dt = e^{-as}\mathcal{L}\{f(x)\}(s). \qquad \square
\end{aligned}$$

## 7.4 ラプラス変換による微分方程式の解法

**例 7.4** 線形同次微分方程式の初期値問題

118 | 第 7 章 定数係数線形微分方程式 (2)

$$x'' + k^2 x = 0, \quad x(0) = a, \ x'(0) = b$$

を解こう.

**解.** 与えられた微分方程式をラプラス変換する.

$$\mathcal{L}\{x\}(s) = X(s)$$

とおく.

$$(s^2 X(s) - sx(0) - x'(0)) + k^2 X(s) = 0.$$

これより

$$X(s) = \frac{sx(0) + x'(0)}{s^2 + k^2} = \frac{as + b}{s^2 + k^2}.$$

ゆえに

$$\begin{aligned}
x(t) &= \mathcal{L}^{-1}\left\{\frac{as + b}{s^2 + k^2}\right\}(t) \\
&= a\mathcal{L}^{-1}\left\{\frac{s}{s^2 + k^2}\right\}(t) + b\mathcal{L}^{-1}\left\{\frac{1}{s^2 + k^2}\right\}(t) \\
&= a\cos kt + \frac{b}{k}\sin kt.
\end{aligned}$$

$\diamond$

**例 7.5** 線形非同次微分方程式

$$x'' + 3x' + 2x = r(t), \quad x(0) = x'(0) = 0$$

を解く.

**解.** ラプラス変換して

$$\mathcal{L}\{x\} = X, \quad \mathcal{L}\{r\} = R$$

とおく. すると,

$$(s^2 X(s) - sx(0) - x'(0)) + 3(sX(t) - x(0)) + 2X(s) = R(s).$$

ゆえに,

$$X(s) = \frac{R(s)}{s^2 + 3s + 2}.$$

ラプラス逆変換して,

$$\begin{aligned} x(t) &= \mathcal{L}^{-1}\left\{\frac{R(s)}{s^2 + 3s + 2}\right\}(t) \\ &= \mathcal{L}^{-1}\left\{R(s)\left(\frac{1}{s+2} - \frac{1}{s+3}\right)\right\}(t) \\ &= r(t) * (e^{-2t} - e^{-3t}) = \int_0^t r(t-u)(e^{-2u} - e^{-3u})du. \qquad \diamondsuit \end{aligned}$$

**例 7.6** 関数 $r(t)$ は

$$r(t) = \begin{cases} h & (0 \leqq t < a) \\ 0 & (a \leqq t < \infty) \end{cases}$$

で与えられているとする. 方程式

$$x'' + x = r(t), \qquad x(0) = x'(0) = 0$$

を解く.

**解.** $y, r$ のラプラス変換をそれぞれ $X, R$ とする.

$$(s^2 + 1)X(s) = R(s)$$

であるから,

$$X(s) = \frac{1}{s^2 + 1}R(s).$$

したがって,

$$\begin{aligned} x &= \mathcal{L}^{-1}\left\{\frac{1}{s^2+1}\right\} * r(t) = \sin t * r(t) \\ &= \begin{cases} h\displaystyle\int_0^t \sin(t-u)\,du = h(1 - \cos t) & (0 \leqq t \leqq a) \\ h\displaystyle\int_0^a \sin(t-u)\,du = h(\cos(t-a) - \cos t) & (t \geqq a) \end{cases} \qquad \diamondsuit \end{aligned}$$

**例 7.7** 4 階線形微分方程式の初期値問題
$$x^{(4)} + 2x'' + x = 0, \quad x(0) = x'(0) = x'''(0) = 0, \ x''(0) = 1$$
を解く.

**解.** $\mathcal{L}\{x\} = X$ とおき，方程式のラプラス変換を考える．
$$(s^4 X(s) - s^3 x(0) - s^2 x'(0) - s x''(0) - x'''(0))$$
$$+ 2(s^2 X(s) - s x(0) - x'(0)) + X(s) = 0$$
に初期条件を代入して
$$(s^4 + 2s^2 + 1) X(s) = s.$$
ゆえに,
$$X(s) = \frac{s}{(s^2+1)^2} = -\frac{1}{2}\left(\frac{1}{s^2+1}\right)'. \tag{7.11}$$
したがって,
$$\mathcal{L}\{\sin t\}(s) = \frac{1}{s^2+1}$$
と定理 7.14 によって
$$x = \frac{1}{2} t \sin t$$
となる.

## ❖ 課外授業 7.1　フーリエ変換

ラプラス変換の逆変換に必要な，フーリエ変換の性質を簡単に述べておこう．関数 $f(x)$ の**フーリエ変換**は $\xi \in \mathbb{R}$ として

$$\mathcal{F}(f)(\xi) = \frac{1}{\sqrt{2\pi}} \int_{-\infty}^{\infty} f(x) e^{-i\xi x}\, dx \tag{7.12}$$

$$= \frac{1}{\sqrt{2\pi}} \lim_{T \to \infty} \int_{-T}^{T} f(x) e^{-i\xi x}\, dx \tag{7.13}$$

で定義されるが，すべての関数に対して定義されるわけではない．

$f(x)$ が**絶対積分可能**であるとは

$$\int_{-\infty}^{\infty} |f(x)|\, dx < \infty$$

となることをいう．次の定理は定義より直ちに従う．

---

**定理 7.16**　$f(x)$ が $\mathbb{R}$ 上で区分的に連続かつ絶対積分可能ならば，フーリエ変換 $\mathcal{F}(f)(\xi)$ はすべての $\xi$ に対して絶対収束し，

$$|\mathcal{F}(f)(\xi)| \leqq \frac{1}{\sqrt{2\pi}} \int_{-\infty}^{\infty} |f(x)|\, dx$$

が成り立つ．

---

関数のフーリエ変換を用いてもとの関数を表示する次の定理を証明するには準備を必要とする．例えば [17] 第 4 章を参照されたい．

---

**定理 7.17 (ディリクレの定理)**　$f(x)$ が $\mathbb{R}$ 上の区分的に滑らかで絶対積分可能とすると

$$\frac{1}{2}\{f(x-0) + f(x+0)\} = \lim_{L \to \infty} \frac{1}{\sqrt{2\pi}} \int_{-L}^{L} \mathcal{F}(f)(\xi) e^{i\xi x}\, d\xi \tag{7.14}$$

が成り立つ．

---

ここに現れた $\xi$ の関数 $g(\xi)$ に $x$ の関数を対応させる積分変換を，$\mathcal{F}^{-1}$ で表し，**フーリエ逆変換**という：

$$\mathcal{F}^{-1}(g)(x) = \frac{1}{\sqrt{2\pi}} \int_{-\infty}^{\infty} g(\xi) e^{ix\xi}\, d\xi.$$

122 | 第 7 章 定数係数線形微分方程式 (2)

定理 7.17 によれば，$f(x)$ が区分的に滑らかな絶対積分可能な関数であれば

$$\mathcal{F}^{-1}(\mathcal{F}(f))(x) = \frac{f(x-0) + f(x+0)}{2}$$

であり，さらに連続であれば

$$\mathcal{F}^{-1}(\mathcal{F}(f))(x) = f(x)$$

となる.

$0 < x < \infty$ で与えられた関数 $f(x)$ のラプラス変換は

$$\mathcal{L}\{f\}(s) = \int_0^\infty f(x)e^{-sx}\,dt$$

である．したがって

$$F(x) = \begin{cases} \sqrt{2\pi}f(x) & (x \geqq 0) \\ 0 & (x < 0) \end{cases}$$

とおけば，$s = \sigma + i\tau$ のとき

$$\mathcal{L}\{f\}(s) = \frac{1}{\sqrt{2\pi}} \int_{-\infty}^\infty F(x)e^{-\sigma x}e^{-i\tau x}\,dx = \mathcal{F}(F(t)e^{-\sigma t})(\tau)$$

となる．すなわち $F(t)e^{-\sigma t}$ のフーリエ変換である．したがって $F(x)e^{-\sigma x}$ が絶対積分可能で区分的に滑らかであれば，定理 7.17 によって

$$\frac{e^{-\sigma x}}{2}(F(x+0) + F(x-0)) = \frac{1}{\sqrt{2\pi}} \int_{-\infty}^\infty \mathcal{L}\{f\}(\sigma + i\tau)e^{i\tau x}\,dx$$

となる．両辺に $e^{\sigma x}$ を掛けて，変数を $s = \sigma + i\tau$ に戻せば次の定理が得られる.

---

**定理 7.18**　$0 < x < \infty$ で与えられた関数 $f(x)$ が区分的に滑らかで，$f(x)e^{-\sigma_0 x}$ が絶対積分可能であれば，

$$\frac{1}{2}(f(x+0) + f(x-0)) = \frac{1}{2\pi i} \int_{\sigma - i\infty}^{\sigma + i\infty} \mathcal{L}\{f\}(s)e^{sx}\,ds \qquad (\sigma > \sigma_0) \quad (7.15)$$

が成り立つ.

---

関数 $f(t)$ が $[0, \infty)$ の区分的に滑らかな指数位数関数であれば絶対積分可能であるから，定理 7.18 を適用することができる．(7.15) の積分は**ラプラス反転積分**，または

ブロムウィッチ積分とよばれる.

系 **7.4** 連続関数 $f(x)$, $g(x)$ が定理の条件をみたし, $\mathcal{L}\{f\} = \mathcal{L}\{g\}$ ならば, $f = g$ である.

124 | 第 7 章 定数係数線形微分方程式 (2)

## 演習問題 7

**1.** 次の微分方程式を解け. ただし, $D = d/dt$ である.

(1) $(D+1)^2 x = 0$

(2) $(D^3 - D^2 + D - 1)x = 0$

(3) $(D+1)(D-2)x = e^{2t}$

(4) $(D^4 - 16)x = e^t$

**2.** 次の微分方程式をラプラス変換を用いて解け.

(1) $x'' - 5x' + 6x = 0,$    $x(0) = 1,\ x'(0) = 0$

(2) $x' + x = \sin t,$    $x(0) = 2$

(3) $x'' + 3x' + 2x = e^t,$    $x(0) = 1,\ x'(0) = 0$

(4) $x'' - 3x' + 3x = e^{2t},$    $x(0) = x'(0) = 0$

**3.** 次の微分方程式をラプラス変換を用いて解け.

(1) $x'' - xy' + 3x = e^t \sin t,$    $x(0) = 0,\ x'(0) = 1$

(2) $x'' - 4x' + 4x = 6xe^{2t},$    $x(0) = x'(0) = 0$

**4.** 次の連立 1 次微分方程式をラプラス変換を用いて解け.

(1) $\begin{cases} x_1' = x_1 - x_2 \\ x_2' = x_1 + x_2 \end{cases}$    $x_1(0) = x_2(0) = 1$

(2) $\begin{cases} x_1' - x_2 = 1 \\ x_1' + x_2' = e^t \end{cases}$    $x_1(0) = 0,\ x_2(0) = 1$

**5.** 関数 $f(t)$ が区間 $[0,1)$ では

$$f(t) = \begin{cases} 1 & \left(0 \leqq t < \dfrac{1}{2}\right) \\ -1 & \left(\dfrac{1}{2} \leqq t < 1\right) \end{cases}$$

で与えられ, $f(t+1) = f(t)$ をみたすとき, $f(t)$ のラプラス変換を求めよ.

**6.** $a > 0$ とする. 関数 $f(t)$ が区間 $[0, 2a)$ では

$$f(x) = \begin{cases} x & (0 \leqq x < a) \\ 2a - x & (a \leqq x < 2a) \end{cases}$$

で与えられ，$f(x + 2a) = f(x)$ をみたすとき，$f(x)$ のラプラス変換を求めよ．

# 第**8**章

# 微分方程式を例で学ぶ
(2)

　今まで学んだことをばねの振動の解析に応用する．一端を固定したばねのもう一端に質点が取り付けてあり，それがばねの伸び縮みに応じて動く質点の動きを数学的に記述しよう．すなわち，ばね質点系の数学モデルを求めて，それを解析することを考える．摩擦がないときは単振動，線形摩擦とよばれる摩擦(抵抗)があるときは減衰振動になることを見る．外力として振動を考えると共鳴現象が起きることを見る．線形ではないふりこ運動についても触れる．

## 8.1　ばね質点系

　一般には一つの現象にも数多くの要因が絡むので，その現象の主たる要因を見極めて，無視しうるものとそうでないものを区別して数学モデルを作る必要がある．

　力学から少し引用しよう．第 1 章で述べた直線運動の方程式は，ベクトル記法を使うことによって，平面あるいは空間にそのまま拡張される．座標空間において時間 $t$ とともに運動する質量 $m$ の質点の位置ベクトルを $\boldsymbol{x} = \boldsymbol{x}(t)$ とし，速度ベクトルを $\boldsymbol{v}$，加速度ベクトルを $\boldsymbol{a}$ とする：

$$\boldsymbol{v} = \frac{d\boldsymbol{x}}{dt}, \quad \boldsymbol{a} = \frac{d^2\boldsymbol{x}}{dt^2}.$$

この質点に力 $\boldsymbol{F}$ が働いて運動が起こっていれば，力は**運動量 $m\boldsymbol{v}$** の変化率

(微分係数) $m\boldsymbol{a}$ に等しい．これをニュートンの運動の第 2 法則という：

$$\boldsymbol{F} = m\boldsymbol{a} = m\frac{d\boldsymbol{v}}{dt} = m\frac{d^2\boldsymbol{x}}{dt^2}.$$

さて，我々が考えるのは図 8.1 のように一方の端を左側の壁に取り付け，他方に質量が $m$ の質点 P が付けられたばねが水平な摩擦のない台の上を左右に運動するとする．ここでばねの重み，空気抵抗は無視しうるものとする．左右の運動だけを考えるので台を 1 次元的に考え，台の表面を $x$ 軸として力，速度，加速度は符号を考えたスカラー値関数とする．ばねの伸び縮みのない位置 (**平衡点**) を原点 O とし，ばねの伸びる方向 (右向き) を正，縮む方向 (左向き) を負として，時刻 $t$ における P の座標を $x = x(t)$ とする．質点にばねによってかかる力を $F$ としよう．ばねが伸びたときは縮む方向に，縮んだときは伸びる方向に力が働く．質点の位置 P が O からそれほど離れていないときは，力 $F$ の大きさはばねの伸びである $x$ に比例することがわかっている (**フックの法則**)．比例定数は負となるので，それを $-k$ $(k > 0)$ とすると

$$F = -kx$$

となる．$k$ は**ばね定数**といわれる．したがって，ばねの運動方程式は

$$m\frac{d^2 x}{dt^2} = -kx \tag{8.1}$$

となる．

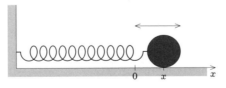

図 **8.1** ばね質点系

ばねの伸縮を考えるのであれば，ばね秤りのように質量 $m$ の物体が上下に運動する方が，考えやすいかも知れない．上部を固定したばねがあるとき，ばねの重みは考えないことにすれば，先端に質量がなく伸縮なしの点が水平にお

いたときの平衡状態と同じである．この点の座標を $0$ とし，ばねの伸びる方向 (下向き) を正とする座標を考え，先端に質量 $m$ の質点を取り付けてその座標を $y = y(t)$ とする．質点にかかる力はばねによる $-ky$ と重力 $mg$ であるから，運動方程式は

$$my'' = -ky + mg$$

である．そこで $z = y - \dfrac{mg}{k}$ と置けば

$$mz'' = -kz$$

となり (8.1) と同じ方程式になり，どちらで考えて良いことになる．

さて，$x$ についての微分方程式 (8.1) は 2 階線形斉次方程式である．$\omega_0 = \sqrt{\dfrac{k}{m}}$ とおけば

$$x'' + \omega_0^2 x = 0$$

と書き直され，特性方程式 $s^2 + \omega_0^2 = 0$ の特性根は $s = \pm i\omega_0$ であるので一般解は

$$x = c_1 e^{i\omega_0 t} + c_2 e^{-i\omega_0 t} \tag{8.2}$$

となる．オイラーの公式

$$e^{i\omega_0 t} = \cos \omega_0 t + i \sin \omega_0 t$$

より，

$$x = (c_1 + c_2) \cos \omega_0 t + i(c_1 - c_2) \sin \omega_0 t$$

と表し，$C_1 = c_1 + c_2$，$C_2 = i(c_1 - c_2)$ とおくと

$$x = C_1 \cos \omega_0 t + C_2 \sin \omega_0 t \tag{8.3}$$

となる．ここで

$$A = \sqrt{C_1^2 + C_2^2}, \quad \phi_0 = \tan^{-1}\frac{C_1}{C_2}$$

とおけば，

$$x = A\sin(\omega_0 t + \phi_0) \tag{8.4}$$

となりグラフはサインカーブで**単振動**あるいは**単調和振動**とよばれる (図 8.2).

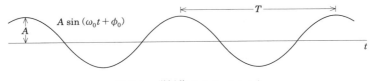

図 **8.2** 単振動 $A\sin(\omega_0 t + \phi_0)$

$|\sin(\omega_0 t + \phi_0)| \leqq 1$ であるから $|x| \leqq A$ をみたし，$A$ は**振幅**である．$\omega_0 t + \phi_0$ は振動の**位相**といわれ，$\phi_0$ は $t = 0$ における位相 (初期位相) である．$\sin t$ は周期 $2\pi$ の周期関数であるから $\sin \omega_0 t$ の周期を $T$ とすれば，$\omega_0(t+T) - \omega_0 t = 2\pi$ をみたし，

$$T = \frac{2\pi}{\omega_0} = 2\pi\sqrt{\frac{m}{k}}$$

である．

$$\omega_0 = \frac{2\pi}{T} = \sqrt{\frac{k}{m}}$$

は $2\pi$ 単位時間あたりの周期の数で**角振動数**とよばれる．1 単位時間当たりの周期の数 $f = 1/T$ は単に**振動数**あるいは**固有振動数**といわれ，単位はヘルツで示される．

任意の時刻 $t = t_0$ における初期条件 $x(t_0) = x_0$，$x'(t_0) = v_0$ が与えられれば，(8.2) における $c_1, c_2$，(8.3) における $C_1, C_2$，(8.4) における $A, \phi_0$ が定まる．$t_0 = 0$ で初期位置が $x_0$，初速が $v_0$ であれば，(8.3) においては，$C_1 = x_0$，$C_2 = v_0/\omega_0$ となる．

次に運動に抵抗する力 $F_f$ があるときを考えよう．質点と質点が滑る台との

間にできる摩擦はその一つである．これはひとたび動き出せば速度に関係なく一定値であることが実験により知られている．この摩擦を $F$ とすれば，定数 $\gamma$ があって

$$
F = \begin{cases} -\gamma & \left(\dfrac{dx}{dt} > 0\right) \\[2mm] \gamma & \left(\dfrac{dx}{dt} < 0\right) \end{cases}
$$

となる．この摩擦は**クーロン摩擦**といわれる．ここではクーロン摩擦ではなく，別の抵抗力を考える．

ここで考えるのは抵抗力が速度に比例する場合である．質点が粘性のある液体中を運動する場合におこる．抵抗は摩擦力

$$
F_f = -c\frac{dx}{dt} \qquad (c > 0)
$$

となるもので，**線形摩擦力**といわれる．定数 $c$ を**摩擦定数**という．したがって質点にかかる力は

$$
F = -kx - c\frac{dx}{dt}
$$

となるから，運動方程式は 2 階斉次線形微分方程式

$$
m\frac{d^2x}{dt^2} + c\frac{dx}{dt} + kx = 0 \tag{8.5}
$$

となる．特性方程式は $ms^2 + cs + k = 0$ であるから，その根は

$$
s_1 = \frac{-c + \sqrt{c^2 - 4mk}}{2m}, \qquad s_2 = \frac{-c - \sqrt{c^2 - 4mk}}{2m}
$$

である．$s_1 \neq s_2$ のときは，$e^{s_1 t}, e^{s_2 t}$ が基本解であり，$s_1 = s_2 (= s$ とする$)$ のときは，$e^{st}, te^{st}$ が基本解である．特性方程式の判別式によって三つの場合に分ける．

**1°** $\quad c^2 > 4mk$ のとき.

これは摩擦が大きい場合，**過剰減衰**といわれる場合である．$s_1, s_2$ は実数で

あり，一般解は

$$x = c_1 e^{s_1 t} + c_2 e^{s_2 t}$$

である．$c > \pm\sqrt{c^2 - 4mk}$ であるから $s_2 < s_1 < 0$ である．したがって

$$x(t) \to 0 \quad (t \to \infty)$$

となる．

$x(0) = x_0,\ \ x'(0) = v_0$ とすれば

$$c_1 = \frac{v_0 - s_2 x_0}{s_1 - s_2}, \quad c_2 = -\frac{v_0 - s_1 x_0}{s_1 - s_2}$$

である．$x(t) = 0$ になる $t$ があるだろうか．

$$e^{\frac{\sqrt{c^2 - 4mk}}{m}t} = -\frac{c_2}{c_1}$$

となる $t$ があるためには，$-\dfrac{c_2}{c_1} > 0$ でなければならない．ここで $x_0 > 0$ と仮定すると次の三つの場合が考えられる．

(1) $s_2 \leqq v_0/x_0 \leqq s_1$ のとき．

$c_1 \geqq 0,\ \ c_2 \geqq 0$ となり，$x(t) > 0$ である．したがって平衡点にいくらでも近付いていくが決して到達することはない (図 8.3，次ページ)．

(2) $s_1 < v_0/x_0$ のとき，すなわち $c_2 < 0 < c_1$ のとき．

$-c_2/c_1 < 1$ であるから，$t \geqq 0$ においては $x(t) > 0$ である．

(3) $v_0/x_0 < s_2$ のとき．

$c_1 < 0 < c_2$ であり，$-c_2/c_1 > 1$ となり，そのとき

$$t = \frac{m}{\sqrt{c^2 - 4mk}} \log\left(-\frac{c_2}{c_1}\right)$$

においてのみ $x(t) = 0$ となる．すなわち，1 度だけ平衡点を通過し，やがて再び平衡点に近付いていく (図 8.4，次ページ)．

**2°** $c^2 = 4mk$ のとき．

このときは**臨界減衰**といわれる．特性根は $s = -\dfrac{c}{2m}$ で一般解は

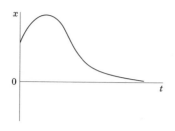
図 8.3　平衡点を通過しない

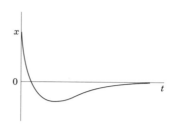
図 8.4　平衡点を通過する

$$x = e^{-\frac{c}{2m}t}(c_1 t + c_2)$$

である．$t \to \infty$ のとき $c_1 \neq 0$ であれば $c_1 t + c_2$ は $\infty$ または $-\infty$ に発散するが，$e^{-\frac{c}{m}t}$ が急激に $0$ に収束するので $x(t) \to 0$ となる[1]．$c_1$ と $c_2$ が異符号のときのみ $t > 0$ でただ 1 度だけ平衡点を通過する (図 8.3, 図 8.4)．

**3°**　$c^2 < 4mk$ のとき．

このときは摩擦係数 $c$ が小さいときで，以下に述べるような動きをするために**減衰振動**といわれる．$\omega_0 = \sqrt{\dfrac{k}{m} - \dfrac{c^2}{4m^2}}$ とおくと特性根は $s_1 = -\dfrac{c}{2m} + i\omega_0$，$s_2 = -\dfrac{c}{2m} - i\omega_0$ であり，一般解は

$$x = e^{-\frac{c}{2m}t}(c_1 \cos\omega_0 t + c_2 \sin\omega_0 t) = A e^{-\frac{c}{2m}t}\sin(\omega_0 t + \phi_0)$$

となる．$t \to \infty$ のとき $x \to 0$ となる．図 8.5 のグラフのように振幅が減少しながら振動する．

### ❖ 強制振動

ばね質点系 (8.5) に振動する**外力** $F(t) = F_0 \cos\omega t$ がかかっているとする．

$$mx'' + cx' + kx = F_0 \cos\omega t \tag{8.6}$$

の特殊解を求める．

**補題 8.1**　$a, b, c$ を実数とし，複素数値関数 $g(t)$ を実部と虚部に分ける：$g(t) =$

---

[1] 任意の $a > 0$ と任意の $n > 0$ に対して $e^{-at}t^n \to 0\ (t \to \infty)$ が成り立つ．

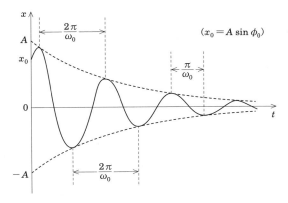

図 8.5　減衰振動

$g_1(t) + ig_2(t)$

$$ax'' + bx' + cx = g(t)$$

の複素数値関数解を $x = u + iv$ とすれば

$$au'' + bu' + cu = g_1, \quad av'' + bv' + cv = g_2$$

である.

したがって

$$mx'' + cx' + kx = F_0 e^{i\omega t}$$

の解の実部をとれば (8.6) の解になる.

$x = Ce^{i\omega t}$ の形の解がないかを調べる (**未定係数法**).

$$x' = i\omega C e^{i\omega t}, \quad x'' = -\omega^2 C e^{i\omega t}$$

を代入して

$$C\{(k - m\omega^2) + ic\omega\} = F_0.$$

**1°（定常解）**　$c \neq 0$ または $\omega^2 \neq \dfrac{k}{m}$ となるとき,

$$C = \frac{F_0}{(k - m\omega^2) + ic\omega} = F_0 \frac{(k - m\omega^2) - ic\omega}{(k - m\omega^2)^2 + (c\omega)^2}.$$

したがって,

$$x = F_0 \frac{(k - m\omega^2)\cos\omega t + c\omega \sin\omega t}{(k - m\omega^2)^2 + (c\omega)^2}$$
$$= \frac{F_0 \sin(\omega t + \phi)}{\{(k - m\omega^2)^2 + (c\omega)^2\}^{1/2}}$$

は特殊解である. ここで, $\tan\phi = \dfrac{k - m\omega^2}{c\omega}$ である. よって一般解は

$$x = \frac{F_0}{\{(k - m\omega^2)^2 + (c\omega)^2\}^{1/2}} \sin(\omega t + \phi) + C_1 e^{s_1 t} + C_2 e^{s_2 t}$$

となる. $t \to \infty$ とすると

$$x \to \frac{F_0 \sin(\omega t + \phi)}{\{(k - m\omega^2)^2 + (c\omega)^2\}^{1/2}}.$$

この変わらない部分である解

$$\frac{F_0 \sin(\omega t + \phi)}{\{(k - m\omega^2)^2 + (c\omega)^2\}^{1/2}}.$$

を**定常解**という.

**2°**（共鳴）　$c = 0$ かつ $k - m\omega^2 = 0$ のとき, $\omega = \omega_0 = \sqrt{\dfrac{k}{m}}$ となる.

$$mx'' + kx = F_0 \cos\omega_0 t$$

の解は

$$mx'' + kx = F_0 e^{i\omega_0 t}$$

の解の実部である. この方程式が, $v$ を $t$ の関数として, 特殊解 $x = v e^{i\omega_0 t}$ を持つとしてみる (**定数変化法・階数低下法**).

$$x' = (v' + i\omega_0 v)e^{i\omega_0 t}, \quad x'' = (v'' + 2i\omega_0 v' - \omega_0^2 v)e^{i\omega_0 t}$$

を代入すれば方程式は

$$v'' + 2i\omega_0 v' = \frac{F_0}{m}$$

となり $v = \dfrac{-iF_0}{2m\omega_0}t$ は一つの解である. したがって求める特殊解として $x = ve^{i\omega_0 t}$ の実部

$$\psi(t) = \frac{F_0}{2m\omega_0}t\sin\omega_0 t$$

をとることができる.

一般解は

$$x(t) = \frac{F_0}{2m\omega_0}t\sin\omega_0 t + A\sin(\omega_0 t + \phi)$$

が得られる. この解の振幅は $t \to \infty$ のとき $\to \infty$ となる. このような現象を**共振**あるいは**共鳴**という.

## 8.2 ふりこ

一方の端を固定した竿の他方の先に質点が取り付けてあるふりこを考える (図 8.6, 次ページ). 質点の質量を $m$ とし, 竿の重さは無視できるものとする. 固定点を原点, 水平方向を $x$ 軸, 鉛直方向を $y$ 軸とする. 質点は $xy$ 平面における原点の周りの円周上に束縛されている. ふりこの竿の長さを $L$ とし, 質点の位置ベクトルを $\boldsymbol{x} = (x, y)$ として, 竿が鉛直下向き ($y$ 軸の負の方向) となす角 (反時計回りが正方向) を $\theta$ とすれば,

$$x = L\sin\theta, \quad y = -L\cos\theta$$

である. $\boldsymbol{x}$ の動径方向の単位ベクトルを $\hat{\boldsymbol{r}}$ とすれば, $\hat{\boldsymbol{r}} = (\sin\theta, -\cos\theta)$ かつ $\boldsymbol{x} = L\hat{\boldsymbol{r}}$ である. $\hat{\boldsymbol{\theta}} = (\cos\theta, \sin\theta)$ とおけば $\hat{\boldsymbol{\theta}}$ は $\hat{\boldsymbol{r}}$ と直交し, 質点の進む方向, すなわち, 軌道となる円の接線方向の単位ベクトルである.

ニュートンの運動方程式は

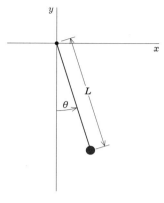

図 8.6　ふりこ

$$F = m\frac{d^2 x}{dt^2}$$

である．

$$\frac{d\widehat{r}}{dt} = \left((\cos\theta)\frac{d\theta}{dt}, (\sin\theta)\frac{d\theta}{dt}\right) = \frac{d\theta}{dt}\widehat{\boldsymbol{\theta}}$$

であり，

$$\frac{d\widehat{\boldsymbol{\theta}}}{dt} = \left((-\sin\theta)\frac{d\theta}{dt}, (\cos\theta)\frac{d\theta}{dt}\right) = -\frac{d\theta}{dt}\widehat{r}$$

となるので

$$\frac{d\boldsymbol{x}}{dt} = L\frac{d\widehat{r}}{dt} = L\frac{d\theta}{dt}\widehat{\boldsymbol{\theta}}, \quad \frac{d^2\boldsymbol{x}}{dt^2} = L\frac{d^2\theta}{dt^2}\widehat{\boldsymbol{\theta}} - L\left(\frac{d\theta}{dt}\right)^2\widehat{r}$$

が得られる．これより運動方程式は

$$F = mL\frac{d^2\theta}{dt^2}\widehat{\boldsymbol{\theta}} - mL\left(\frac{d\theta}{dt}\right)^2\widehat{r} \tag{8.7}$$

となる．

　質点に働く力として重力 $(0, -mg)$ と竿によって原点方向に引っ張られる力

$-T\widehat{\boldsymbol{r}}$ がある.

$$(0, 1) = -\widehat{\boldsymbol{r}}\cos\theta + \widehat{\boldsymbol{\theta}}\sin\theta$$

であるから

$$\boldsymbol{F} = -mg(-\widehat{\boldsymbol{r}}\cos\theta + \widehat{\boldsymbol{\theta}}\sin\theta) - T\widehat{\boldsymbol{r}} \tag{8.8}$$

となる. (8.7) = (8.8) の $\widehat{\boldsymbol{\theta}}$ 成分, $\widehat{\boldsymbol{r}}$ 成分を取り出せば次の方程式が得られる.

$$\begin{cases} mL\dfrac{d^2\theta}{dt^2} = -mg\sin\theta, \\ -mL\left(\dfrac{d\theta}{dt}\right)^2 = mg\cos\theta - T \end{cases} \tag{8.9}$$

第 1 の方程式から $\theta = \theta(t)$ が決まれば, 第 2 の方程式から $T = T(t)$ が決まる. 第 1 の方程式は

$$\frac{d^2\theta}{dt^2} = -\frac{g}{L}\sin\theta \tag{8.10}$$

となる. $\sin\theta$ は $\theta$ の線形関数ではなく, ふりこは非線形微分方程式で支配されているので**非線形ふりこ**とよばれる. この方程式を求積法で解いて指数関数や三角関数などの初等関数を用いて解を表すことはできない (課外授業 8.1).

$\theta$ が小さいときは $\sin\theta$ の第 1 次近似 (テイラー展開の $\theta$ の 1 次まで) をとれば

$$\sin\theta \approx \theta$$

である ($\approx$ はほぼ等しいことを意味する) から, 非線形微分方程式 (8.10) は線形微分方程式

$$\frac{d^2\theta}{dt^2} = -\frac{g}{L}\theta$$

で近似される. この方程式は**線形化ふりこの方程式**とよばれる. この方程式は前節で取り上げたばね質点系と同じ形をしており, 角振動数 $\omega_0 = \sqrt{\dfrac{g}{L}}$, 周期

$T = 2\pi\sqrt{\dfrac{L}{g}}$ の単振動である．このことから，線形化ふりこの周期は重力定数 $g$ と竿の長さ $L$ にのみによって定まり，質量には関係しないということがわかる．これを (線形化) ふりこの**等時性**という．

非線形ふりこに摩擦係数 $c$ で速度に比例する摩擦力があり，(8.9) の第 1 式が

$$mL\frac{d^2\theta}{dt^2} = -mg\sin\theta - cL\frac{d\theta}{dt}$$

となる場合について考えれば，減衰のあるばね質点系の方程式の非線形対応物が得られる．非線形ふりこの解を数式として求めずに，解の性質を調べる方法を第 12 章で紹介する．

課外授業 8.1　非線形方程式の解を楕円関数で表す $\bigg|$ 139

❖ **課外授業 8.1　　非線形方程式の解を楕円関数で表す**────────────

　参考までに (8.10) の解を考察してみよう．$\sqrt{g/L} = h$ とおき，(8.10) の両辺に
$d\theta/dt$ をかけて積分すれば，

$$(\theta')^2 = 2h^2 \cos\theta + c$$

である．$\theta$ に最大値 $\theta_0$ があれば，$c = -2h^2 \cos\theta_0$ となるから，

$$\frac{d\theta}{dt} = \sqrt{2}h\sqrt{\cos\theta - \cos\theta_0} = 2h\sqrt{\sin^2\frac{\theta_0}{2} - \sin^2\frac{\theta}{2}}$$

が得られる．$\sin(\theta/2) = k\sin u,\ \ k = \sin(\theta_0/2)$ とおけば $\dfrac{d\theta}{dt} = 2hk\cos u$ であり，

$$\frac{dt}{du} = \frac{dt}{d\theta}\frac{d\theta}{du} = \frac{1}{\theta'}\frac{2k}{\cos(\theta/2)}\cos u = \frac{1}{h}\frac{1}{\sqrt{1 - k^2\sin^2 u}}.$$

さらに，$x = \sin u$ とおいて変数を $x$ に変えれば

$$\frac{dt}{dx} = \frac{dt}{du}\frac{du}{dx} = \frac{1}{h}\frac{1}{\sqrt{1 - k^2\sin^2 u}}\frac{1}{\cos u} = \frac{1}{h}\frac{1}{\sqrt{(1 - x^2)(1 - k^2 x^2)}}$$

である．したがって

$$t = \frac{1}{h}\int \frac{1}{\sqrt{(1 - x^2)(1 - k^2 x^2)}}\, dx$$

であるが，これは初等関数では表すことができない．この逆関数を $x = \mathrm{sn}(ht + \alpha)$ と
表し**ヤコビの楕円関数**といわれるものの一つである．

140 | 第 8 章　微分方程式を例で学ぶ (2)

## 演習問題 8

**1.** ばね定数が $k$ で，伸縮なしのときの長さが $l$ であるばねの両端にそれぞれ質量が $m_1, m_2$ の質点が取り付けられており，ばねの伸び縮み方向のみに運動するとする．$m_1$ が座標 $x_1$ に $m_2$ が座標 $x_2$ にあるとする $(x_1 < x_2)$.

  (1) 摩擦がないときのこの 2 質点系の運動方程式を求めよ.

  (2) 2 質点の重心 $y = \dfrac{m_1 x_1 + m_2 x_2}{m_1 + m_2}$ は定速度運動をし，ばねの伸び $z = x_2 - x_1 - l$ は単調和運動をすることを示せ.

**2.** 減衰振動 $x = Ae^{-\frac{c}{2m}t} \sin(\omega_0 t + \phi_0)$ において，隣り合った二つの極大値を取る時刻の間隔は $2\pi/\omega_0$ であることを示せ.

# 第9章

## 変数係数線形微分方程式

　定数係数の線形微分方程式はその特性方程式の解を求めることでその解を指数関数を使って書き表すことができた．ところが，変数係数の微分方程式ではこのようなきれいな一般公式を求めることはできない．定数係数の微分方程式と違って高階の微分方程式には統一的な解き方がないので，その場合に応じて適切な変換をすることが必要である．そのため，数学的な観点から解の一般的な性質を求める方法が主流になる．2階の方程式に限ればそれを標準的な形に直して求積する方法もあるが，それらは3階以上の方程式には適用できない．また，解ける場合は方程式の形に大きく依存する．ここでは，2階の変数係数の微分方程式の解をどのようにして求めるかを考察したあと，その方法を使って微分方程式を実際に解くことにする．最後に高階の変数係数の線形方程式について考察する．

### 9.1　2階斉次線形方程式の標準形

　2階の変数係数の斉次線形微分方程式は

$$x''(t) + p(t)x'(t) + q(t)x(t) = 0 \tag{9.1}$$

の形で与えられる．この形の常微分方程式を解くための一般的な公式はない．したがって，このような方程式に出会ったら，なんらかの方法で解の公式のある方程式に帰着することが必要となる．

142 | 第 9 章　変数係数線形微分方程式

2 階の常微分方程式 (9.1) において，$x(t) = a(t)u(t)$ とおいて方程式を書き換える．

$$(a(t)u(t))'' = a''(t)u(t) + 2a'(t)u'(t) + a(t)u''(t), \tag{9.2}$$

$$p(t)(a(t)u(t))' = p(t)(a'(t)u(t) + a(t)u'(t)) \tag{9.3}$$

であるから，

$$a(t)u''(t) + (2a'(t) + p(t)a(t))u'(t)$$
$$+ (a''(t) + p(t)a'(t) + q(t)a(t))u(t) = 0 \tag{9.4}$$

と書き換えることができる．ここで，

$$2a'(t) + p(t)a(t) = 0 \tag{9.5}$$

となるように $a(t)$ を決めることによって $u'(t)$ の項がなくなる．$a(t)$ は微分方程式 (9.5) の解であり，特殊解として

$$a(t) = \exp\left( -\frac{1}{2} \int_{t_0}^{t} p(s)\, ds \right) \tag{9.6}$$

をとることができる (ここで $t_0$ は積分が収束するようにとっておけば十分である).

$$\begin{aligned} \frac{a'(t)}{a(t)} &= -\frac{1}{2}p(t), \\ \frac{a''(t)}{a(t)} &= -\frac{1}{2}p'(t) + \frac{1}{4}p(t)^2 \end{aligned} \tag{9.7}$$

であるから，

$$Q(t) = q(t) - \frac{1}{4}p(t)^2 - \frac{1}{2}p'(t) \tag{9.8}$$

とおくことによって，(9.4) は $a(t)(u''(t) + Q(t)u(t)) = 0$ となり，$u$ は 1 階の項がない 2 階斉次線形微分方程式

$$u''(t) + Q(t)u(t) = 0 \tag{9.9}$$

の解である．このとき，$Q(t)$ の形によっては $u(t)$ を求積法などで求めること
ができる．この $u(t)$ が求まれば，

$$x(t) = a(t)u(t) = \exp\left(-\frac{1}{2}\int_{t_0}^{t} p(s)\,ds\right)u(t) \tag{9.10}$$

によって方程式 (9.1) の解も求まる．

(9.9) を**標準形**という．2 階の線形常微分方程式は上のように必ず標準形に
することができる．標準形になった方程式を求積法で必ず解くことができると
は限らないが，標準形になった方程式の解が求まれば，もとの方程式の解が求
まり，また求まらなくても標準形の解の挙動がわかればもとの方程式の解の挙
動もわかる．

(9.1) において，変数 $t$ を

$$s = \int_{t_0}^{t} \exp\left(\int_{t_0}^{t_1} p(\tau)\,d\tau\right)dt_1$$

によって，変数 $s$ に置き換えることによっても標準形を導くことができる．そ
れは，$t = t(s)$ すれば

$$\frac{d^2x}{ds^2} + \exp\left(2\int_{t(s_0)}^{t(s)} p(\tau)\,d\tau\right)q(t(s))x = 0$$

に変換される．

**例 9.1**　次の変数係数の常微分方程式を考えよう．

$$x'' + (t^2 + t + 1)x' + \left(\frac{t^4 + 2t^3 + 3t^2 + 6t + 11}{4}\right)x = 0 \tag{9.11}$$

標準形にするために，微分方程式

$$2a'(t) + (t^2 + t + 1)a(t) = 0$$

を解けば，$a(t)$ の一つの解

$$a(t) = \exp\left(\int -\frac{1}{2}(t^2 + t + 1)\,dt\right) = \exp\left(-\frac{1}{6}t^3 - \frac{1}{4}t^2 - \frac{1}{2}t\right)$$

144 第 9 章　変数係数線形微分方程式

が得られる．$x(t) = a(t)u(t)$ と置き換えて，(9.11) に代入して方程式を書き換えると

$$\exp\left(-\frac{1}{6}t^3 - \frac{1}{4}t^2 - \frac{1}{2}t\right)(u''(t) + 2u(t)) = 0 \qquad (9.12)$$

となる．定数係数斉次方程式

$$u'' + 2u = 0$$

の一般解は

$$u(t) = C_1 \sin\sqrt{2}t + C_2 \cos\sqrt{2}t$$

である．これより，(9.11) の一般解として

$$x(t) = \exp\left(-\frac{1}{6}t^3 - \frac{1}{4}t^2 - \frac{1}{2}t\right)\{C_1 \sin\sqrt{2}t + C_2 \cos\sqrt{2}t\}$$

が得られる． ◇

**例 9.2**　もう一つ別の例として

$$x'' + (\sin t)x' + \left(\frac{1}{4}\sin^2 t + \frac{1}{2}\cos t + 5\right)x = 0 \qquad (9.13)$$

を考えよう．微分方程式

$$2a'(t) + (\sin t)a(t) = 0$$

を解くことによって，$a(t)$ の一つの解

$$a(t) = \exp\left(\int -\frac{1}{2}\sin t\, dt\right) = \exp\left(\frac{1}{2}\cos t\right)$$

が得られる．$x(t) = a(t)u(t)$ と置き換えて，(9.11) に代入して方程式を書き換えると

$$\exp\left(\frac{1}{2}\cos t\right)(u''(t) + 5\, u(t)) = 0 \qquad (9.14)$$

となる．$u(t)$ を未知関数とするこの微分方程式を解いて一般解を求めると

$$u(t) = C_1 \sin \sqrt{5}t + C_2 \cos \sqrt{5}t$$

が得られる．これより，(9.13) の一般解として

$$x(t) = \exp\left(\frac{1}{2}\cos t\right)\left(C_1 \sin \sqrt{5}t + C_2 \cos \sqrt{5}t\right)$$

が得られる． $\diamondsuit$

## 9.2 階数低下法

階数低下法は，(9.1) の方程式

$$x'' + p(t)x' + q(t)x = 0$$

の一つの解 $x_1(t)$ が何らかの方法で求まっているとき，もう一つの解 $x_2(t)$ を求めて $x_1(t), x_2(t)$ が基本解となるようにしようというものである．

そこで，$x_1(t)$ を既知の解であるとし，定数変化法で

$$x(t) = x_1(t)y(t) \tag{9.15}$$

とおいて解を求めてみよう．

$$x' = x_1'y + x_1y', \qquad x'' = x_1''y + 2x_1'y' + x_1y''$$

であるから，これを (9.1) に代入すると

$$(x_1'' + px_1' + qx_1)y + x_1y'' + (2x_1' + px_1)y' = x_1y'' + (2x_1' + px_1)y' = 0$$

が得られる．$z = y'$ を新しい未知関数と考えると，

$$x_1z' + (2x_1' + px_1)z = 0 \tag{9.16}$$

という新しい 1 階の微分方程式が得られる．この 1 階の方程式の解の一つとして

$$z = \frac{1}{x_1^2}\exp\left(-\int_{t_0}^{t} p(s)\,ds\right)$$

146 | 第 9 章 変数係数線形微分方程式

が得られるから，結局，(9.1) の解として

$$x = x_2(t) = x_1(t) \int_{t_1}^{t} \frac{1}{x_1(s)^2} \exp\left(-\int_{t_0}^{s} p(\sigma)\,d\sigma\right) ds \qquad (9.17)$$

がえられたことになる（ここで $t_0, t_1$ は積分が収束するように適切に取る）．(9.17) で与えられた解 $x_2(t)$ は，$x_2/x_1$ が定数にならないので $x_1(x)$ と独立な解である．したがって，(9.1) の基本解として，$x_1, x_2$ をとることができて

$$x = c_1 x_1(t) + c_2 x_2(t) \qquad (c_1, c_2 \text{ は任意定数})$$

が (9.1) の一般解となる．ここに述べた方法は 2 階の方程式を 1 階の方程式に帰着させるもので，**ダランベールの階数低下法**といわれる．この方法は非斉次方程式

$$x'' + p(x)x' + q(x)x = r(t)$$

に対して付随する斉次方程式の解 $x_1(t)$ から非斉次方程式の解を求めるときにも適用できる．

**例 9.3** 微分方程式

$$\frac{d^2x}{dt^2} - \frac{k}{t}\frac{dx}{dt} + \frac{2(k-1)}{t^2}x = 0 \qquad (9.18)$$

は**オイラーの微分方程式**として知られている方程式の一つである．簡単なように $t > 0$ で考える．この方程式の場合は $x_1(t) = t^2$ が解の一つであることが簡単にわかる．したがって，もう一つの解は (9.17) によって

$$x_2(t) = x_1(t) \int_{1}^{t} \frac{1}{x_1(s)^2} \exp\left(-\int_{1}^{s} p(\sigma)\,d\sigma\right) ds$$

$$= t^2 \int_{1}^{t} \frac{1}{s^4} \exp\left(\int_{1}^{s} \frac{k}{\sigma}\,d\sigma\right) ds = t^2 \int_{1}^{t} s^{k-4}\,ds \qquad (9.19)$$

となる．$k \neq 3$ であれば

$$(9.19) = \frac{t^2(t^{k-3} - 1)}{k - 3} = \frac{1}{k-3}t^{k-1} - \frac{1}{k-3}t^2$$

として求まる．したがって，$t^2, t^{k-1}$ は基本解となる．$k = 3$ のときは

$$(9.19) = t^2 \log t$$

となり，$t^2, t^2 \log t$ は基本解となる．一般解は

$$x = \begin{cases} c_1 t^2 + c_2 t^{k-1} & (k \neq 3) \\ c_1 t^2 + c_2 t^2 \log t & (k = 3) \end{cases}$$

で与えられる．　　　　　　　　　　　　　　　　　　　　　　　　　$\diamondsuit$

## 9.3　オイラーの微分方程式

前節の例 9.3 で取り上げたオイラーの方程式は，一般には $p, q$ を定数として，

$$t^2 \frac{d^2 x}{dt^2} + pt \frac{dx}{dt} + qx = 0 \tag{9.20}$$

によって与えられる．この微分方程式は変数係数ではあるが，定数係数の線形方程式に帰着されるので，解の基本形を簡単に求めることができる．

ここでは斉次方程式の場合だけを考えることにしよう[1]．方程式は $t \neq 0$ で定義されているので，簡単のため $t > 0$ で考えよう．まず，次のように変数変換する．

$$t = e^s, \quad s = \log t, \quad \frac{ds}{dt} = \frac{1}{t}$$

すると

$$t \frac{dx}{dt} = t \frac{dx}{ds} \frac{ds}{dt} = t \frac{dx}{ds} \frac{1}{t} = \frac{dx}{ds},$$

$$t^2 \frac{d^2 x}{dt^2} = t^2 \frac{d}{dt} \left( \frac{1}{t} \frac{dx}{ds} \right) = t^2 \frac{d}{dt} \left( \frac{1}{t} \right) \frac{dx}{ds} + t \frac{d}{dt} \left( \frac{dx}{ds} \right) = \frac{d^2 x}{ds^2} - \frac{dx}{ds}$$

であるから，(9.20) にこの関係式を代入すると

---

[1] 非斉次の方程式の場合は帰着した定数係数の線形微分方程式の特殊解を求めれば，線形の場合と同じようにして解くことができる．

148 | 第 9 章　変数係数線形微分方程式

$$\frac{d^2x}{ds^2} + (p-1)\frac{dx}{ds} + qx = 0 \tag{9.21}$$

の形になる．これは定数係数の微分方程式であるから第 6 章 3 節に述べたことより，特性方程式 $\lambda^2 + (p-1)\lambda + q = 0$ の判別式により解が次のように分類される．

**1°**　$D = (p-1)^2 - 4q > 0$ であるとき特性方程式は 2 実数解を持つ．特性方程式の 2 実数解を $\alpha, \beta$ とするとき，微分方程式の一般解は

$$x = c_1 e^{\alpha s} + c_2 e^{\beta s} = c_1 t^{\alpha} + c_2 t^{\beta}$$

で与えられる $(c_1, c_2$ は任意定数)．ここで

$$\alpha, \beta = \frac{1}{2}(1 - p \pm \sqrt{(p-1)^2 - 4q})$$

である．

**2°**　$D = (p-1)^2 - 4q = 0$ であるとき特性方程式は 2 重解 $k = (1-p)/2$ を持つ．このとき，微分方程式の一般解は

$$x = (c_1 + c_2 s)e^{(1-p)s/2} = (c_1 + c_2 \log t)t^{(1-p)/2}$$

で与えられる $(c_1, c_2$ は任意定数)．

**3°**　$D = (p-1)^2 - 4q < 0$ であるとき特性方程式は互いに共役な 2 複素解をもつ．ここで

$$r = \frac{1}{2}(1 - p), \quad l = \frac{1}{2}\sqrt{4q - (p-1)^2}$$

とおくと，複素解は $k = r \pm il$ によって与えられる．したがって，微分方程式の一般解は

$$x = (c_1 \cos ls + c_2 \sin ls)e^{rs} = (c_1 \cos(l \log t) + c_2 \sin(l \log t))t^r$$

で与えられる $(c_1, c_2$ は任意定数)．

## 9.4 高階の変数係数の線形微分方程式

最後に高階の微分方程式の一般論を述べよう．まず，正規形の高階の線型微分方程式は

$$\frac{d^n x}{dt^n} + p_1(t)\frac{d^{n-1}x}{dt^{n-1}} + \cdots + p_{n-1}(t)\frac{dx}{dt} + p_n(t)x = r(t) \tag{9.22}$$

で与えられる．ここで $p_1(t), p_2(t), \cdots, p_n(t), r(t)$ は $t$ の連続関数である[2]．特に $r(t)$ をこの微分方程式の**非斉次項**という．$r(t) = 0$ とおいて得られる微分方程式が**斉次微分方程式**であり，$r(t) \neq 0$ のときが**非斉次の微分方程式**というのは 2 階の方程式と同じである．非斉次の微分方程式の非斉次項をゼロにして得られる斉次微分方程式を (9.22) に**付随する斉次方程式**という．

斉次の微分方程式の特徴は 2 階方程式について既に述べたように，微分方程式の解の全体が線形空間になることである．すなわち，$x_1(t), x_2(t)$ を (9.22) の解とすると，それらの 1 次結合

$$x(t) = c_1 x_1(t) + c_2 x_2(t)$$

もまた (9.22) の解になる．このことを実際に確かめるには

$$L_n[x] = \frac{d^n x}{dt^n} + p_1(t)\frac{d^{n-1}x}{dt^{n-1}} + \cdots + p_{n-1}(t)\frac{dx}{dt} + p_n(x)y \tag{9.23}$$

と定義して，計算することによって線形性

$$L_n[c_1 x_1 + c_2 x_2] = c_1 L_n[x_1] + c_2 L_n[x_2] = 0$$

が成り立つことをみればわかる．

$n$ 階の斉次線形微分方程式は $n$ 個の 1 次独立な解 $x_1(t), x_2(t), \cdots, x_n(t)$ をもつ．これを**解の基本系**または**基本解**という．すべての解は基本解の 1 次結合

$$x(t) = c_1 x_1(t) + c_2 x_2(t) + \cdots + c_n x_n(t)$$

---

[2]ここではこの微分方程式の解を求積法で求めることが目的であるので，これらの係数の関数の滑らかさ (微分可能性) については特に述べないが，必要ならば何回でも微分できるものとする．

で表すことができる．このことを証明するには，正規形の線形微分方程式の解が初期値に対して一意に定まることを利用する．斉次線形微分方程式

$$\frac{d^n x}{dt^n} + p_1(t)\frac{d^{n-1}x}{dt^{n-1}} + \cdots + p_{n-1}(t)\frac{dx}{dt} + p_n(t)x = 0 \qquad (9.24)$$

の解 $x_i(t)$ $(i = 1, \cdots, n)$ を初期条件

$$\frac{d^{j-1}x_i}{dt^{j-1}}(t_0) = \begin{cases} 1 & (i = j) \\ 0 & (i \neq j) \end{cases} \qquad (i, j = 1, \cdots, n) \qquad (9.25)$$

をみたす解と定める．実際に，正規形線形微分方程式はリプシッツの条件をみたすから，初期値を与えるとその解は必ず存在して一意に決まる．この $n$ 個の解 $x_i(t)$ $(i = 1, \cdots, n)$ に対して，その 1 次結合

$$x(t) = \sum_{i=1}^{n} c_i x_i(t) \qquad (9.26)$$

を考える．これは初期条件 $x^{(j-1)}(t_0) = c_{j-1}$ $(j = 1, \cdots, n)$ をみたす解でこのような解は一意に決まる．一方で，どのような (9.24) の解を取ってきても，それは適切な初期条件を与えることによって得られるので，結局 (9.26) によってすべての解が得られることになる．

非斉次線形微分方程式

$$\frac{d^n x}{dt^n} + p_1(t)\frac{d^{n-1}x}{dt^{n-1}} + \cdots + p_{n-1}(t)\frac{dx}{dt} + p_n(t)x = r(t) \qquad (9.27)$$

では，その付随する斉次方程式 (9.24) の基本解 $x_1(t), x_2(t), \cdots, x_n(t)$ と非斉次線形微分方程式の一つの特殊解 $X(t)$ が求まると，すべての解は

$$x(t) = X(t) + c_1 x_1(t) + c_2 x_2(t) + \cdots + c_n x_n(t)$$

と書くことができる．なぜならば，もし $X(t)$ とは別の解 $Y(t)$ があれば $W(x) = Y(t) - X(t)$ は斉次線形微分方程式の解であるから

$$W(t) = c_1 x_1(t) + c_2 x_2(t) + \cdots + c_n x_n(t)$$

と基本解の 1 次結合で書ける．これより

$$Y(t) = X(t) + W(t)$$

$$= X(t) + c_1 x_1(t) + c_2 x_2(t) + \cdots + c_n x_n(t) \tag{9.28}$$

と書けることになる．したがって，非斉次の微分方程式を解くには

(1) 何らかの方法で付随する斉次方程式の解の基本系を求める

(2) そのあと，なんでもいいから非斉次微分方程式の特殊解を一つ求める

ことによって解くことができる．

6.3 節において一般の $n$ 階の斉次線形微分方程式の $n$ 個の解

$$x_1(t), x_2(t), \cdots, x_n(t)$$

に対しても，**ロンスキアン**

$$W(t) = W[x_1, x_2, \cdots, x_n](t)$$

$$= \det \begin{pmatrix} x_1(t) & x_2(t) & \cdots & x_n(t) \\ x_1'(t) & x_2'(t) & \cdots & x_n'(t) \\ \vdots & \vdots & \ddots & \vdots \\ x_1^{(n-1)}(t) & x_2^{(n-1)}(t) & \cdots & x_n^{(n-1)}(t) \end{pmatrix} \tag{9.29}$$

を定義した．$W_0 = W(t_0)$ の各列は $x_1(t), x_2(t), \cdots, x_n(t)$ の $t = t_0$ における初期条件を表しており，$W_0 \neq 0$ はこれらの初期条件が 1 次独立であることを意味している．さらに，**アーベルの公式**

$$W(t) = W_0 \exp\left( -\int_{t_0}^{t} p_1(s)\,ds \right) \tag{9.30}$$

より $W_0 \neq 0$ であることと $x_1(t), x_2(t), \cdots, x_n(t)$ が 1 次独立であることは同値であることはすでに見た通りである．

152 | 第 9 章　変数係数線形微分方程式

## 演習問題 9

**1.** 二つの関数 $t$ と $e^t$ を解にもつ 2 階斉次線形微分方程式を求めよ.

**2.** 次の微分方程式の一般解を求めよ.

(1) $t^2 x'' - 3tx' + 3x = 0$

(2) $t^2 x'' - 3tx' + 3x = 2t^2 + t^3$

(3) $t^2 x'' - 3tx' + 4x = t^3 + t^2 \log t$

**3.** 微分方程式の一つの解が括弧のなかに与えられている. このとき, 次の微分方程式の一般解を求めよ.

(1) $(t-2)x'' - (2t-6)x' + (t-4)x = 0$ $\qquad (x = e^t)$

(2) $(t+2)x'' - (2t+6)x' + (t+4)x = 0$ $\qquad (x = e^t)$

(3) $(t^2+3t+4)x'' + (t^2+t+1)x' - (2t+3)x = 0$ $\qquad (x = e^{-t})$

# 第10章

連立線形微分方程式
(1)

これまでは微分方程式の未知関数 $x = x(t)$ が単独の関数であるものだけを考えてきた．しかし，実際にはいくつかの関数が相互に影響を及ぼすような状況が普通であり，連立微分方程式を考える必要がある．その扱いのためにはいくつかのを組にしたベクトル値の関数に対する微分方程式を考えたほうが見通しがよくなることがある．本章においては線形の連立微分方程式を扱う．そして，単独の未知関数についての高階の線形微分方程式も実は 1 階の連立線形微分方程式の特別な場合であることがわかる．特に係数が定数の場合には線形代数学を用いて解が決定できる．また，行列の指数関数を考えることによって，この解の性質を詳しく調べることができる．

## 10.1 連立微分方程式

代数方程式に未知数が多数ある連立方程式があるように，微分方程式にも解となる未知関数が一つ以上ある**連立分方程式**がある．典型的な連立微分方程式は

$$\begin{cases} \dfrac{dx}{dt} = ax + by + l, \\[2mm] \dfrac{dy}{dt} = cx + dy + m \end{cases} \tag{10.1}$$

154 第 10 章 連立線形微分方程式 (1)

のように, 未知関数 $x = x(t)$, $y = y(t)$ に関するものである. 独立に変化する変数は $t$ だけで, この変数に関する導関数だけがある方程式なのでこれは常微分方程式の一つである. これまで考えてきた 1 階の微分方程式との違いは, $\dfrac{dx}{dt}$ や $\dfrac{dy}{dt}$ などの導関数が $x(t)$ と $y(t)$ の両方の関数を使って書かれていることである. 連立微分方程式は**微分方程式系**とよばれることもある.

さらに一般的に $n$ 個の未知関数 $x_1(t), \cdots, x_n(t)$ とその導関数の間の関係式を与えることによって微分方程式を定義できる. すなわち, 連立微分方程式は $n$ 個の未知関数 $x_1(t), \cdots, x_n(t)$ があって,

$$x_i'(t) = f_i(t, x_1(t), \cdots, x_n(t)) \qquad (i = 1, \cdots, n) \qquad (10.2)$$

によって連立微分方程式が定義されている. ここで $f_i(t, x_1, \cdots, x_n)$ は $n+1$ 変数の関数である.

一つの未知関数 $x(t)$ を持つ高階の微分方程式でも, 1 階の連立方程式に書き直すことができる. 1 階の連立方程式でも, 解の存在と一意性はリプシッツ条件によって判定できるので, 高階の常微分方程式の解の存在と一意性はこれによって説明できる.

まず, $n$ 階の常微分方程式

$$F\left(t, x, \frac{dx}{dt}, \cdots, \frac{d^n x}{dt^n}\right) = 0 \qquad (10.3)$$

を考よう. これに対して, $n$ 個の未知関数 $(x_1, x_2, \cdots, x_n)$ に関する連立 1 階の微分方程式

$$\begin{aligned} &x_1'(t) = x_2(t), \quad x_2'(t) = x_3(t), \quad \cdots, \quad x_{n-1}'(t) = x_n(t), \\ &F(t, x_1(t), x_2(t), \cdots, x_n(t), x_n'(t)) = 0 \end{aligned} \qquad (10.4)$$

を考えると, この方程式は実際には (10.3) と同じ 1 階の微分方程式である. というのは, (10.3) の未知関数 $x(t)$ は (10.4) の未知関数 $x_1(t)$ と同じ微分方程式をみたすからである. また, (10.3) の解 $x(t)$ の $k$ 階導関数 $x^{(k)}(t)$ は (10.4) の未知関数 $x_{k+1}(t)$ と同じである.

微分方程式 (10.3) が $n+1$ 変数連続関数 $f$ によって正規形

$$x^{(n)} = f(t, x, x', \cdots, x^{(n-1)})$$

に変形できる場合は，ベクトル値関数に拡張したコーシー–リプシッツの定理が使える．$n = 2$ の場合の 6.3 節の結果がそのまま $n$ 変数に対して成立する．

## 10.2 連立線形微分方程式

連立微分方程式 (10.4) のなかでも比較的扱いやすく応用上も重要な**線形連立微分方程式**をもっとも一般的な形で与え，それがどのようにして解けるのかを調べてみよう．

$n$ 個の未知関数 $x_1(t), x_2(t), \cdots, x_n(t)$ についての 1 階の線形連立微分方程式は次のように書くことができる．

$$
\begin{cases}
\dfrac{dx_1}{dt} = a_{11}(t)x_1 + a_{12}(t)x_2 + \cdots + a_{1n}(t)x_n + b_1(t), \\
\dfrac{dx_2}{dt} = a_{21}(t)x_1 + a_{22}(t)x_2 + \cdots + a_{2n}(t)x_n + b_2(t), \\
\quad\vdots \\
\dfrac{dx_n}{dt} = a_{n1}(t)x_1 + a_{n2}(t)x_2 + \cdots + a_{nn}(t)x_n + b_n(t).
\end{cases}
\tag{10.5}
$$

これを行列を使って表すと次のようになる．

$$
\begin{pmatrix} x_1' \\ x_2' \\ \vdots \\ x_n' \end{pmatrix}
=
\begin{pmatrix}
a_{11}(t) & a_{12}(t) & \cdots & a_{1n}(t) \\
a_{21}(t) & a_{22}(t) & \cdots & a_{2n}(t) \\
\vdots & \vdots & \ddots & \vdots \\
a_{n1}(t) & a_{n2}(t) & \cdots & a_{nn}(t)
\end{pmatrix}
\begin{pmatrix} x_1 \\ x_2 \\ \vdots \\ x_n \end{pmatrix}
+
\begin{pmatrix} b_1(t) \\ b_2(t) \\ \vdots \\ b_n(t) \end{pmatrix}
\tag{10.6}
$$

ここで，

$$
\boldsymbol{x}(t) = \begin{pmatrix} x_1(t) \\ x_2(t) \\ \vdots \\ x_n(t) \end{pmatrix}, \quad A(t) = \begin{pmatrix} a_{11}(t) & a_{12}(t) & \cdots & a_{1n}(t) \\ a_{21}(t) & a_{22}(t) & \cdots & a_{2n}(t) \\ \vdots & \vdots & \ddots & \vdots \\ a_{n1}(t) & a_{n2}(t) & \cdots & a_{nn}(t) \end{pmatrix},
$$

$$
\boldsymbol{b}(t) = \begin{pmatrix} b_1(t) \\ b_2(t) \\ \vdots \\ b_n(t) \end{pmatrix} \tag{10.7}
$$

とおくと，微分方程式 (10.6) は

$$
\boldsymbol{x}'(t) = A(t)\boldsymbol{x}(t) + \boldsymbol{b}(t) \tag{10.8}
$$

と簡単な形に書ける.

　特に $n = 1$ の場合は，未知関数 $\boldsymbol{x}(t) = x_1(t)$ である単独の[1] 線形微分方程式になる.

**例 10.1** 第 8 章で取り上げたばね質点系を考えよう. 摩擦なしの場合，微分方程式は

$$
\frac{d^2 x}{dt^2} = -\omega_0^2 x \tag{10.9}
$$

であった. ここで，$y = dx/dt$ とおいてみよう. すると (10.9) は

$$
\frac{dx}{dt} = y, \qquad \frac{dy}{dt} = -\omega_0^2 x \tag{10.10}
$$

と書き換えることができる. ここで (10.9) の解 $x = x(t)$ は (10.10) の解 $x = x(t)$, $y = x'(t)$ に対応し，逆に (10.10) の解 $x = x(t)$, $y = x'(t)$ は

---

[1] 連立ではないという意味である.

(10.9) の解 $x = x(t)$ に対応する．ここで，ベクトル値の関数 $\boldsymbol{x}(t) = \begin{pmatrix} x(t) \\ y(t) \end{pmatrix}$ を導入すると，微分方程式は

$$\frac{d\boldsymbol{x}}{dt} = \begin{pmatrix} \dfrac{dx(t)}{dt} \\ \dfrac{dy(t)}{dt} \end{pmatrix} = \begin{pmatrix} 0 & 1 \\ -\omega_0^2 & 0 \end{pmatrix} \begin{pmatrix} x(t) \\ y(t) \end{pmatrix} = \begin{pmatrix} 0 & 1 \\ -\omega_0^2 & 0 \end{pmatrix} \boldsymbol{x}(t) \qquad (10.11)$$

と書き直される．ここで，行列 $A = \begin{pmatrix} 0 & 1 \\ -\omega_0^2 & 0 \end{pmatrix}$ を使うと，微分方程式は

$$\frac{d\boldsymbol{x}}{dt} = A\boldsymbol{x}(t) \qquad (10.12)$$

となり非常に簡単な形に書ける． $\diamondsuit$

## 10.3 単独高階の線形微分方程式と連立線形微分方程式

高階の線形微分方程式 (9.22)

$$\frac{d^n x}{dt^n} + p_1(t)\frac{d^{n-1}x}{dt^{n-1}} + \cdots + p_{n-1}(t)\frac{dx}{dt} + p_n(t)x = r(t) \qquad (10.13)$$

は，

$$x_1(t) = x(t), \quad x_2(t) = x'(t), \quad \cdots, \quad x_n(t) = x^{(n-1)}(t) \qquad (10.14)$$

と未知関数を設定すると，線形連立微分方程式

$$\begin{aligned} &x_1'(t) = x_2(t), \quad x_2'(t) = x_3(t), \quad \cdots, \quad x_{n-1}'(t) = x_n(t), \\ &x_n'(t) = -p_1(t)x_n - p_2(t)x_{n-1} - \cdots - p_n(t)x_1 + r(t) \end{aligned} \qquad (10.15)$$

に (10.13) を書き換えることができる．すなわち，(10.13) の解 $x(t)$ より，(10.14) によって (10.15) に対応する解を作ることができる．逆に (10.15) の解から $x = x_1(t)$ によって (10.13) の解を取り出せるので，(10.13) と (10.15) は同一の線形微分方程式になる．

これは

$$
\boldsymbol{x} = \begin{pmatrix} x_1(t) \\ x_2(t) \\ x_3(t) \\ \vdots \\ x_{n-1}(t) \\ x_n(t) \end{pmatrix}, \quad \boldsymbol{b}(t) = \begin{pmatrix} 0 \\ 0 \\ 0 \\ \vdots \\ 0 \\ r(t) \end{pmatrix},
$$

$$
A(t) = \begin{pmatrix}
0 & 1 & 0 & 0 & \cdots & 0 \\
0 & 0 & 1 & 0 & \cdots & 0 \\
0 & 0 & 0 & 1 & \cdots & 0 \\
\vdots & \vdots & \vdots & \vdots & \ddots & \vdots \\
0 & 0 & 0 & 0 & \cdots & 1 \\
-p_n(t) & -p_{n-1}(t) & -p_{n-2}(t) & -p_{n-3}(t) & \cdots & -p_1(t)
\end{pmatrix}
$$

とおくことによって,

$$
\frac{d\boldsymbol{x}}{dt} = A(t)\boldsymbol{x} + \boldsymbol{b}(t) \tag{10.16}
$$

と書き換えることができる. したがって, 高階の線形微分方程式といっても, 連立方程式に直せば, 常に 1 階の線形微分方程式になる. しかし, 一般の 1 階の連立線形微分方程式が単独の高階線形微分方程式に書き換えられるとは限らない. 連立線形微分方程式は単独の微分方程式よりずっと広い概念である.

## 10.4 連立線形微分方程式の初期値問題

連立線形微分方程式 (10.8) の初期値問題を考えよう. ここで重要なことは, 初期値を与えると解が局所的に一意に定まることである. 以下において特に断らない限り, 連立微分方程式 (10.8) の $A(t)$ の各成分 $a_{ij}(t)$ と $\boldsymbol{b}(t)$ の各成分 $b_i(t)$ はすべて $t$ の区間 $I$ において連続な関数とする. この微分方程式 (10.8) の解 $\boldsymbol{x}(t)$ が

$$\boldsymbol{x}(t_0) = \begin{pmatrix} x_1(t_0) \\ x_2(t_0) \\ \vdots \\ x_n(t_0) \end{pmatrix} = \boldsymbol{a} = \begin{pmatrix} a_1 \\ a_2 \\ \vdots \\ a_n \end{pmatrix} \tag{10.17}$$

をみたすとき，この解を $t = t_0$ における**初期値**が $\boldsymbol{a}$ である解ということにする．ここでは証明を与えることはしないが，初期値を与えると解は一意にきまる (コーシー–リプシッツの定理)．証明の方法は 6.3 節で簡単に述べた未知関数が 2 個の場合と同じである．

## 10.5　連立線形微分方程式の解核行列と定数変化法

　初期値を与えると解が一意に決まることがわかったとしても，その解を求める方法がなければ微分方程式が解けたことにならない．しかし，線形連立方程式には変数分離などの便利な方法がない．行列の形の微分方程式を一般的な形で解くには別の方法が求められる．

　そこで，少し視点を変えて，(10.8) で与えられた連立微分方程式を「解く」方法を与える．ここでは，解核行列とよばれる，各成分が $t$ の関数である行列 $\varPhi(t)$ (あるいは $\varPhi(t,t_0)$) を無限級数で与えることで形式的な解を作る．この解が実際に収束すれば，解の存在と一意性によって，微分方程式の解を計算できたことになる．

　まず，単独の 1 階線形微分方程式の場合の解の求め方を復習しよう．

$$x'(t) = a(t)x(t) + b(t) \tag{10.18}$$

付随する斉次方程式を変数分離法によって解くと

$$x(t) = x_0 \exp\left( \int_{t_0}^{t} a(s)\,ds \right) \tag{10.19}$$

によって与えられる．ここで $x_0 = x(t_0)$ である．次に定数変化法で，(10.18) の $b(t)$ が必ずしもゼロでない場合の初期値 $x(t_0) = x_0$ である解を求める．解を

$$x(t) = u(t) \exp\left( \int_{t_0}^{t} a(s)\,ds \right) \tag{10.20}$$

として (10.18) に代入すると,

$$u'(t) \exp\left( \int_{t_0}^{t} a(s)\,ds \right) = b(t), \qquad x(t_0) = u(t_0) = x_0 \tag{10.21}$$

である $u(t)$ を求める問題に帰着される. これから得られる

$$u'(t) = \exp\left( - \int_{t_0}^{t} a(s)\,ds \right) b(t)$$

を初期条件を考慮して積分すれば

$$u(t) = \int_{t_0}^{t} \exp\left( - \int_{t_0}^{s} a(\sigma)\,d\sigma \right) b(s)\,ds + x_0 \tag{10.22}$$

となる.

　この解がどのように構成されているのか, をもう少し詳しく見てみよう.

$$\Phi(t, t_0) = \exp\left( \int_{t_0}^{t} a(s)\,ds \right) \tag{10.23}$$

と定義する. このように定義すると

$$\Phi(t, r)\Phi(r, s) = \Phi(t, s),$$
$$\Phi(t, s)^{-1} = \Phi(s, t), \tag{10.24}$$
$$\frac{\partial}{\partial t}\Phi(t, s) = a(t)\Phi(t, s)$$

となることを簡単に確かめることができる. このとき

$$\exp\left( - \int_{t_0}^{t} a(s)\,ds \right) = \Phi(t, t_0)^{-1}$$

であるので, (10.22) は

$$u(t) = \int_{t_0}^{t} \Phi(s, t_0)^{-1} b(s)\,ds + x_0 \tag{10.25}$$

と書き直すことができる. 結局

$$
\begin{aligned}
x(t) &= u(t)\varPhi(t, t_0) \\
&= \varPhi(t, t_0)x_0 + \varPhi(t, t_0)\int_{t_0}^{t} b(s)\varPhi(s, t_0)^{-1}\,ds \\
&= \varPhi(t, t_0)x_0 + \int_{t_0}^{t} b(s)\varPhi(t, t_0)\varPhi(t_0, s)\,ds \\
&= \varPhi(t, t_0)x_0 + \int_{t_0}^{t} b(s)\varPhi(t, s)\,ds \tag{10.26}
\end{aligned}
$$

となり, $\varPhi(t, t_0)$ を使って解を与えることができる. この $\varPhi(t, t_0)$ を**解核**あるいは**素解**という.

同様のことが連立線形微分方程式においても考えることができる. 連立線形微分方程式

$$
\frac{d\boldsymbol{x}(t)}{dt} = A(t)\boldsymbol{x}(t) + \boldsymbol{b}(t) \tag{10.27}
$$

を考える. ここで, $\boldsymbol{x}, A(t), \boldsymbol{b}(t)$ は (10.7) で与えられたものである. 特に, $\boldsymbol{b}(t) = 0$ の場合は, 斉次形の微分方程式

$$
\frac{d\boldsymbol{x}(t)}{dt} = A(t)\boldsymbol{x}(t) \tag{10.28}
$$

が得られる.

斉次微分方程式 (10.28) において, 初期値問題の解が一意に存在する. すなわち, 任意の $t_0 \in I$ と $\boldsymbol{x}_0 \in \mathbb{R}^n$ に対して

$$
\frac{d\boldsymbol{x}(t)}{dt} = A(t)\boldsymbol{x}(t), \quad \boldsymbol{x}(t_0) = \boldsymbol{x}_0 \tag{10.29}
$$

をみたす解は存在してただ一つである. その解を $\boldsymbol{x}(t, t_0, \boldsymbol{x}_0)$ とする. $\boldsymbol{y}_0 \in \mathbb{R}^n$ に対して, $\boldsymbol{x}(t) = c_1\boldsymbol{x}(t, t_0, \boldsymbol{x}_0) + c_2\boldsymbol{x}(t, t_0, \boldsymbol{y}_0)$ は $\boldsymbol{x}(t_0) = c_1\boldsymbol{x}_0 + c_2\boldsymbol{y}_0$ となる (10.29) の解である. したがって

$$
\boldsymbol{x}(t, t_0, c_1\boldsymbol{x}_0 + c_2\boldsymbol{y}_0) = c_1\boldsymbol{x}(t, t_0, \boldsymbol{x}_0) + c_2\boldsymbol{x}(t, t_0, \boldsymbol{y}_0)
$$

がなりたち, $\boldsymbol{x}_0$ に $\boldsymbol{x}(t, t_0, \boldsymbol{x}_0)$ を対応させる写像は $\mathbb{R}^n$ から $\mathbb{R}^n$ への線形写像

162 第 10 章 連立線形微分方程式 (1)

である．したがって，$n$ 次正方行列 $\Phi(t, t_0)$ があって

$$\boldsymbol{x}(t, t_0, \boldsymbol{x}_0) = \Phi(t, t_0)\boldsymbol{x}_0$$

となる．この行列 $\Phi(t, t_0)$ を (10.28) の**解核行列**あるいは**素解**という．

解核行列の性質を述べる前に，関数を成分とする行列の導関数について述べれよう．$A(t) = (a_{ij}(t))$ を微分可能な関数を成分とする行列とするとき，導関数は $A'(t) = (a'_{ij}(t))$ によって定義する．そのとき

(1) $(aA(t) + bB(t))' = bA'(t) + bB'(t)$ ($a, b$ は定数)

(2) $(A(t)B(t))' = A'(t)B(t) + A(t)B'(t)$

が成り立つ．この準備のもとで，解核行列 $\Phi(x, y)$ は次の性質を持つ．

(1) $\Phi(t, t) = E$. すなわち単位行列になる．

(2) $\Phi(t, s)\Phi(s, r) = \Phi(t, r)$. 特に $\Phi(t, s)^{-1} = \Phi(s, t)$

(3) 行列 $\Phi(t, s)$ の各成分ごとに偏微分すると

$$\frac{\partial}{\partial t}\Phi(t, s) = A(t)\Phi(t, s) \tag{10.30}$$

となる．

これは，単独の微分方程式 (10.18) において定義した $\Phi(t, s)$ と形式的に同じ性質である．異なっていることは単独の微分方程式 (10.18) の場合の $\Phi(t, s)$ が一つの関数であったのに対して，連立の微分方程式 (10.28) の場合の $\Phi(t, s)$ は行列に値をとる関数であるということである．このような行列をどのように構成するか，についてはあとで述べることにして，この解核行列を使うと非斉次の線形連立微分方程式 (10.27) の解を構成できることを以下で説明する．連立微分方程式 (10.27) においても，**定数変化法**を使って解を構成する．

まず，斉次の連立微分方程式 (10.28)

$$\frac{d\boldsymbol{x}(t)}{dt} = A(t)\boldsymbol{x}(t)$$

の初期値 $\boldsymbol{x}(t_0) = \boldsymbol{x}_0$ である解は $\boldsymbol{x}(t) = \varPhi(t, t_0)\boldsymbol{x}_0$ で与えられる．ここで，初期値 $\boldsymbol{x}_0$ をベクトルに値を取る関数 $\boldsymbol{u}(t)$ に置き換え，

$$\boldsymbol{x}(t) = \varPhi(t, t_0)\boldsymbol{u}(x) \tag{10.31}$$

が非斉次連立微分方程式 (10.27) をみたし，$t = t_0$ のとき初期値が $\boldsymbol{x}(t_0) = \boldsymbol{x}_0$ であるように定める[2]．$\boldsymbol{x}(t_0) = \varPhi(t_0, t_0)\boldsymbol{u}(t_0) = \boldsymbol{u}(t_0)$ である．(10.31) を微分すると，

$$\begin{aligned}
\frac{d\boldsymbol{x}(t)}{dt} &= \left(\frac{\partial}{\partial t}\varPhi(t, t_0)\right)\boldsymbol{u}(t) + \varPhi(t, t_0)\frac{d}{dt}\boldsymbol{u}(t) \\
&= A(t)\varPhi(t, t_0)\boldsymbol{u}(t) + \varPhi(t, t_0)\frac{d}{dt}\boldsymbol{u}(t) \\
&= A(t)\boldsymbol{x}(t) + \varPhi(t, t_0)\frac{d}{dt}\boldsymbol{u}(t)
\end{aligned} \tag{10.32}$$

となる．この $\boldsymbol{x}(t)$ が連立微分方程式 (10.27) の解であるとすると，

$$\boldsymbol{b}(t) = \varPhi(t, t_0)\frac{d}{dt}\boldsymbol{u}(t) \tag{10.33}$$

でなければならない．これを $\boldsymbol{u}(t)$ に関する微分方程式と考えて，初期条件 $\boldsymbol{u}(t_0) = \boldsymbol{x}_0$ のもとに解く．すると，

$$\frac{d}{dt}\boldsymbol{u}(t) = \varPhi(t, t_0)^{-1}\boldsymbol{b}(t) = \varPhi(t_0, t)\boldsymbol{b}(t) \tag{10.34}$$

であるから，

$$\boldsymbol{u}(t) = \int_{t_0}^{t} \varPhi(t_0, s)\boldsymbol{b}(s)\,ds + \boldsymbol{x}_0 \tag{10.35}$$

が求める解であることがわかる．これを (10.31) に代入して整理すると

---

[2]ここでは $\varPhi(t, t_0)$ は $n \times n$ 行列，$\boldsymbol{u}(t)$ は $n$ 次のベクトルであるから，単独の微分方程式のように $\boldsymbol{u}(t)\varPhi(t, t_0)$ と書くことはできない．

164 第 10 章 連立線形微分方程式 (1)

$$
\begin{aligned}
\boldsymbol{x}(t) &= \Phi(t, t_0)\boldsymbol{u}(t) \\
&= \Phi(t, t_0) \int_{t_0}^{t} \Phi(t_0, s)\boldsymbol{b}(s)\, ds + \Phi(t, t_0)\boldsymbol{x}_0 \\
&= \int_{t_0}^{t} \Phi(t, t_0)\Phi(t_0, s)\boldsymbol{b}(s)\, ds + \Phi(t, t_0)\boldsymbol{x}_0 \\
&= \int_{t_0}^{t} \Phi(t, s)\boldsymbol{b}(s)\, ds + \Phi(t, t_0)\boldsymbol{x}_0 \tag{10.36}
\end{aligned}
$$

となり,

$$
\boldsymbol{x}(t) = \int_{t_0}^{t} \Phi(t, s)\boldsymbol{b}(s)\, ds + \Phi(t, t_0)\boldsymbol{x}_0 \tag{10.37}
$$

が連立微分方程式 (10.27) の解 (初期条件 $\boldsymbol{x}(t_0) = \boldsymbol{x}_0$) であることがわかる.

## 10.6 線形連立微分方程式の解核行列の計算

さて,単独の線形微分方程式 (10.18) の解核行列は積分を使って与えることができたので,これで求積法を使って解を求めることができる. しかし,連立微分方程式においてはこの方法が使えない. しかし,ピカールの反復法を当てはめれば,同様に解核行列を構成することができる.

(10.28) の解核行列 $\Phi(t, t_0)$ は次のようにして構成することができる.

(1) $n \times n$ 行列 $A_k(t, t_0)$ $(k = 0, 1, 2, \cdots)$ を帰納的に定義する. まず,$A_0(t, t_0) = E$ とおき ($E$ は $n \times n$ の単位行列),

$$
A_1(t, t_0) = \int_{t_0}^{t} A(s)A_0(s, t_0)\, ds,
$$

$$
A_2(t, t_0) = \int_{t_0}^{t} A(s)A_1(s, t_0)\, ds,
$$

$$
\vdots
$$

と順番に定義して,一般に

$$A_{k+1}(t, t_0) = \int_{t_0}^{t} A(s) A_k(s, t_0) \, ds$$

によって全ての $k$ に対して $A_k(t, t_0)$ を定義する．言い換えれば

$$A_k(t, t_0) = \int_{t_0}^{t} A(t_1) \int_{t_0}^{t_1} A(t_2) \int_{t_0}^{t_2} \cdots \int_{t_0}^{t_{k-1}} A(t_k) \, dt_k \cdots dt_2 dt_1 \quad (10.38)$$

である．ここで積分は行列の成分ごとの積分である．

(2) このとき

$$\Phi(t, t_0) = A_0(t, t_0) + A_1(t, t_0) + \cdots + A_k(t, t_0) + \cdots \quad (10.39)$$

の無限級数で与えられる．

この級数は $A(t)$ の各成分が連続であると仮定しているので，広義一様収束することを示すことができる (課外授業 10.2)．

以上をまとめると次のようになる．

---

**定理 10.1**　初期条件 $\boldsymbol{x}(t_0) = \boldsymbol{x}_0$ をみたす線形微分方程式微分方程式

$$\frac{d\boldsymbol{x}(t)}{dt} = A(t)\boldsymbol{x}(t) + \boldsymbol{b}(t), \quad (10.40)$$

の解は解核行列

$$\Phi(t, t_0) = E + \sum_{k=1}^{\infty} \int_{t_0}^{t} A(t_1) \int_{t_0}^{t_1} A(t_2) \int_{t_0}^{t_2} \cdots \int_{t_0}^{t_{k-1}} A(t_k) \, dt_k \cdots dt_2 dt_1$$

$$(10.41)$$

によって次のようにして得られる．

$$\boldsymbol{x}(t) = \int_{t_0}^{t} \Phi(t, s) \boldsymbol{b}(s) \, ds + \Phi(t, t_0) \boldsymbol{x}_0 \quad (10.42)$$

---

**例 10.2**　微分方程式

$$\frac{dx_1}{dt} = x_2(t) + \sin t, \qquad \frac{dx_2}{dt} = -x_1(t) + \cos t \quad (10.43)$$

を初期条件

$$x_1(t_0) = c_1, \qquad x_2(x_0) = c_2 \tag{10.44}$$

のもとに解くことを考えよう. 行列の形でこの微分方程式を書くと

$$\begin{pmatrix} x_1' \\ x_2' \end{pmatrix} = \begin{pmatrix} 0 & 1 \\ -1 & 0 \end{pmatrix} \begin{pmatrix} x_1 \\ x_2 \end{pmatrix} + \begin{pmatrix} \sin t \\ \cos t \end{pmatrix}, \qquad \begin{pmatrix} x_1(t_0) \\ x_2(t_0) \end{pmatrix} = \begin{pmatrix} c_1 \\ c_2 \end{pmatrix} \tag{10.45}$$

となる. ここで

$$A(t) = A = \begin{pmatrix} 0 & 1 \\ -1 & 0 \end{pmatrix}, \quad \boldsymbol{b}(t) = \begin{pmatrix} \sin t \\ \cos t \end{pmatrix}, \quad \boldsymbol{x}_0 = \begin{pmatrix} c_1 \\ c_2 \end{pmatrix}$$

とおく.

$$A_k(t, t_0) = A^k \frac{(t - t_0)^k}{k!}$$

であり,

$$A^k = \begin{cases} E & (k = 4m) \\ A & (k = 4m + 1) \\ -E & (k = 4m + 2) \\ -A & (k = 4m + 3) \end{cases}$$

であるから,

$$\Phi(t, t_0) = \begin{pmatrix} \cos(t - t_0) & \sin(t - t_0) \\ -\sin(t - t_0) & \cos(t - t_0) \end{pmatrix}$$

となる. 公式 (10.42) にしたがって計算すると

$$\begin{aligned} \boldsymbol{x}(t) &= \int_{t_0}^{t} \Phi(t, s) \boldsymbol{b}(s) \, ds + \Phi(t, t_0) \boldsymbol{y}_0 \\ &= \int_{t_0}^{t} \begin{pmatrix} \cos(t - s) & \sin(t - s) \\ -\sin(t - s) & \cos(t - s) \end{pmatrix} \begin{pmatrix} \sin s \\ \cos s \end{pmatrix} ds \end{aligned}$$

$$+ \begin{pmatrix} \cos(t - t_0) & \sin(t - t_0) \\ -\sin(t - t_0) & \cos(t - t_0) \end{pmatrix} \begin{pmatrix} c_1 \\ c_2 \end{pmatrix}$$

$$= \int_{t_0}^{t} \begin{pmatrix} \sin(t - s + s) \\ \cos(t - s + s) \end{pmatrix} ds + \begin{pmatrix} c_1 \cos(t - t_0) + c_2 \sin(t - t_0) \\ -c_1 \sin(t - t_0) + c_2 \cos(t - t_0) \end{pmatrix}$$

$$= \begin{pmatrix} (t - t_0) \sin t + c_1 \cos(t - t_0) + c_2 \sin(t - t_0) \\ (t - t_0) \cos t - c_1 \sin(t - t_0) + c_2 \cos(t - t_0) \end{pmatrix} \tag{10.46}$$

となって，解

$$x_1(t) = (t - t_0) \sin t + c_1 \cos(t - t_0) + c_2 \sin(t - t_0),$$
$$x_2(t) = (t - t_0) \cos t - c_1 \sin(t - t_0) + c_2 \cos(t - t_0) \tag{10.47}$$

が得られる. $\diamondsuit$

**例 10.3** 微分方程式

$$\frac{dx_1}{dt} = x_1(t) + t x_2(t) + t, \qquad \frac{dx_2}{dt} = x_2(t) + 1 \tag{10.48}$$

を初期条件

$$x_1(t_0) = c_1, \qquad x_2(t_0) = c_2 \tag{10.49}$$

のもとに解くことを考えよう. 行列の形でこの微分方程式を書くと

$$\begin{pmatrix} x_1' \\ x_2' \end{pmatrix} = \begin{pmatrix} 1 & t \\ 0 & 1 \end{pmatrix} \begin{pmatrix} x_1 \\ x_2 \end{pmatrix} + \begin{pmatrix} t \\ 1 \end{pmatrix}, \qquad \begin{pmatrix} x_1(t_0) \\ x_2(t_0) \end{pmatrix} = \begin{pmatrix} c_1 \\ c_2 \end{pmatrix} \tag{10.50}$$

となる. ここで

$$A(t) = \begin{pmatrix} 1 & t \\ 0 & 1 \end{pmatrix}, \qquad \boldsymbol{b}(t) = \begin{pmatrix} t \\ 1 \end{pmatrix}, \qquad \boldsymbol{c}_0 = \begin{pmatrix} c_1 \\ c_2 \end{pmatrix}$$

とおく.

$$A_1(t,t_0) = \begin{pmatrix} t-t_0 & (t^2-t_0^2)/2 \\ 0 & t-t_0 \end{pmatrix},$$

$$\Phi(t,t_0) = \begin{pmatrix} e^{t-t_0} & \frac{1}{2}(t^2-t_0^2)e^{t-t_0} \\ 0 & e^{t-t_0} \end{pmatrix}$$

となる．公式にしたがって計算すると

$$\begin{aligned}
\boldsymbol{x}(t) &= \int_{t_0}^{t} \Phi(t,s)\boldsymbol{b}(s)\,ds + \Phi(t,t_0)\boldsymbol{c}_0 \\
&= \int_{t_0}^{t} \begin{pmatrix} e^{t-s} & \frac{1}{2}(t^2-s^2)e^{t-s} \\ 0 & e^{t-s} \end{pmatrix} \begin{pmatrix} s \\ 1 \end{pmatrix} ds \\
&\quad + \begin{pmatrix} e^{t-t_0} & \frac{1}{2}(t^2-t_0^2)e^{t-t_0} \\ 0 & e^{t-t_0} \end{pmatrix} \begin{pmatrix} c_1 \\ c_2 \end{pmatrix} \\
&= \int_{t_0}^{t} \begin{pmatrix} se^{t-s} + \frac{1}{2}(t^2-s^2)e^{t-s} \\ e^{t-s} \end{pmatrix} ds \\
&\quad + \begin{pmatrix} c_1 e^{t-t_0} + \frac{1}{2}c_2(t^2-t_0^2)e^{t-t_0} \\ c_2 e^{t-t_0} \end{pmatrix} \\
&= \begin{pmatrix} \left\{\frac{1}{2}(c_2+1)(t^2-t_0^2) + c_1\right\} e^{t-t_0} \\ (c_2+1)e^{t-t_0} - 1 \end{pmatrix}
\end{aligned} \tag{10.51}$$

となって，解

$$\begin{aligned}
x_1(t) &= \left(\frac{1}{2}(c_2+1)(t^2-t_0^2) + c_1\right)e^{t-t_0}, \\
x_2(t) &= (c_2+1)e^{t-t_0} - 1
\end{aligned} \tag{10.52}$$

が得られる．

## 10.7　行列の指数関数と定数係数の線形連立微分方程式

行列 $A$ を $n$ 次正方行列とする．このとき行列 $A$ の**指数関数** $\exp A$ を次のように定義する：

$$\exp A = E + \frac{1}{1!}A + \frac{1}{2!}A^2 + \cdots + \frac{1}{k!}A^k + \cdots. \tag{10.53}$$

ここで $E$ は単位行列である．これは行列の無限級数で，各成分が無限級数の $n$ 次正方行列である．これらの級数がいつでも収束することが証明される (課外授業 10.1 を参照).

$A, B$ を $n$ 次正方行列とする．指数関数の特徴は

$$\exp(A + B) = \exp A \exp B \tag{10.54}$$

が成り立つことであるが，残念ながらこの公式はいつも成り立つとは限らない．この公式が成り立つのは，$A$ と $B$ が交換可能 (すなわち $AB = BA$) であるときに限る．したがって，$t, s$ を実数とすれば

$$\exp((t + s)A) = \exp(tA) \exp(sA)$$

が成立する．ここで，行列 $tA$ と 行列 $sA$ は明らかに交換可能だからである．$O$ を零行列とするとき，$\exp O = E$ であるから

$$\exp(tA) \exp(-tA) = \exp O = E$$

となり，$\exp(-tA) = (\exp(tA))^{-1}$ となる．もっとも大切な公式は

$$\frac{d}{dt}\exp(tA) = A\exp(tA)$$

である．この公式を利用すると微分方程式の解を構成できるからである．

正則行列 $P$ に対して $(P^{-1}AP)^k = P^{-1}A^kP$ が成り立つので，

$$P^{-1}(\exp A)P = \exp(P^{-1}AP)$$

が成り立つ．この式は $\exp A$ の計算に役立つ．

定数係数の連立微分方程式の解核行列は係数行列の指数関数を用いて表現す

170 | 第 10 章 連立線形微分方程式 (1)

ることができる. 連立微分方程式 (10.40) における $A(x)$ が定数行列 $A$ であるとする. 方程式

$$\frac{d\boldsymbol{x}(t)}{dt} = A\boldsymbol{x}(t) + \boldsymbol{b}(t), \quad \boldsymbol{x}(t_0) = \boldsymbol{x}_0 \tag{10.55}$$

の解 $\boldsymbol{x}(t)$ は解核行列 $\Phi(t, t_0)$ を使って

$$\boldsymbol{x}(t) = \int_{t_0}^{t} \Phi(t, s)\boldsymbol{b}(s)\, ds + \Phi(t, t_0)\boldsymbol{x}_0$$

によって与えられる. このとき, (10.38) によって

$$A_k(t, t_0) = \frac{(t - t_0)^k}{k!} A^k$$

であるから, 解核行列は

$$\Phi(t, t_0) = E + \frac{t - t_0}{1!} A + \frac{(t - t_0)^2}{2!} A^2 + \cdots + \frac{(t - t_0)^k}{k!} A^k + \cdots$$
$$= \exp((t - t_0)A) \tag{10.56}$$

で与えられる. したがって次の定理が成り立つ.

---

**定理 10.2**　定数係数線形微分方程式
$$\frac{d\boldsymbol{x}}{dt} = A\boldsymbol{x} + \boldsymbol{b}(t), \quad \boldsymbol{x}(t_0) = \boldsymbol{x}_0$$
の解は
$$\boldsymbol{x}(t) = \int_{t_0}^{t} \exp((t - s)A)\boldsymbol{b}(s)\, ds + \exp((t - t_0)A)\boldsymbol{x}_0 \tag{10.57}$$
によって与えられる.

---

　この解は行列の指数関数 $\exp((t - s)A)$ と積分の計算によって求めることができる. また, 特に $A$ が正則で $\boldsymbol{b}(t)$ が定数ベクトル $\boldsymbol{b}$ のときは, 項別積分をすることにより解は次のように表される.

**系 10.1** $A$ を正則な行列であれば
$$\frac{d\boldsymbol{x}}{dt} = A\boldsymbol{x} + \boldsymbol{b}, \quad \boldsymbol{x}(t_0) = \boldsymbol{x}_0$$
の解は
$$\boldsymbol{x}(t) = A^{-1}(\exp((t-t_0)A) - E)\boldsymbol{b} + \exp((t-t_0)A)\boldsymbol{x}_0$$
となる.

**例 10.4** (1) $A = \begin{pmatrix} \lambda & 0 \\ 0 & \mu \end{pmatrix}$ のとき
$$\exp tA = \begin{pmatrix} e^{\lambda t} & 0 \\ 0 & e^{\mu t} \end{pmatrix}$$
である.

(2) $A = \begin{pmatrix} \lambda & 1 \\ 0 & \lambda \end{pmatrix}$ のとき
$$\exp tA = \begin{pmatrix} e^{\lambda t} & te^{\lambda t} \\ 0 & e^{\lambda t} \end{pmatrix}$$
である.

この系より $\boldsymbol{b} = \boldsymbol{0}$ のとき,すなわち定数係数 1 階斉次線形微分方程式の解が直ちに得られる.また,
$$\frac{d}{dt}\exp tA = A\exp tA$$
であるから,行列 $\exp tA$ の列ベクトル $\boldsymbol{a}_j(t)$ $(j=1,\cdots,n)$ は
$$\frac{d}{dt}\boldsymbol{a}_j(t) = A\boldsymbol{a}_j(t)$$
をみたし,斉次方程式の解である. $\det A \neq 0$ であるから,すべての $t$ で 1 次独立である.こうして次の定理が得られる.

172 第 10 章 連立線形微分方程式 (1)

---

**定理 10.3** 1 階斉次線形微分方程式

$$\boldsymbol{x}' = A\boldsymbol{x}, \qquad \boldsymbol{x}(t_0) = \boldsymbol{x}_0 \tag{10.58}$$

の解は

$$\boldsymbol{x} = \exp((t - t_0)A)\boldsymbol{x}_0$$

によって与えられる．また，$\exp tA$ の列ベクトル値関数 $\boldsymbol{a}_1(t), \cdots, \boldsymbol{a}_n(t)$ は基本解となる．

---

## ❖ 課外授業 10.1 行列の指数関数

数 $a$ の指数

$$e^a = \exp a = \sum_{k=1}^{\infty} \frac{a^k}{k!}$$

の一般化として $n$ 次正方行列 $A = (a_{ij})$ の指数を

$$\exp A = E + A + \frac{1}{2!}A^2 + \frac{1}{3!}A^3 + \cdots + \frac{1}{k!}A^k + \cdots \tag{10.59}$$

によって定義する．成分 $a_{ij}$ は実数でも複素数でも構わない．行列からなる列の極限は，$n^2$ 個の成分からなる数列がすべて収束しそれらの極限値を成分とする行列を極限行列とする．

(10.59) の右辺の無限級数が収束することを見よう．$k$ 乗である $A^k$ の $(i,j)$ 成分を $a_{ij}^{(k)}$ と表す．$M = \max_{i,j}\{|a_{ij}|\}$ とおく．するとすべての $i,j$ について不等式

$$|a_{ij}^{(k)}| \leqq M^k n^{k-1}$$

が $k \geqq 1$ に対して成り立つ．なぜならば，$k = 1$ のときは明らかに成り立ち，$k$ のとき成り立てば

$$|a_{ij}^{(k+1)}| \leqq \sum_{p=1}^{n} |x_{ip}||x_{pj}^{(k)}| \leqq M \sum_{p=1}^{n} M^k n^{k-1} = M^{k+1} n^k$$

となるからである．$\displaystyle\sum_{k=0}^{\infty} \frac{|a_{ij}^{(k)}|}{k!} \leqq \sum_{k=0}^{\infty} \frac{M^k n^{k-1}}{k!} < \sum_{k=0}^{\infty} \frac{M^k n^k}{k!} = e^{Mn}$ となり，ワイエルシュトラスの優級数定理によって和 (10.59) は $a$ について広義一様絶対収束であることを示している．

特に零行列 $O$ に対して

$$\exp O = E$$

であり，スカラー行列 $tE$ に対して

$$\exp tE = e^t E$$

である．

次に $A$ と $B$ が $AB = BA$ をみたすと積公式 $\exp(A + B) = \exp A \exp B$ が成り立つことを示す．$AB = BA$ であれば，

$$(A + B)^k = \Bigg| \sum_{p+q=k} \frac{k!}{p!q!} A^p B^q$$

となる. $N \in \mathbb{N}$ に対して

$$S_N = \{(p,q) \mid p,q = 0,1,2,\cdots,N\}, \qquad T_N = \{(p,q) \in S_N \mid 0 \le p+q \le N\}$$

とおく. $S_N \subset T_{2N} \subset S_{2N}$ である. すると

$$\exp(A+B) = \sum_{k=0}^{\infty} \frac{1}{k!}(A+B)^k = \lim_{N\to\infty} \sum_{k=0}^{2N} \frac{1}{k!} \sum_{p+q=k} \frac{k!}{p!q!} A^p B^q$$

$$= \lim_{N\to\infty} \sum_{(p,q)\in T_N} \frac{1}{p!} A^p \frac{1}{q!} B^q$$

$$\exp A \exp B = \sum_{p=0}^{\infty} \frac{1}{p!} A^p \sum_{q=0}^{\infty} \frac{1}{q!} B^q = \lim_{N\to\infty} \sum_{(k,m)\in S_N} \frac{1}{p!} A^p \frac{1}{q!} B^q$$

となる. $A = (a_{ij})$, $B = (b_{ij})$ であり, すべての $i,j$ について, $|a_{ij}| \le M$, $|b_{ij}| \le M$ であるとする. $\frac{1}{p!} A^p \frac{1}{q!} B^q$ の $S_N$ にわたる和を $F_N = (f_{N,ij})$, $T_N$ にわたる和を $G_N = (g_{N,ij})$ とすれば,

$$|g_{2N,ij} - f_{N,ij}| \le \sum_{T_{2N}\setminus S_N} \frac{1}{p!q!} \sum_{r=1}^{n} |a_{ir}^{(p)}||b_{rj}^{(q)}|$$

$$\le \sum_{S_{2N}\setminus S_N} \frac{n(M^p n^{p-1})}{p!} \frac{(M^q n^{q-1})}{q!}$$

$$= \frac{1}{n} \sum_{p=0}^{N} \sum_{q=N+1}^{2N} \frac{(Mn)^p}{p!} \frac{(Mn)^q}{q!} + \frac{1}{n} \sum_{p=N+1}^{2N} \sum_{q=0}^{2N} \frac{(Mn)^p}{p!} \frac{(Mn)^q}{q!}$$

$$\le \frac{1}{n}\left( e^{Mn} \sum_{q=N+1}^{2N} \frac{(Mn)^q}{q!} + \frac{e^{Mn}}{n} \sum_{p=N+1}^{2N} \frac{(Mn)^p}{p!} \right)$$

$$\to 0 \quad (N \to \infty)$$

となる. ゆえに $\exp(A+B) = \exp A \exp B$ が結論される.

特に

$$\exp(s+t)A = \exp tA \exp tB$$

が成り立つ. また

$$\exp A \exp(-A) = \exp(A - A) = \exp O = E$$

となって $\exp A$ は正則行列で

$$\exp(-A) = (\exp A)^{-1}$$

となる.

正則行列 $P$ に対して $(P^{-1}AP)^k = P^{-1}A^k P$ であるから

$$P^{-1}(\exp A)P = \exp(A^{-1}AP)$$

が成り立つ. 任意の行列 $A$ は適当な正則行列 $P$ をとれば, $P^{-1}AP$ が上三角行列で対角成分が重複度も込めて $A$ の (一般には複素数の) 固有値 $\alpha_1, \alpha_2, \cdots, \alpha_n$ が並ぶようにできる. したがって,

$$\det A = \det(P^{-1}AP) = \det B = e^{\alpha_1 + \cdots + \alpha_n} = e^{\operatorname{tr} A}$$

が成り立つ.

176 │ 第 10 章　連立線形微分方程式 (1)

## ❖ 課外授業 10.2　解核行列を定義する級数の収束─────────

　連立線形微分方程式の解核行列は，定数係数の場合は (10.56) のように係数行列の指数関数になる．行列の指数関数を定義する行列の収束を示した方法と同様な方法で，一般の解核行列を定義する級数 (10.39) の収束を示すことができる．

　$n$ 次正方行列 $A(t) = (a_{ij}(t))$ の各成分 $a_{ij}(t)$ は $t$ の区間 $I$ で連続と仮定している．$t_0$ を含む $I$ の有界閉区間 $J$ を任意にとり固定する．$M$ をすべての $t \in J$ と $i, j = 1, \cdots, n$ についての $|a_{ij}(t)|$ の最大値とする．$A_k(t, t_0) = (a_{ij}^{(k)}(t, t_0))$ とする．このとき

$$|a_{ij}^{(1)}(t, t_0)| \leqq \left| \int_{t_0}^{t} |a_{ij}(s)| \, ds \right| \leqq M |t - t_0|,$$

$$|a_{ij}^{(2)}(t, t_0)| \leqq \left| \int_{t_0}^{t} \sum_{p=1}^{n} |a_{ip}(s) a_{pj}^{(1)}(s, t_0)| \, ds \right|$$

$$\leqq \left| \int_{t_0}^{t} n M^2 |s - t_0| \, ds \right| = n M^2 \frac{|t - t_0|^2}{2}$$

となり，一般の $k (\geqq 1)$ については数学的帰納法により，不等式

$$|a_{ij}^{(k)}(t, t_0)| \leqq n^{k-1} M^k \frac{|t - t_0|^k}{k!}$$

を証明することができる．したがって無限級数 $\displaystyle\sum_{k=0}^{\infty} a_{ij}^{(k)}(t, t_0)$ は絶対収束する優級数 $\displaystyle\sum_{k=0}^{\infty} \frac{(nM|t - t_0|)^k}{k!} = e^{nM|t-t_0|}$ をもち，$J$ で一様絶対収束をする．したがって $I$ では広義一様絶対収束である．

演習問題 10

## 演習問題 10

**1.** 次の微分方程式を連立微分方程式に書き換え，それぞれの解を求めよ.

(1) $x'' + x' - 2x = 0$

(2) $x'' - 6x' + 9x = 0$

(3) $3x'' - 10x' + 3x = 0$

**2.** 次の連立微分方程式の解核行列 $\Phi(t, s)$ を計算せよ. その解核行列を使って，与えられた初期条件のもとに微分方程式の解を求めよ.

(1) $\begin{cases} x_1' = x_2 + \sin 2t \\ x_2' = -x_1 + \cos 2t \end{cases}$    $x_1(0) = 1, \ x_2(0) = 1.$

(2) $\begin{cases} x_1' = x_1 + x_2 + t + 1 \\ x_2' = x_2 + t^2 + 2 \end{cases}$    $x_1(0) = 1, \ x_2(0) = 1.$

(3) $\begin{cases} x_1' = x_1 + tx_2 + \cos t \\ x_2' = x_2 + \sin t \end{cases}$    $x_1(0) = 2, \ x_2(0) = 1.$

**3.** 次の行列を計算せよ.

(1) $\exp \begin{pmatrix} 0 & t \\ t & 0 \end{pmatrix}$

(2) $\exp \begin{pmatrix} 0 & it \\ it & 0 \end{pmatrix}$

# 第11章

# 連立線形微分方程式
## (2)

　前回の連立方程式の一般論を受けて，ここでは線形連立方程式を例にとって
その解の大域的性質を詳しく調べる．前回は係数行列の指数関数によって解を
作ることができること見たが，今回はその解の大域的な性質を視覚的に観察す
る．このとき係数行列の固有値が重要な役割を果たす．1 次元の定数係数の線
形微分方程式では解は一定であるか指数的に増加するか減少するかのどれかし
かないが，2 次元になると非常に多彩な動きをすることが観察される．

## 11.1　係数行列の標準形と解

　初期条件のついた定数係数 2 元連立線形微分方程式

$$\frac{d\boldsymbol{x}}{dt} = A\boldsymbol{x}, \qquad \boldsymbol{x}(t_0) = \boldsymbol{x}_0 \tag{11.1}$$

の解 $\boldsymbol{x} = \boldsymbol{x}(t)$ は行列 $A$ の指数関数を用いて

$$\boldsymbol{x}(t) = \exp((t - t_0)A)\boldsymbol{x}_0$$

と表された (定理 10.3)．本章では行列 $A$ の成分は実数であるとする．このと

き，解 $\boldsymbol{x}(t) = \begin{pmatrix} x(t) \\ y(t) \end{pmatrix}$ を ($xy$ 平面の原点に関する) 位置ベクトルとする平面

上の点 $(x(t), y(t))$ が $t$ とともにどのように動くかを調べる．そのために，原

点を動かさず座標軸を取り替える[1] ことによって，行列 $A$ の表示を簡単なものに変換して考察することにしよう.

$e_1 = \begin{pmatrix} 1 \\ 0 \end{pmatrix}$, $e_2 = \begin{pmatrix} 0 \\ 1 \end{pmatrix}$ を標準的な基底ベクトルとして，$e_1, e_2$ に関する座標が $(x, y)$ である点の位置ベクトルは

$$x = xe_1 + ye_2 = (e_1, e_2) \begin{pmatrix} x \\ y \end{pmatrix}$$

と表される. $x$ が別の基底 $p_1, p_2$ に関する座標 $(u, v)$ をもてば，

$$x = (p_1, p_2) \begin{pmatrix} u \\ v \end{pmatrix}$$

となる. $p_1 = \begin{pmatrix} p_{11} \\ p_{21} \end{pmatrix}$, $p_2 = \begin{pmatrix} p_{12} \\ p_{22} \end{pmatrix}$ が基底をなす (2 次元であれば平行ではない) ための条件は正方行列

$$P = (p_1, p_2) = \begin{pmatrix} p_{11} & p_{12} \\ p_{21} & p_{22} \end{pmatrix}$$

の行列式が 0 ではない，すなわち，正則であることであることである. $u = \begin{pmatrix} u \\ v \end{pmatrix}$ とすれば，$x = Pu$ である.

$x(t)$ が (11.1) の解とするとき，$u(t) = P^{-1}x(t)$ とおけば，

$$P \frac{du(t)}{dt} = \frac{dPu(t)}{dt} = \frac{dx(t)}{dt} = Ax(t) = APu(t)$$

となり，両辺に逆行列 $P^{-1}$ をかけて

$$\frac{du(t)}{dt} = P^{-1}APu(t)$$

---

[1]取り替える座標軸は直交座標軸とは限らない.

が得られる. ここで $B = P^{-1}AP$ とすれば

$$\frac{d\boldsymbol{u}(t)}{dt} = B\boldsymbol{u}(t)$$

となる. この微分方程式の解は, $\boldsymbol{u}_0 = P^{-1}\boldsymbol{x}_0$ を初期値 (初期ベクトル) とすると

$$\begin{aligned}
\boldsymbol{u}(t) &= P^{-1}\boldsymbol{x}(t) = P^{-1}\exp((t-t_0)A)\boldsymbol{x}_0 \\
&= P^{-1}\exp((t-t_0)A)PP^{-1}\boldsymbol{x}_0 = P^{-1}\exp((t-t_0)A)P\boldsymbol{u}_0 \\
&= \exp((t-t_0)P^{-1}AP)\boldsymbol{u}_0 = \exp((t-t_0)B)\boldsymbol{u}_0
\end{aligned}$$

となる. したがって, $\exp((t-t_0)A)$ を計算しても $\exp((t-t_0)B)$ を計算してもそれらは行列 $P$ による座標変換で移りあうので, $B$ をできるだけ簡単な形にしてから行列の指数関数を計算すればよい, ということになる. すると, どのようにすれば行列の指数関数を計算しやすい形にできるかということが次に問題になる. そこで行列の標準形を求める.

まず, 行列の固有値と固有ベクトルの定義を思い出そう. 行列 $A$ が**固有値** $\lambda$ をもつとは, ゼロでないベクトル $\boldsymbol{x}$ が存在して,

$$A\boldsymbol{x} = \lambda\boldsymbol{x}$$

となることをいい, このベクトル $\boldsymbol{x}$ を $A$ の固有値 $\lambda$ に属する**固有ベクトル**という. $\boldsymbol{x}$ と $\boldsymbol{y}$ が固有値 $\lambda$ の固有ベクトルならばその 1 次結合 $\alpha\boldsymbol{x} + \beta\boldsymbol{y}$ も固有ベクトルになるので, 固有値 $\lambda$ の固有ベクトル全体とゼロベクトルを合わせた集合はベクトル空間 (線形空間) になり, $\lambda$ に対応する**固有空間**とよばれる. 実数 $\lambda$ が行列 $A$ の固有値になるのは行列 $(\lambda E - A)$ の行列式が

$$\det(\lambda E - A) = 0 \tag{11.2}$$

をみたすときである. なぜかといえば, $(\lambda E - A)\boldsymbol{x} = 0$ となるゼロでないベクトル $\boldsymbol{x}$ が存在するための必要十分条件は行列 $(\lambda E - A)$ の行列式 $\det(\lambda E - A)$ がゼロになることだからである. この $t$ を変数とする多項式 $f_A(t) = \det(tE - A)$ を $A$ の**固有多項式**といい, 代数方程式 (11.2) を**固有方程式**という.

特に $A$ が $2 \times 2$ の実数を成分とする行列

$$A = \begin{pmatrix} a & b \\ c & d \end{pmatrix}$$

であるとすると，固有多項式 $f_A(t)$ は

$$f_A(t) = t^2 - (a+d)t + (ad - bc)$$

となる．$A$ のトレースを $p = \operatorname{tr} A = a + d$, 行列式を $q = \det A = ad - bc$ とすれば

$$f_A(t) = t^2 - pt + q$$

である．$f_A(t) = 0$ の判別式を $D = (a+d)^2 - 4(ad - bc) = p^2 - 4q$ とする．判別式の正負にしたがって起こりうる場合を分類して，$(x, y)$ を座標変換することによって行列の標準形を求めると次のようになる．

**1°** $D > 0$ の場合.

2 個の固有値 $\lambda, \mu$ があり，$\lambda \neq \mu$ である．$\boldsymbol{p}_1$ を固有値 $\lambda$ に属する固有ベクトル，$\boldsymbol{p}_2$ を固有値 $\mu$ に属する固有ベクトルとする．これらのベクトルを並べた行列 $P = (\boldsymbol{p}_1, \boldsymbol{p}_2)$ を考える．$\boldsymbol{p}_1, \boldsymbol{p}_2$ は互いに独立なベクトルであり，$P$ は正則行列になる．このとき

$$AP = A(\boldsymbol{p}_1, \boldsymbol{p}_2) = (\lambda \boldsymbol{p}_1, \mu \boldsymbol{p}_2) = (\boldsymbol{p}_1, \boldsymbol{p}_2)\begin{pmatrix} \lambda & 0 \\ 0 & \mu \end{pmatrix} = P\begin{pmatrix} \lambda & 0 \\ 0 & \mu \end{pmatrix}$$

より $P^{-1}AP = \begin{pmatrix} \lambda & 0 \\ 0 & \mu \end{pmatrix}$ となる．これを $B$ とおけば，

$$\exp tB = \begin{pmatrix} e^{\lambda t} & 0 \\ 0 & e^{\mu t} \end{pmatrix}$$

が得られる．

**2°** $D = 0$ の場合.

固有値は 1 個の実数 $\lambda$ であるが，固有空間が 2 次元の場合と 1 次元の場

182 第 11 章 連立線形微分方程式 (2)

合がある. 2 次元のときには 1 次独立な固有ベクトル $\boldsymbol{p}_1$ と $\boldsymbol{p}_2$ をとり, $P = (\boldsymbol{p}_1, \boldsymbol{p}_2)$ とすれば,

$$B = P^{-1}AP = \begin{pmatrix} \lambda & 0 \\ 0 & \lambda \end{pmatrix} = \lambda E \qquad (\lambda \text{ は実数})$$

となる. $A = P(\lambda E)P^{-1} = \lambda E = B$ であり $A$ がもともと $\lambda E$ であったことを示している. 連立方程式といいながら, 同一の方程式を並べただけであり, 本質的には単独の方程式 $x'' = \lambda x$ である.

上のことから, $A$ に対して $D = 0$ であって対角行列ではないとき固有空間が 1 次元となる. このときは, $(A - \lambda E)\boldsymbol{p}_1 = \boldsymbol{0}$, すなわち, $A\boldsymbol{p}_1 = \lambda \boldsymbol{p}_1$ となる $\boldsymbol{p}_1$ と $(A - \lambda E)\boldsymbol{p}_2 = \boldsymbol{p}_1$ となる $\boldsymbol{p}_2$ をとれば, $\boldsymbol{p}_1, \boldsymbol{p}_2$ は 1 次独立である. $P = (\boldsymbol{p}_1, \boldsymbol{p}_2)$ をとれば,

$$B = P^{-1}AP = \begin{pmatrix} \lambda & 1 \\ 0 & \lambda \end{pmatrix} \qquad (\lambda \text{ は実数})$$

と変換され,

$$\exp tB = \begin{pmatrix} e^{\lambda t} & te^{\lambda t} \\ 0 & e^{\lambda t} \end{pmatrix}$$

となる.

**3°** $D < 0$ の場合.

固有値は複素数 $\lambda = \dfrac{p}{2} + i\omega \ (\omega^2 = -D/4)$ とその共役複素数 $\overline{\lambda} = \dfrac{p}{2} - i\omega$ となる. $\lambda$ に対する複素固有ベクトルを $\boldsymbol{q}$ とすれば, $\overline{\boldsymbol{q}}$ は $\overline{\lambda}$ に対する複素固有ベクトルになる. $Q = (\boldsymbol{q}, \overline{\boldsymbol{q}})$ とおけば,

$$Q^{-1}AQ = \begin{pmatrix} \lambda & 0 \\ 0 & \overline{\lambda} \end{pmatrix}, \qquad Q^{-1}(\exp A)Q = \begin{pmatrix} e^{\lambda} & 0 \\ 0 & e^{\overline{\lambda}} \end{pmatrix}$$

が成り立つ.

$$\boldsymbol{p}_1 = (\boldsymbol{q} + \overline{\boldsymbol{q}})/\sqrt{2}, \qquad \boldsymbol{p}_2 = (\boldsymbol{q} - \overline{\boldsymbol{q}})/(\sqrt{2}i), \qquad P = (\boldsymbol{p}_1, \boldsymbol{p}_2)$$

とおけば

$$B = P^{-1}AP = \begin{pmatrix} \dfrac{p}{2} & \omega \\ -\omega & \dfrac{p}{2} \end{pmatrix}$$

となる．そして

$$\exp tB = \begin{pmatrix} e^{(p/2)t}\cos\omega t & e^{(p/2)t}\sin\omega t \\ -e^{(p/2)t}\sin\omega t & e^{(p/2)t}\cos\omega t \end{pmatrix}$$

となる．

以上でえられた行列 $B = P^{-1}AP$ を $A$ の**標準化**，あるいは**標準形**という．

---

**定理 11.1**　定数係数連立斉次方程式
$$\boldsymbol{x}' = A\boldsymbol{x}, \qquad \boldsymbol{x}(t_0) = \boldsymbol{x}_0$$
の解は，$B = P^{-1}AP$ を $A$ の標準化とすれば
$$\boldsymbol{x}(t) = P(\exp(t - t_0)B)P^{-1}\boldsymbol{x}_0$$
である．

---

　一般の $n$ 次正方行列 $A$ は，ここで述べたものの混合形として，複素固有値を用いて**ジョルダンの標準形**[2) に変換でき，指数関数を用いて基本解を構成できる．

　単独定数係数 $n$ 階斉次微分方程式
$$x^{(n)} + a_1 x^{(n-1)} + \cdots + a_{n-1} x' + a_n x = 0 \tag{11.3}$$
は 10.3 節で述べたように 1 階連立微分方程式と同値で，係数行列は

---

[2) ジョルダンの標準形については，線形代数学の教科書を参考にされたい．

184 | 第 11 章 連立線形微分方程式 (2)

$$A = \begin{pmatrix} 0 & 1 & 0 & 0 & \cdots & 0 \\ 0 & 0 & 1 & 0 & \cdots & 0 \\ 0 & 0 & 0 & 1 & \cdots & 0 \\ \vdots & \vdots & \vdots & \vdots & \ddots & \vdots \\ 0 & 0 & 0 & 0 & \cdots & 1 \\ -a_n & -a_{n-1} & -a_{n-2} & -a_{n-3} & \cdots & -a_1 \end{pmatrix}$$

となり，固有多項式は

$$f_A(t) = t^n + a_1 t^{n-1} + \cdots + a_{n-1} t + a_n$$

となって，(11.3) の特性多項式に一致する．特に特性多項式が $(t - \lambda)^n$ となるときは，正則行列 $P$ によって

$$B = P^{-1}AP = \begin{pmatrix} \lambda & 1 & & & O \\ & \lambda & 1 & & \\ & & \lambda & \ddots & \\ & & & \ddots & 1 \\ O & & & & \lambda \end{pmatrix}$$

に変換され，

$$\exp tB = \begin{pmatrix} e^{\lambda t} & te^{\lambda t} & & \cdots & \dfrac{t^{n-1}}{(n-1)!}e^{\lambda t} \\ & e^{\lambda t} & te^{\lambda t} & & \vdots \\ & & e^{\lambda t} & \ddots & \\ & & & \ddots & te^{\lambda t} \\ O & & & & e^{\lambda t} \end{pmatrix}$$

となるので，次の定理を得る．

11.1 係数行列の標準形と解 | 185

---

**定理 11.2**　定数係数 $n$ 階単独微分方程式 (11.3) の特性多項式が

$$(t - \lambda_1)^{n_1}(t - \lambda_2)^{n_2} \cdots (t - \lambda_r)^{n_r} \qquad (k \neq l \text{ のとき} \lambda_k \neq \lambda_l)$$

ならば,

$$e^{\lambda_k t}, te^{\lambda_k t}, \cdots, t^{n_k - 1}e^{\lambda_k t} \qquad (k = 1, 2, \cdots, r)$$

は (11.3) の基本解である.

---

**例 11.1**　次の線形連立方程式の解を求めよ.

(1) $\begin{cases} x' = 2x + y \\ y' = 3x + 4y \end{cases}$

(2) $\begin{cases} x' = x + 2y \\ y' = 2x + y \end{cases}$

(3) $\begin{cases} x' = x + 2y \\ y' = -2x + 5y \end{cases}$

**解.** (1) 係数行列を $A$ とすると

$$f_A(t) = t^2 - 6t + 5 = (t - 5)(t - 1) = 0$$

より固有値は $\lambda = 5$, $\mu = 1$ である. $(A - 5E)\boldsymbol{p}_1 = \boldsymbol{0}$ をみたす $\boldsymbol{p}_1 = \begin{pmatrix} 1 \\ 3 \end{pmatrix}$

と $(A - E)\boldsymbol{p}_2 = \boldsymbol{0}$ をみたす $\boldsymbol{p}_2 = \begin{pmatrix} 1 \\ -1 \end{pmatrix}$ を用いて $P = (\boldsymbol{p}_1, \boldsymbol{p}_2)$ を定義すれ

ば, 標準形は $P^{-1}AP = \begin{pmatrix} 5 & 0 \\ 0 & 1 \end{pmatrix}$ となり, $\boldsymbol{x}(0) = \boldsymbol{x}_0$ となる解は

$$\boldsymbol{x} = \begin{pmatrix} x(t) \\ y(t) \end{pmatrix} = P \begin{pmatrix} e^{5t} & 0 \\ 0 & e^t \end{pmatrix} P^{-1} \boldsymbol{x}_0$$

となる.

(2) $f_A(t) = t^2 - 2t - 3 = (t-3)(t+1)$ より固有値は $\lambda = 3, \quad \mu = -1$ である. $(A - 3E)\boldsymbol{p}_1 = \boldsymbol{0}$ をみたす $\boldsymbol{p}_1 = \begin{pmatrix} 1 \\ 1 \end{pmatrix}$ と $(A + E)\boldsymbol{p}_2 = \boldsymbol{0}$ をみたす $\boldsymbol{p}_2 = \begin{pmatrix} -1 \\ 1 \end{pmatrix}$ を用いて $P = (\boldsymbol{p}_1, \boldsymbol{p}_2)$ を定義すれば, 標準形は $P^{-1}AP = \begin{pmatrix} 3 & 0 \\ 0 & -1 \end{pmatrix}$ となり, $\boldsymbol{x}(0) = \boldsymbol{x}_0$ となる解は

$$\boldsymbol{x} = \begin{pmatrix} x(t) \\ y(t) \end{pmatrix} = P \begin{pmatrix} e^{3t} & 0 \\ 0 & e^{-t} \end{pmatrix} P^{-1} \boldsymbol{x}_0$$

となる.

(3) $f_A(t) = t^2 - 6t + 9 = (t-3)^2$ より固有値は $\lambda = 3$ である. $(A - 3E)\boldsymbol{p}_1 = \boldsymbol{0}$ をみたす $\boldsymbol{p}_1 = \begin{pmatrix} 1 \\ 1 \end{pmatrix}$ と $(A - 3E)\boldsymbol{p}_2 = \boldsymbol{p}_1$ をみたす $\boldsymbol{p}_2 = \begin{pmatrix} 0 \\ \frac{1}{2} \end{pmatrix}$ を用いて $P = (\boldsymbol{p}_1, \boldsymbol{p}_2)$ を定義すれば, 標準形は $P^{-1}AP = \begin{pmatrix} 3 & 1 \\ 0 & 3 \end{pmatrix}$ となり, $\boldsymbol{x}(0) = \boldsymbol{x}_0$ となる解は

$$\boldsymbol{x} = \begin{pmatrix} x(t) \\ y(t) \end{pmatrix} = P \begin{pmatrix} e^{3t} & te^{3t} \\ 0 & e^{3t} \end{pmatrix} P^{-1} \boldsymbol{x}_0$$

となる.

## 11.2 平面上の解軌道

区間 $I$ に属すパラメーター $t$ をもつ平面上の曲線 $C : (x(t), y(t))$ $(t \in I)$ が, 実数定数係数をもつ線形斉次微分方程式

$$\frac{d}{dt} \begin{pmatrix} x(t) \\ y(t) \end{pmatrix} = A \begin{pmatrix} x(t) \\ y(t) \end{pmatrix}$$

をみたすとき, 曲線 $C$ をこの方程式の解の**軌道**という. 行列 $A$ の固有方程式

である 2 次方程式の判別式を $D$ とする．

以下では解軌道を係数行列 $A$ を標準化した座標の $uv$ 平面で表示する．

$D > 0$ のとき，二つの実固有値を $\lambda, \mu$ とすると，軌道は曲線

$$C : (u(t), v(t)) = (c_1 e^{\lambda t}, c_2 e^{\mu t}) \qquad (-\infty < t < \infty)$$

である．

(1) $D > 0$ で，固有値が $\lambda > \mu > 0$ となるとき．このとき，解の軌道は図 11.1．

(2) $D > 0$ で，固有値が $\lambda > 0 > \mu$ となるとき．このとき，解の軌道は図 11.2．

(3) $D > 0$ で，固有値が $0 > \lambda > \mu$ となるとき．このとき，解の軌道は図 11.3．

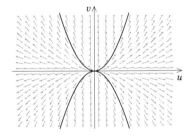

図 11.1　$D > 0$ の場合 (固有値 $\lambda, \mu > 0$)

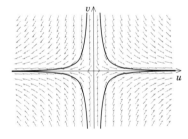

図 11.2　$D > 0$ の場合 (固有値 $\lambda > 0 > \mu$)

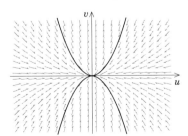

図 11.3　$D > 0$ の場合 (固有値 $0 > \lambda, \mu$)

188 │ 第 11 章　連立線形微分方程式 (2)

(4) $D > 0$ で $\lambda$ と $\mu$ の一方が $0$ のとき. $\mu = 0$ とすれば, $\lambda = p$.

$$B = P^{-1}AP = \begin{pmatrix} p & 0 \\ 0 & 0 \end{pmatrix}, \quad \exp(tB) = \begin{pmatrix} e^{pt} & 0 \\ 0 & 1 \end{pmatrix}$$

であり, 軌道は

$$C : (u(t), v(t)) = (c_1 e^p t, c_2).$$

この場合の軌道図はどうなるか考えよ.

これらのいずれも軌道の式は $v = c|u|^\rho$ $(\rho = \mu/\lambda)$ である.

次に $D < 0$ の場合, 複素固有値の一つは $\lambda = \dfrac{p}{2} + i\omega$ で, もう一つは $\bar{\lambda} = \dfrac{p}{2} - i\omega$ である. 軌道は

$$C : (x(t), y(t))$$
$$= (e^{(p/2)t}(c_1 \cos \omega t + c_2 \sin \omega t), e^{(p/2)t}(-c_1 \sin \omega t + c_2 \cos \omega t))$$
$$(-\infty < t < \infty)$$

である.

(1) 図 11.4 は $D < 0$ で, $p = 0$ のときである.

(2) 図 11.5 は $D < 0$ で, $p > 0$ のときである.

(3) 図 11.6 は $D < 0$ で, $p < 0$ のときである.

最後に $D = 0$ の場合, $A$ の固有値は $\lambda = \dfrac{p}{2}$ であるが, その固有空間が $2$ 次元のとき

$$C : (x(t), y(t)) = (c_1 e^{\lambda t}, c_2 e^{\lambda t}) \qquad (-\infty < t < \infty)$$

であり, その固有空間が $1$ 次元のときは

$$C : (x(t), y(t)) = (e^{\lambda t}(c_1 + c_2 t), c_2 e^{\lambda t}) \qquad (-\infty < t < \infty)$$

である.

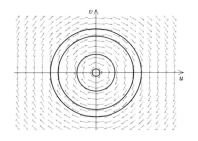

図 11.4　$D < 0$ の場合
(固有値の実部がゼロ)

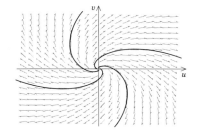

図 11.5　$D < 0$ の場合 (固有値の実部が正)

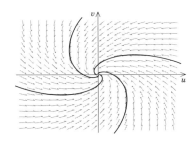

図 11.6　$D < 0$ の場合 (固有値の実部が負)

(1) 図 11.7 (次ページ) は $D = 0$ の場合で固有空間が 2 次元のとき.

(2) 図 11.8 (次ページ) は $D = 0$ の場合で固有空間が 1 次元で固有値が正のとき.

(3) 図 11.9 (次ページ) は $D = 0$ の場合で固有空間が 1 次元で固有値が負のとき.

# 第 11 章 連立線形微分方程式 (2)

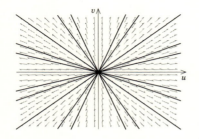

図 11.7　$D=0$ の場合 (固有空間が 2 次元)

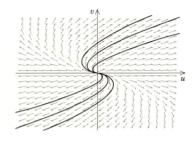

図 11.8　$D=0$ の場合
　　　　(固有空間が 1 次元で固有値が正)

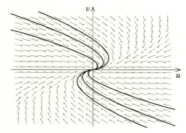

図 11.9　$D=0$ の場合
　　　　(固有空間が 1 次元で固有値が負)

## 演習問題 11

**1.** 次の連立微分方程式の一般解 $x = x(t),\quad y = y(t)$ を求めよ.

(1) $\begin{cases} x' = y \\ y' = 3x - 2y \end{cases}$

(2) $\begin{cases} x' = 2x - y \\ y' = 3x - 2y \end{cases}$

(3) $\begin{cases} x' = -2x - 2y \\ y' = y \end{cases}$

(4) $\begin{cases} x' = 5x - y \\ y' = -x + 5y \end{cases}$

(5) $\begin{cases} x' = 5x + 3y \\ y' = x + 7y \end{cases}$

(6) $\begin{cases} x' = 12x + 9y \\ y' = 2x + 15y \end{cases}$

**2.** 次の連立方程式の解軌道をえがけ.

(1) $\begin{cases} x' = 2y \\ y' = x + y \end{cases}$

(2) $\begin{cases} x' = -x + 2y \\ y' = -2x - y \end{cases}$

# 第12章

## 解の挙動

1 階連立微分方程式の解の軌道を，具体的な解を求めずに描くことを考える．平衡点の近くでの非線形方程式の解は，線形方程式で近似することによって，大まかな解の挙動がわかる．まず線形方程式であるばね質点系の相平面解析を行い，次に非線形ふりこを考える．最後に補食者被食者の数学モデルである非線形方程式のロトカ–ヴォルテラ方程式の解曲線を考察する．

### 12.1 平衡点

区間 $I$ で考える 1 階連立微分方程

$$
\begin{cases}
\dfrac{dx}{dt} = f(t, x, y), \\
\dfrac{dy}{dt} = g(t, x, y)
\end{cases}
$$

は，$\boldsymbol{x} = \begin{pmatrix} x \\ y \end{pmatrix}$，$\boldsymbol{F} = \begin{pmatrix} f \\ g \end{pmatrix}$ とおけば

$$
\frac{d\boldsymbol{x}}{dt} = \boldsymbol{F}(t, \boldsymbol{x}) \qquad (t \in I)
$$

と書くことができる．ベクトル値関数であるがコーシー–リプシッツの条件がみたされれば，解が存在し一意性が成り立つ．本章では解の存在と一意性が成

り立つと仮定する．関数 $\boldsymbol{F}$ が $\boldsymbol{x}$ だけの関数であるとき，すなわち，

$$\frac{d}{dt}\boldsymbol{x} = \boldsymbol{F}(\boldsymbol{x}) \tag{12.1}$$

の形の方程式を**自励系**というのは正規形の単独 1 階線形方程式の場合と同じである．本章では自励系の方程式について，解の軌道 $\boldsymbol{x} = \boldsymbol{x}(t)\,(t \in I)$ と平衡点を調べる．変数 $t$ の区間 $I$ は，特に断らない限り $(-\infty, \infty)$ とする．$\boldsymbol{F}(\boldsymbol{x}_0) = \boldsymbol{0}$ となる点 $\boldsymbol{x}_0$ を微分方程式 (12.1) の**平衡点**，あるいは**臨界点**といい，**危点**ということもある．$\boldsymbol{x} = \boldsymbol{x}_0$ も (12.1) の解であることから**平衡解**ともいう．平衡点の位置ベクトルを $\boldsymbol{x}_0 = \begin{pmatrix} x_0 \\ y_0 \end{pmatrix}$ とする．平衡点 $\boldsymbol{x}_0$ の近くに初期値を持つ軌道が $t \to +\infty$ でもやはりその近くにとどまるとき，解である $\boldsymbol{x}(t) = \boldsymbol{x}_0$ は**安定平衡**であるという．これをもうすこし正確に言えば，任意の正の数 $\varepsilon$ に対して，ある (十分小さな) 正の数 $\delta$ を取ることができて，$t = 0$ における初期値 $\boldsymbol{x}(0)$ が $\|\boldsymbol{x}(0) - \boldsymbol{x}_0\| < \delta$ をみたす解 $\boldsymbol{x}(t)$ は $\|\boldsymbol{x}(t) - \boldsymbol{x}_0\| < \varepsilon\,(t \geqq 0)$ となる，という意味である．安定でない平衡点を**不安定平衡点**というが，これは初期値が平衡点の近くにあっても，時間が経つにつれて平衡点から離れて行く解があるということである[1]．さらに，$\boldsymbol{x}_0$ が安定平衡点であるとき，初期値が $\boldsymbol{x}_0$ の近くにある解 $\boldsymbol{x}(t)$ は，$t \to \infty$ のとき，$\boldsymbol{x}(t) \to \boldsymbol{x}_0$ であるとき，**漸近安定平衡点**であるという．漸近安定であるときは，平衡点の近くに初期値があれば時間の経過にしたがって解は平衡点に近づいていく．

前章において定数係数線形斉次微分方程式の解の軌道を固有値によって分類した．その平衡点を調べる．実 2 次正方行列 $A$ に対して $\boldsymbol{F}(\boldsymbol{x}) = A\boldsymbol{x}$ となる場合である．この方程式は $-\infty < t < \infty$ で解が存在し一意性が成り立つ．

$$\frac{d\boldsymbol{x}}{dt} = A\boldsymbol{x} \tag{12.2}$$

において $\boldsymbol{x} = \boldsymbol{0}$ は一つの平衡点である．$\det A \neq 0$ であれば，これが唯一の平衡点である．ここでは平衡点 $\boldsymbol{0}$ について調べる．11.1 節と同じく $p = \operatorname{tr} A$，$q = \det A$，$D = p^2 - 4q$ とする．$A$ の固有値を $\lambda_1, \lambda_2$ とすれば，$p =$

---

[1] すべてがそうである必要はない．

194 第 12 章 解の挙動

$\lambda_1 + \lambda_2$, $q = \lambda_1 \lambda_2$ である. $A$ を $B = P^{-1}AP$ と標準化する行列を $P$ とし, 解を $\boldsymbol{x}(t) = P\boldsymbol{u}(t)$, $\boldsymbol{u}(t) = \begin{pmatrix} u(t) \\ v(t) \end{pmatrix}$ として, $u(t), v(t)$ で記述する.

**1°** $D > 0$, $q > 0$, $p > 0$ のとき.

このときは, $\lambda_1 > 0$, $\lambda_2 > 0$ で $u(t) = c_1 e^{\lambda_1 t}$, $v(t) = c_2 e^{\lambda_2 t}$ である. $t \to \infty$ のとき $\boldsymbol{u}(t)$ は無限に遠ざかる. このとき平衡点 $\boldsymbol{0}$ を**不安定結節点**という.

**2°** $D > 0$, $q > 0$, $p < 0$ のとき.

解は **1°** と同じ形であるが, $\lambda_1 < 0$, $\lambda_2 < 0$ であるから, $t \to \infty$ のとき, $\boldsymbol{u}(t) \to \boldsymbol{0}$ となる. この平衡点は**安定結節点**とよばれる.

**3°** $D > 0$, $q < 0$ のとき.

$\lambda_1 > 0 > \lambda_2$ とすれば $v(t) \to 0$ であるが, $|u(t)| \to \infty$ で不安定平衡点である. この平衡点を**鞍点**という.

**4°** $D = 0$, $q \neq 0$, $p > 0$ のとき.

$\lambda_1 = \lambda_2 (= \lambda)$ で, 標準形は 2 通りあり, 解は

(4–1) $B = \begin{pmatrix} \lambda & 0 \\ 0 & \lambda \end{pmatrix}$ (実は $= A$) のとき, $\boldsymbol{u} = \begin{pmatrix} c_1 e^{\lambda t} \\ c_2 e^{\lambda t} \end{pmatrix}$

(4–2) $B = \begin{pmatrix} \lambda & 1 \\ 0 & \lambda \end{pmatrix}$ のとき, $\boldsymbol{u} = \begin{pmatrix} (c_1 + c_2 t)e^{\lambda t} \\ c_2 e^{\lambda t} \end{pmatrix}$

となり, $t \to \infty$ のとき無限に遠ざかり, この場合も不安定結節点の仲間に入れられる.

**5°** $D = 0$, $q \neq 0$, $p < 0$ のとき.

**4°** と同じ形であるが, $t \to \infty$ のとき $\boldsymbol{u}(t) \to \boldsymbol{0}$ となり, 安定結節点である.

**6°** $D < 0$, $p > 0$ のとき.

固有値を $\lambda_1 = \dfrac{p}{2} + i\omega$ とその共役複素数 $\lambda_2 = \dfrac{p}{2} - i\omega$ のとき解は

$$\boldsymbol{u}(t) = \begin{pmatrix} e^{(p/2)t}(c_1 \cos \omega t + c_2 \sin \omega t) \\ e^{(p/2)t}(-c_1 \sin \omega t + c_2 \cos \omega t) \end{pmatrix}$$

となり, $t \to \infty$ のとき, $\boldsymbol{u}(t)$ は $\boldsymbol{0}$ の周りを回転しながら無限に遠ざかり. **不安定渦心点**といわれる.

**7°** $D < 0,\ p < 0$ のとき.

**6°** と同じ形で，$t \to \infty$ のとき，$\boldsymbol{u}(t)$ は $\boldsymbol{0}$ の周りを回転しながら $\boldsymbol{0}$ に近づいていく．**安定渦心点**といわれる．

**8°** $D < 0,\ p = 0$ のとき.

**6°** で $p = 0$ とすれば，解は

$$\boldsymbol{u}(t) = \begin{pmatrix} c_1 \cos \omega t + c_2 \sin \omega t \\ -c_1 \sin \omega t + c_2 \cos \omega t \end{pmatrix}$$

で周期解であり，軌道は閉曲線で**閉軌道**となる．平衡点 $\boldsymbol{0}$ は安定であり，**中心**とよばれる．

**9°** $q = 0,\ p > 0$ のとき.

固有値の一方が $0$ で $\lambda_1 = \lambda,\ \lambda_2 = 0$ とすれば，$u(t) = c_1 e^{\lambda_1 t},\ v(t) = c_2$ で軌道は直線 $v = 0$ に平行な直線である．$\lambda = p > 0$ であるから，$\boldsymbol{0}$ は不安定．直線 $u = 0$ 上の点はすべて (不安定) 平衡点である．

**10°** $q = 0,\ p < 0$ のとき.

**9°** と同じ形で平衡点は安定である．

**11°** $q = 0,\ p = 0$ のとき.

このときは $A = O$ ですべての点が安定平衡点である．

## 12.2 線形化安定性解析

非線形方程式を平衡点において線形方程式で近似することによって平衡点の形状を見ることにする．1 階連立自励系微分方程式

$$\frac{dx(t)}{dt} = f(x(t), y(t)), \qquad \frac{dy(t)}{dt} = g(x(t), y(t))$$

が平衡点 $(x_0, y_0)$ をもつとする．$f(x, y)$ と $g(x, y)$ を平衡点 $(x_0, y_0)$ の近くでテイラー展開する．

$$
\begin{aligned}
f(x,y) &= f(x_0,y_0) + f_x(x_0,y_0)(x-x_0) + f_y(x_0,y_0)(y-y_0) \\
&\quad + 2 \text{ 次以上の項} \\
g(x,y) &= g(x_0,y_0) + g_x(x_0,y_0)(x-x_0) + g_y(x_0,y_0)(y-y_0) \\
&\quad + 2 \text{ 次以上の項}
\end{aligned}
\tag{12.3}
$$

このとき，$f(x_0,y_0) = g(x_0,y_0) = 0$ であるから，ベクトルの形で書くと

$$
\begin{aligned}
\boldsymbol{f}(\boldsymbol{x}) &= \begin{pmatrix} f(x,y) \\ g(x,y) \end{pmatrix} \\
&= \begin{pmatrix} f_x(x_0,y_0)(x-x_0) + f_y(x_0,y_0)(y-y_0) + 2 \text{ 次以上の項} \\ g_x(x_0,y_0)(x-x_0) + g_y(x_0,y_0)(y-y_0) + 2 \text{ 次以上の項} \end{pmatrix} \\
&= \begin{pmatrix} f_x(x_0,y_0) & f_y(x_0,y_0) \\ g_x(x_0,y_0) & g_y(x_0,y_0) \end{pmatrix} (\boldsymbol{x} - \boldsymbol{x}_0) + 2 \text{ 次以上の項}
\end{aligned}
\tag{12.4}
$$

となる．したがって，$\boldsymbol{x}_0$ の近くで 2 次以上の項を切り捨てて線形の関数で $f(x,y)$ と $g(x,y)$ を 1 次式で近似して，微分方程式を書き直すと

$$
\frac{d\boldsymbol{x}}{dt} = \begin{pmatrix} f_x(x_0,y_0) & f_y(x_0,y_0) \\ g_x(x_0,y_0) & g_y(x_0,y_0) \end{pmatrix} (\boldsymbol{x}(t) - \boldsymbol{x}_0)
\tag{12.5}
$$

となる．ここでは，平衡点を $(x_0,y_0)$ としている $x(t) - x_0$ と $y(t) - y_0$ を未知関数に取り直すことによって，平衡点を原点にもってくることができる．したがって，解の局所的な振る舞いを考えるときには原点を平衡点にして考えればよいということになる．

そこで，

$$
A = \begin{pmatrix} f_x(x_0,y_0) & f_y(x_0,y_0) \\ g_x(x_0,y_0) & g_y(x_0,y_0) \end{pmatrix}
$$

とおくと，この行列 $A$ は成分が定数の行列になり，$\boldsymbol{z} = \boldsymbol{x} - \boldsymbol{x}_0$ とおけば微分方程式は

$$\frac{d}{dt}\boldsymbol{z}(t) = A\boldsymbol{z}(t)$$

となる.

平衡点の近くでは解の行動は,漸近的に線形化方程式の解と同じ振る舞いをする. 非線形微分方程式では**解の軌道**を考えることが特に重要になる. 解 $\boldsymbol{x}(t)$ の軌道は,線形のときと同じく解の描く曲線

$$\{\boldsymbol{x}(t) \mid -\infty < t < +\infty\}$$

であり,$t$ が実数全体を動いたときに解のベクトルが動く点の集合である. 解の一意性の条件を仮定しているので,異なった二つの軌道が同じ点を共有することはない. 言い換えれば,二つの軌道があるところまで同一でそこから先が分かれるということは起こらない. またどの点もそこを通る軌道がありるので,2 次元の空間 (平面) $\mathbb{R}^2$ 全体が互いに重ならない軌道の全体で埋め尽くされることになる.

**例 12.1** 連立微分方程式

$$f(x, y) = x - x^2 - xy,$$
$$g(x, y) = \frac{1}{2}y - \frac{1}{4}y^2 - \frac{3}{4}xy$$

の平衡点を求めてみよう. 平衡点の方程式は

$$x - x^2 - xy = 0, \qquad \frac{1}{2}y - \frac{1}{4}y^2 - \frac{3}{4}xy = 0$$

であるから,

$$x(1 - x - y) = 0, \qquad y\left(\frac{1}{2} - \frac{1}{4}y - \frac{3}{4}x\right) = 0$$

の解になる. したがって

$$(x, y) = (0, 0), (1, 0), (0, 2), \left(\frac{1}{2}, \frac{1}{2}\right)$$

が平衡点になる.

## 12.3　ばね質点系と非線形ふりこ再考

第 8 章で取り上げたばね質点系

$$mx'' + cx' + kx = 0 \qquad (m > 0, \ k > 0, \ c \geqq 0) \qquad (12.6)$$

において $x_1 = x$, $x_2 = x'$ とおく．解軌道は $x_1$–$x_2$ 平面上の曲線であるが，このような力学の問題では，速度を $v = x'$ として $x$–$v$ 平面を**相平面**とよび，相平面での軌道と見る．

第 11 章で示したように，単独の 2 階線形微分方程式 (12.6) は行列

$$A = \begin{pmatrix} 0 & 1 \\ -\dfrac{k}{m} & -\dfrac{c}{m} \end{pmatrix}$$

によって定義されるベクトル値関数の 1 階線形微分方程式

$$\boldsymbol{x}' = A\boldsymbol{x}$$

と同値であるが，平衡点は，$\det A = k/m \neq 0$ であるから，$A\boldsymbol{x} = \boldsymbol{0}$ より $\boldsymbol{x} = \boldsymbol{0}$, すなわち 1 点 $(x, v) = (0, 0)$ のみである．$A$ の固有値は特性方程式の解と一致する．それを

$$\lambda_1 = \frac{-c + \sqrt{c^2 - 4mk}}{2m}, \quad \lambda_2 = \frac{-c - \sqrt{c^2 - 4mk}}{2m}$$

とする．12.1 節の記号では $D = c^2 - 4mk$, $p = -\dfrac{c}{m}$, $q = \dfrac{k}{m}$ である．

$D > 0$ のとき，$c > 0$ であるから $p < 0$ であり，$q > 0$ であるから，$\boldsymbol{0}$ は安定結節点である．$D = 0$ のとき，$q > 0$, $p < 0$ であるから，この場合も安定結節点である．$D < 0$ のとき，$c > 0$ であれば $p < 0$ であるから $\boldsymbol{0}$ は安定渦心点である．$c = 0$ のとき，$D < 0$, $p = 0$ であるから，解軌道は平衡点 $\boldsymbol{0}$ を中心とする閉軌道である．

運動方程式 (12.6) は自励系であるが，2 階正規型の自励系方程式の一般形は

$$x'' = f(x, x') \qquad (12.7)$$

である．

$$\frac{dx}{dt} = v, \qquad \frac{d^2x}{dt^2} = \frac{dv}{dt} = \frac{dv}{dx}\frac{dx}{dt} = v\frac{dv}{dx}$$

であるから，(12.7) は

$$\frac{dv}{dx} = \frac{f(x,v)}{v}$$

と表される．これは解曲線の傾きは，平衡点でないところでは $x$ 軸上で無限大となり，$x$ 軸と直交することを示している．

### ❖ エネルギーの保存

運動方程式 (12.7) が，摩擦なしのばねのように

$$m\frac{d^2x}{dt^2} = -f(x)$$

と書かれているとする．両辺に $dx/dt$ をかけると左辺は，

$$m\frac{dx}{dt}\frac{d^2x}{dt^2} = \frac{d}{dt}\left\{\frac{1}{2}m\left(\frac{dx}{dt}\right)^2\right\}$$

となるから，その上で $t$ で積分すれば

$$\int \frac{d}{dt}\left\{\frac{1}{2}m\left(\frac{dx}{dt}\right)^2\right\}dt = -\int f(x(t))\frac{dx}{dt}\,dt = -\int f(x)\,dx \qquad (12.8)$$

となる．$f(x)$ の原始関数 $F(x)$ をとれば，

$$\frac{1}{2}m\left(\frac{dx}{dt}\right)^2 + F(x) = E \qquad (12.9)$$

である．$E$ は運動を通じて不変な値である．一方，初期条件 $x(t_0) = x_0$, $x'(t_0) = v_0$ として (12.8) を $t_0$ から $t$ まで積分すれば

$$\frac{1}{2}m\left(\frac{dx}{dt}\right)^2 - \frac{1}{2}mv_0^2 = -\int_{x_0}^{x} f(y)\,dy \qquad (12.10)$$

これは (12.9) において $E = \frac{1}{2}mv_0^2$ としたものである．

任意の点 $x_1$ に対して，

$$\int_{x_1}^{x} f(y)\,dy \qquad\qquad (12.11)$$

を，この運動の位置 $x_1$ に関する**ポテンシャルエネルギー**という．(12.10) における積分を $x_0$ から $x_1$ までと $x_1$ から $x$ までの和に分けると，

$$\frac{1}{2}m\left(\frac{dx}{dt}\right)^2 + \int_{x_1}^{x} f(y)\,dy = \frac{1}{2}mv_0^2 + \int_{x_1}^{x_0} f(y)\,dy$$

が成り立つ．左辺の第 1 項の $\frac{1}{2}mv^2$ は**運動エネルギー**とよばれる．(12.9) は運動エネルギーとポテンシャルエネルギーの和が一定 (それを $E$ とする) であることを示している，このことを**エネルギー保存の法則**という．$E$ は**全エネルギー**とよばれる．

$x = x_1$ に関するポテンシャルエネルギー

$$F(x) = \int_{x_1}^{x} f(y)\,dy$$

が知られていたとする．$F'(x_e) = 0$, $F''(x_e) > 0$ であれば，関数 $F(x)$ は $x = x_e$ で極小値をとり，$F'(x_e) = 0$, $F''(x_e) < 0$ であれば，$x = x_e$ において極大値をとる．$F'(x) = f(x)$ であるから，平衡点の議論と組み合わせれば，$x = x_e$ が安定平衡点であれば，ポテンシャルエネルギー関数が極小値をとり，不安定平衡点であれば極大値をとる．

摩擦なしのばね質点系においては $f(x) = kx$ である．したがってエネルギー保存則は

$$\frac{k}{2}x^2 + \frac{m}{2}v^2 = E \qquad\qquad (12.12)$$

となり，解軌道が相平面における楕円となることがわかる (図 12.1，次ページ)．点 $(x, v)$ は上半平面では $v > 0$ であるから，$x$ は時間 $t$ とともに増加し，下半平面では $x$ は減少する．こうして摩擦がないときは，初期条件 $x(0) = x_0$, $x'(0) = v_0$ が与えられると，$E = kx_0^2/2 + mv_0^2/2$ であるときの楕円 (12.12) 上を時計回りに周期運動をする．このことは 微分方程式の解を求めずにわかることである．

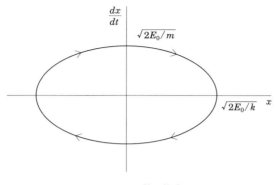

図 **12.1**　楕円軌道

減衰のあるばね質点系においては運動方程式が

$$mx'' = -kx - cx'$$

であるから，両辺に $x'$ をかけて積分すれば

$$\frac{m}{2}v^2 + \frac{k}{2}x^2 = E_0 - c\int_0^t v(s)^2\,ds$$

となる．ここで $E_0 = kx_0^2/2 + mv_0^2/2$ は初期エネルギーである．この式はエネルギー $E(t) = kx^2/2 + mv^2/2$ は一定ではなく，時間と共に減少していくことを示している．相平面上では，エネルギーが保存される場合の楕円を描けば，解曲線は時計回りに進みながら次第に小さいエネルギーの楕円の中に入っていくことがわかる．これは原点が漸近安定であることを示している．

非線形ふりこの方程式は

$$\frac{d^2\theta}{dt^2} = -\frac{g}{T}\sin\theta$$

であった．求積法では解けないが，解は与えられた初期条件に対してただ一つ存在する．その解を定性的に調べよう．そのためにもう少し一般化して，時刻 $t$ に位置 $x = x(t)$ にある質量 $m$ の点に，力 $-f(x)$ が働いていると仮定しよう：

$$m\frac{d^2x}{dt^2} = -f(x). \tag{12.13}$$

もし $f(x_0) = 0$ であれば，定数関数 $x = x_0$ は (12.13) の解である．このような $x_0$ を (12.13) の**平衡点**あるいは**平衡解**という．$f(x)$ を平衡点 $x_0$ のまわりでテイラー展開すれば

$$f(x) = f'(x_0)(x - x_0) + \frac{f''(x_0)}{2!}(x - x_0)^2 + \cdots$$

であるから，

$$m\frac{d^2x}{dt^2} = -f'(x_0)(x - x_0) - \frac{f''(x_0)}{2!}(x - x_0)^2 - \cdots$$

となる．$f'(x_0) \neq 0$ で $x$ が $x_0$ に十分近いとすれば，上の方程式は

$$m\frac{d^2x}{dt^2} = -f'(x_0)(x - x_0)$$

で近似される．$x - x_0 = u$ とおけば

$$m\frac{d^2u}{dt^2} = -f'(x_0)u$$

となる．これは，$f'(x_0) > 0$ であれば単振動で，力は $x_0$ に少しだけ離れた $x$ に対して，平衡点 $x_0$ 方向に働く．したがって，平衡点は安定平衡点である．$f'(x_0) < 0$ のときは $x$ が $x_0$ から少しでも離れれば，力は平衡点 $x_0$ から遠ざける方向に向かう．このときは，平衡点は不安定平衡点となる．$f'(x_0) = 0$ のときはもっと高次の導関数を調べなければ何ともいえない．このようにして平衡点の近くに解が留まるかどうかを調べる方法を**線形化安定性解析**という．

　非線形ふりこ

$$L\frac{d^2\theta}{dt^2} = -g\sin\theta \tag{12.14}$$

では $f(\theta) = g\sin\theta = 0$ となるのは $\theta = n\pi$ ($n$ は整数) である．$f'(2m\pi) = g > 0$，$f'((2m+1)\pi) = -g < 0$ であるから，$\theta_0 = 2m\pi$ は安定平衡点であり，$\theta_0 = (2m+1)\pi$ は不安定平衡点である．

　(12.14) の両辺に $d\theta/dt$ をかけて $\theta = 0$ から $\theta$ まで積分すれば，

$$\frac{L}{2}\left(\frac{d\theta}{dt}\right)^2 = g(\cos\theta - 1) + E$$

である. ポテンシャルエネルギーは自然位置 $\theta = 0$ に関して考えることになり

$$\int_0^\theta g\sin\tau\, d\tau = g(1 - \cos\theta)$$

である. ここで $\theta(t_0) = \theta_0$, $d\theta/dt(t_0) = \Omega_0$ とすれば, 全エネルギーは

$$E = \frac{L}{2}\Omega_0^2 + g(1 - \cos\theta_0)$$

である. 全エネルギー $E$ とポテンシャルエネルギー $g(1 - \cos\theta)$ との差が運動エネルギーである. ポテンシャルエネルギー曲線 $y = g(1 - \cos\theta)$ は $0 \leqq y \leqq 2g$ の範囲にある.

**1°** $E = 0$ のとき.

$\theta_0 = 0, \Omega_0 = 0$ で運動エネルギーも $0$ で相平面では安定平衡点 $(2m\pi, 0)$ である.

**2°** $E < 2g$ のとき.

$\theta$ は $g(1 - \cos\theta) \leqq E$ の範囲で動くので, $|\theta| \leqq \pi$ であれば, $|\theta| \leqq \cos^{-1}(1 - E/g)$ である. 相平面においては, 安定平衡点の周りを周期的に運動する (図 12.2, 次ページ).

**3°** $E = 2g$ のとき.

$\theta < \pi$ で $\theta \to \pi$ とすれば相平面においては, 上側から $d\theta/dt \to 0$ で不安定平衡点 $(0, \pi)$ に近づくが, 解の一意性により, 決してこの点に到達することはない. $\theta > \pi$ となれば, 相平面上では右に移動するから. 平衡点から離れていく. 下半平面において向きが逆で同様のことが起こる. この不安定平衡点は不安定結節点である (図 12.2).

**4°** $E > 2g$ のとき.

ふりこがちょうど 1 回転するより大きいエネルギーが与えられているのでぐるぐる回転し, $\theta$ はすべての値をとる (図 12.2).

紙数の制約のため詳しくは述べられないが, 非線形ふりこで減衰のある場合は解曲線は図のようになる (図 12.3, 次ページ).

204 | 第 12 章 解の挙動

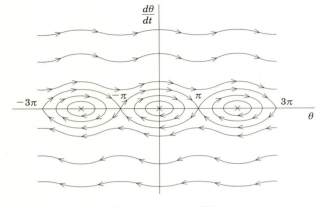

図 **12.2** ふりこの軌跡

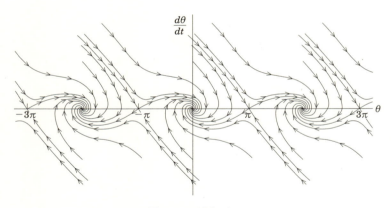

図 **12.3** 減衰ふりこ

## 12.4　ロトカ–ヴォルテラモデル

　前節において力学モデルである $t$ の関数 $x(t)$ についての 2 階の微分方程式に対して，相平面における解の軌道を調べた．2 階の正規形微分方程式において $y(t) = x'(t)$ とおけば方程式は $x, y$ についての連立方程式となる．したがって，$v = y$ であり相平面解析は $(x, y)$ 平面における解 $(x(t), y(t))$ の軌道を調べることである．この意味で大域的な軌道の動きのわかっているもう一つ

の例として，**ロトカ−ヴォルテラ** の微分方程式を取り上げる．

微分方程式

$$\frac{dx}{dt} = \alpha x - \beta xy$$
$$\frac{dy}{dt} = -\gamma y + \delta xy$$

(12.15)

をロトカ−ヴォルテラの方程式という．ここで $\alpha, \beta, \gamma, \delta$ は正の数である．

この微分方程式は次のように解釈することができる．まず，$x$ と $y$ の増加度はそれぞれその量に比例した量が加えられる．ただし，その比例定数は $x$ に対するものが正であるに対して，$y$ に対するものは負になる．これは，基本的には $x$ は増えれば増えるほどさらにいっそう増加する圧力が加わり，$y$ は増加すると逆に減少するための圧力が加わるということである．そして，$x$ は $xy$ に比例して増加度が減少し，$y$ は $xy$ に比例して増加度が増える．これは，$xy$ が増加すると $y$ には増加の圧力が加わり，$x$ には減少の圧力が加わるということを意味している．

$x$ は被食者，$y$ は捕食者と考えるとこの関係を解釈することができる．被食者 $x$ は外敵に食べられる側であるから，外敵である捕食者 $y$ が増えると減少の圧力がかかる．これが $-\beta xy$ が意味することである．一方，捕食者 $y$ は被食者を食べて生きて繁殖するから被食者 $x$ が増えると増加する．これが $+\delta xy$ の作用である．

この方程式は次のようにして解くことができる．まず，$y$ を $x$ の関数と考えて

$$\frac{dy}{dx} = \frac{dy}{dt} \bigg/ \frac{dx}{dt} = \frac{(-\gamma + \delta x)y}{(\alpha - \beta y)x}$$

と計算すれば，これは変数分離形の微分方程式になる．そこで

$$\int \frac{\alpha - \beta y}{y} \, dy = \int \frac{-\gamma + \delta x}{x} \, dx$$

として両辺の積分を計算すると

$$\alpha \log y - \beta y = -\gamma \log x + \delta x + C$$

(12.16)

となる．ここで，$C$ は積分に伴って現れる任意定数である．これを変形して

$$\gamma\left(\frac{\delta}{\gamma}x - \log\frac{\delta}{\gamma}x + 1\right) + \alpha\left(\frac{\beta}{\alpha}y - \log\frac{\beta}{\alpha}y + 1\right) = C'$$

とする．$(0,\infty)$ で定義された関数 $\varphi(u) = u - \log u + 1$ を考えれば $(0,1]$ で狭義の単調減少，$[1,\infty)$ で狭義の単調増加，$u = 1$ において最小値 $0$ をとる．さらに，$u \to +0$，$u \to \infty$ となるとき $\varphi(u) \to \infty$ となる．したがって，$\alpha, \beta, \gamma, \delta$ が正であるから，正の定数 $C' > 0$ に対して

$$\Phi(x,y) = \gamma\left(\frac{\delta}{\gamma}x - \log\frac{\delta}{\gamma}x + 1\right) + \alpha\left(\frac{\beta}{\alpha}y - \log\frac{\beta}{\alpha}y + 1\right) = C'$$

となる $(x,y)$ は第 1 象限の有界領域に含まれる．$(x_0, y_0) = (\gamma/\delta, \alpha/\beta)$ とおけば，任意の $x_1 > 0$ に対して $0 < \Phi(x_1, y_0) < C'$ ならば $\Phi(x_1, y_1) = C'$ となる $y_1$ は $y_0$ より小さいものと大きいものが一つずつある．$\Phi - C'$ に陰関数の定理を使えば，$x_1$ の両側に解曲線が伸びる．$x$ 軸に平行な直線についても同様に考えれば，解曲線は第 1 象限の閉曲線となる．

　与えられた微分方程式 (12.15) から $x > 0, y > 0$ における平衡点は上に出てきた $(x_0, y_0) = (\gamma/\delta, \alpha/\beta)$ であることはすぐにわかる．$x - x_0, y - y_0$ によって書き直せば方程式は

$$\frac{dx}{dt} = -\beta\left(x - x_0 + \frac{\gamma}{\delta}\right)(y - y_0), \qquad \frac{dy}{dt} = \delta(x - x_0)\left(y - y_0 + \frac{\alpha}{\beta}\right)$$

となり，$x - x_0, y - y_0$ が小さいとき線形化したものは

$$\frac{dx}{dt} = -\frac{\beta\gamma}{\delta}(y - y_0), \qquad \frac{dy}{dt} = \frac{\alpha\delta}{\beta}(x - x_0)$$

である．これより

1° $x < x_0 = \dfrac{\gamma}{\delta}$，$y < y_0 = \dfrac{\alpha}{\beta}$ のとき，$x$ は増加，$y$ は減少する．

2° $x > x_0$，$y < y_0$ のとき，$x, y$ ともに増加する．

3° $x > x_0$，$y > y_0$ のとき，$x$ は減少，$y$ は増加する．

4° $x < x_0$，$f > y_0$ のとき，$x, y$ ともに減少する．

したがって，時間の経過と共に解曲線は反時計まわりに閉曲線上をまわる．

$1°$ においては被食者 $x$ は増加，捕食者 $y$ は減少している．しかし，すぐに捕食者 $y$ は被食者 $x$ の増加に伴って増加に転じる．すると，捕食者に食べられて被食者 $x$ の増加にブレーキがかかる．そして被食者 $x$ はついに減少するようになるが，そのときも捕食者 $y$ はしばらく増加しつづける．しかし，被食者 $x$ が減少するなかで捕食者 $y$ は増加しつづけることはできず，ついに被食者 $x$ も捕食者 $y$ も減少する局面に入る．被食者 $x$ も捕食者 $y$ も十分に小さくなると，また被食者 $x$ が増えるようになり，同じサイクルを繰り返すことになる．

以下，いくつかの場合にこれを見てみよう．$\alpha = \beta = \gamma = \delta = 1$ の場合 (図 12.4)，平衡点は $(x,y) = (\gamma/\delta, \alpha/\beta) = (1,1)$ を中心に解がその周りをまわる．そのほかの場合は，それぞれ $\alpha = \beta = 2$, $\gamma = \delta = 1$ の場合 (図 12.5) で平衡点は $(x,y) = (1,1)$, $\alpha = \delta = 2$, $\beta = \gamma = 1$ の場合 (図 12.6, 次ページ) で平衡点は $(x,y) = (1/2, 2)$, $\alpha = \delta = 1$, $\beta = \gamma = 2$ の場合 (図 12.7, 次ページ) で平衡点が $(x,y) = (2, 1/2)$ となっているが，いずれの場合も解は平衡点の周りをまわっている．これがロトカ–ヴォルテラの方程式の解の特徴である．

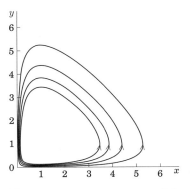

図 **12.4** $\alpha = \beta = \gamma = \delta = 1$ の場合

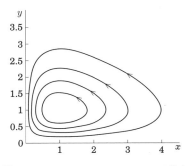

図 **12.5** $\alpha = \beta = 2$, $\gamma = \delta = 1$ の場合

208 | 第 12 章　解の挙動

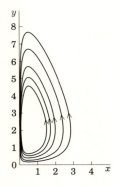

図 **12.6**　$\alpha = \delta = 2$, $\beta = \gamma = 1$ の場合

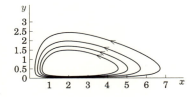

図 **12.7**　$\alpha = \delta = 2$, $\beta = \gamma = 1$ の場合

## 演習問題 12

**1.** 次の自励系方程式の解軌道を調べよ.

(1) $\begin{cases} x' = x - 2y \\ y' = x - y \end{cases}$

(2) $\begin{cases} x' = -x + 2y \\ y' = -x \end{cases}$

(3) $\begin{cases} x' = 2x + y \\ y' = 3x + 4y \end{cases}$

**2.** ふりこ $\theta'' = -\omega_0^2 \sin\theta \ (\omega_0 = \sqrt{g/L})$ において, $\sin\theta$ の 3 次近似 $\theta - \theta^3/3!$ によって置き換えた微分方程式

$$\theta'' = -\omega_0^2\left(\theta - \frac{\theta^3}{6}\right)$$

の平衡点を求め, 安定か不安定か決定せよ.

# 第13章

## 級数による解法

　係数の関数が整級数 (べき級数) で展開できる関数である正規形の線形常微分方程式は整級数展開できる解をもつことがいえる．その性質を利用して，解の整級数展開の係数を決定することによって解を求めることができる．この方法によって重要な特殊関数を求めることにする．これらの特殊関数は方程式のみたす対称性を継承し，応用上も重要な関数である．本書では触れることはできないが，微分方程式の解析関数としての取り扱いは，整級数が自然に複素関数として拡張されることから，複素領域における微分方程式へと導く．

### 13.1 級数解

　変数 $x$ に関する整級数 (べき級数ともいう)

$$\sum_{n=0}^{\infty} c_n x^n \tag{13.1}$$

が $|x| = r \, (> 0)$ となる $x$ で収束すれば，$|x| < r$ となる $x$ でも収束する．したがって，次の場合が起こりうる：

$1°$　$x \neq 0$ となるすべての $x$ で収束しない，

$2°$　$|x| < r$ ならば収束し，$|x| > r$ であれば発散する，

$3°$　すべての $x$ で収束する．

**2°** の $r$ があれば，それは級数 (13.1) の**収束半径**といわれる．それに加え，**1°** の場合は収束半径が 0, **3°** の場合は収束半径が無限大であるという．収束半径の求め方として，

$$\lim_{n \to \infty} \left| \frac{c_n}{c_{n+1}} \right| = r$$

が $r = \infty$ のときも含めて存在すれば，$r$ が (13.1) の収束半径である．また収束半径は $r = \infty$ のときも込めて

$$r = \overline{\lim_{n \to \infty}} \frac{1}{\sqrt[n]{|a_n|}}$$

によって求めることもできる (**コーシー–アダマールの公式**)．関数 $f(x)$ がある $x_0$ において，0 ではない収束半径 $r$ の $x - x_0$ に関する整級数として

$$f(x) = \sum_{n=0}^{\infty} c_n (x - x_0)^n, \qquad |x - x_0| < r \tag{13.2}$$

と表されるとき，$f(x)$ は $x = x_0$ において**解析的**であるという．$f(x)$ が $x = x_0$ において解析的であれば，(13.2) の収束半径を $r$ とすれば，$|x - x_0| < r$ となる $x$ で解析的となる．$f(x)$ が $x = x_0$ で解析的であれば，級数 $\sum_{n=1}^{\infty} n c_n (x - x_0)^{n-1}$ も $f(x)$ の収束半径と同じ収束半径をもち，これが $f'(x)$ の整級数展開になっている：

$$f'(x) = \sum_{n=1}^{\infty} n c_n (x - x_0)^{n-1}, \qquad |x - x_0| < r.$$

したがって，$f(x)$ は何回でも微分可能であり，(13.2) の $c_n$ は

$$c_n = \frac{f^{(n)}(x_0)}{n!}$$

によって求められる．

2 変数関数 $f(x, y)$ が $x = x_0$, $y = y_0$ の近傍で収束する整級数として

$$f(x, y) = \sum_{m,n=0}^{\infty} c_{m,n} (x - x_0)^m (y - y_0)^n$$

212 | 第 13 章 級数による解法

として表されるとき，$(x_0, y_0)$ で**解析的**であるという．3 以上の変数の関数でも同じである．

微分方程式

$$y' = f(x, y)$$

について，$f(x, y)$ が解析的であれば解析的な解をもつ．すなわち次の定理が成り立つことが知られている．

---

**定理 13.1** $(x_0, y_0)$ の近傍で解析的な関数 $f(x, y)$ によって与えられる初期条件のついた正規形 1 階微分方程式
$$y' = f(x, y), \qquad y(x_0) = y_0$$
は $x_0$ における解析関数の解 $y = y(x)$ をただ一つもつ．

---

この定理は $n$ 階の方程式に対しても成り立つ．$n$ 階の微分方程式

$$y^{(n)} = f(x, y, y', \cdots, y^{(n-1)}) \tag{13.3}$$

は，右辺の関数 $f(x, y_1, y_2, \cdots, y_n)$ が $(a, b_0, b_1, \cdots, b_{n-1})$ において解析的であれば，初期条件 $y(a) = b_0$，$y'(a) = b_1$，$\cdots$，$y^{(n-1)}(a) = b_{n-1}$ をみたす $x = a$ において解析的な解

$$y(x) = \sum_{m=0}^{\infty} a_n (x - a)^m \tag{13.4}$$

をただ一つもつ．解 (13.4) を (13.3) の $x = a$ のまわりの**整級数解**という．

**例 13.1** 次の微分方程式の，$x = 0$ のまわりの整級数解を求めよ．

(1) $y' = ay$，$\quad y(0) = 1$

(2) $y'' = -\omega^2 y$，$\quad y(0) = c_0,\ y'(0) = c_1$

**解**．(1) 解を $y = \sum_{n=0}^{\infty} c_n x^n$ とする．$y(0) = c_0 = 1$ であり，

$$c_1 + 2c_2 x + 3c_3 x^2 + \cdots = a(c_0 + c_1 x + c_2 x^2 + \cdots)$$

より

$$c_1 = ac_0 = a, \quad c_2 = \frac{ac_1}{2} = \frac{a^2}{2!}, \quad c_3 = \frac{ac_2}{3} = \frac{a^3}{3!}, \cdots.$$

ゆえに

$$c_n = \frac{a^n}{n!}$$

となり,

$$y = \sum_{n=0}^{\infty} \frac{(ax)^n}{n!} = e^{ax}$$

が得られる.

(2) 解

$$y = \sum_{n=0}^{\infty} c_n x^n$$

を代入すれば

$$2c_2 + 3 \cdot 2c_3 x + 4 \cdot 3c_4 x^2 + \cdots = -\omega^2(c_0 + c_1 x + c_2 x^2 + \cdots)$$

であるから,係数 $\{c_n\}$ のみたす漸化式は

$$c_n = -\frac{\omega^2}{n(n-1)} c_{n-2} \qquad (n = 2, 3, \cdots)$$

である.したがって,

$$c_{2m} = (-1)^m \frac{\omega^{2m}}{(2m)!} c_0, \quad c_{2m+1} = (-1)^m \frac{\omega^{2m}}{(2m+1)!} c_1.$$

ゆえに,

$$x = c_0 \sum_{m=0}^{\infty} (-1)^m \frac{(\omega x)^{2m}}{(2m)!} + \frac{c_1}{\omega} \sum_{m=0}^{\infty} (-1)^m \frac{(\omega x)^{2m+1}}{(2m+1)!}$$
$$= c_0 \cos \omega x + \frac{c_1}{\omega} \sin \omega x$$

214 第 13 章　級数による解法

となる. ◇

　例題 13.1 の方程式は線形であるが，非線形方程式でも解が求められること
がある.

**例 13.2**　次の微分方程式の 0 のまわりの整級数解を $x^4$ の項まで求めよ.

(1) $y' = y + xy^2$,　$y(0) = 1$

(2) $y'' = -\sin y$,　$y(0) = \dfrac{\pi}{2}$, $y'(0) = 0$

**解.** (1) $y' = y + xy^2$ の両辺を $x$ で微分すると

$$y'' = y' + y^2 + 2xyy'$$

である. さらに微分して $y^{(4)}$ まで求めると.

$$y''' = y'' + 4yy' + 2x(y')^2 + 2xyy''$$
$$y^{(4)} = y''' + 6(y')^2 + 6yy'' + 6xy'y'' + 2xyy'''$$

が得られる. $x = 0$ とおけば，順に

$$y(0) = 1,\quad y'(0) = 1,\quad y''(0) = 2,\quad y'''(0) = 6,\quad y^{(4)}(0) = 24$$

となるから

$$y = 1 + x + x^2 + x^3 + x^4 + \cdots \tag{13.5}$$

となる. (13.5) は $\dfrac{1}{1-x}$ の整級数展開と $x^4$ の項まで一致している. 実際に
$y = \dfrac{1}{1-x}$ を与えられた方程式に代入すれば解であることがわかる.

(2)

$$y''' = -y' \cos y,$$
$$y^{(4)} = -y'' \cos y + (y')^2 \sin y$$

であるから

$$y(0) = \frac{\pi}{2}, \quad y'(0) = 0, \quad y''(0) = -1, \quad y'''(0) = 0, \quad y^{(4)}(0) = 0$$

となる．したがって

$$y = \frac{\pi}{2} + 0x - \frac{x^2}{2} + 0x^3 + 0x^4 + \cdots$$

が求める解である．この級数は $\frac{\pi}{2} - \frac{x^2}{2}$ ではない．実際，$y^{(6)}(0) = 3$ である．

## 13.2　2階の線形常微分方程式

$x = 0$ のまわりで解析的な係数をもつ 2 階の線形常微分方程式

$$y'' + P(x)y' + Q(x)y = R(x) \tag{13.6}$$

があるとき，$P, Q, R$ が整級数展開できると仮定して，解 $y$ を求めることを考える．一般には展開の中心は $x_0$ とするが，簡単なように $x_0 = 0$ で考える．いま，

$$P(x) = \sum_{n=0}^{\infty} p_n x^n, \quad Q(x) = \sum_{n=0}^{\infty} q_n x^n, \quad R(x) = \sum_{n=0}^{\infty} r_n x^n$$

の収束半径の最小値が正の数 $\rho$ であると仮定すれば，

$$y = \sum_{n=0}^{\infty} c_n x^n, \quad |x| < \rho \tag{13.7}$$

が (13.6) の解であるとすると，収束する区間 $|x| < \rho$ 内において

$$y' = \sum_{n=1}^{\infty} n c_n x^{n-1}, \quad y'' = \sum_{n=2}^{\infty} n(n-1) c_n x^{n-2}.$$

すると，$y(0) = c_0, \ y'(0) = c_1$ である．

(13.7) を (13.6) に代入して，

$$\sum_{n=0}^{\infty} (n+2)(n+1) c_{n+2} x^n + \left( \sum_{n=0}^{\infty} p_n x^n \right) \left( \sum_{n=0}^{\infty} (n+1) c_{n+1} x^n \right)$$

$$+ \left( \sum_{n=0}^{\infty} q_n x^n \right) \left( \sum_{n=0}^{\infty} c_n x^n \right) = \sum_{n=0}^{\infty} r_n x^n$$

を形式的に展開して整理し，$x^n$ の係数を比較する．

$$(n+2)(n+1)c_{n+2} + \sum_{k=0}^{n} p_k(n+1-k)c_{n+1-k} + \sum_{k=0}^{n} q_k c_{n-k} = r_n. \quad (13.8)$$

$n = 0$ のとき

$$2c_2 + p_0 c_1 + q_0 c_0 = r_0.$$

したがって，$c_0 = y(0), \quad c_1 = y'(0)$ が与えられれば

$$c_2 = -\frac{1}{2}(p_0 c_1 + q_0 c_0 - r_0)$$

が定まり，一般の $c_n$ は漸化式 (13.8) によって順次与えられる．すなわち，

$$c_{n+2} = -\frac{1}{(n+2)(n+1)} \left( \sum_{k=0}^{n} p_k(n+1-k)c_{n+1-k} + \sum_{k=0}^{n} q_k c_{n-k} - r_n \right)$$
$$(13.9)$$

である．証明は省略するが，こうして求めた $c_n$ から作られた整級数 (13.7) が正の収束半径 $\rho_1$ をもつことが示され，次の定理が得られる (課外授業 13.1 を参照).

---

**定理 13.2**　関数 $P(x), Q(x), R(x)$ が $|x| < \rho$ で整級数展開されるとする．すると微分方程式

$$y'' + P(x)y' + Q(x)y = R(x), \quad y(0) = c_0, \ y'(0) = c_1$$

は適当な $\rho_1 \, (0 < \rho_1 \leqq \rho)$ に対して $|x| < \rho_1$ で，$c_0, c_1$ を含む整級数展開される解

$$y = \sum_{n=0}^{\infty} c_n x^n$$

をもつ．

**例 13.3** (ルジャンドルの微分方程式)

$$(1 - x^2)y'' - 2xy' + \nu(\nu + 1)y = 0. \tag{13.10}$$

$x = 0$ の近くでは $1 - x^2 \neq 0$ であるから，解析関数で表される正規形になるから定理 13.2 により整級数解

$$y = \sum_{m=0}^{\infty} c_m x^m \tag{13.11}$$

をもつ．これを (13.10) の左辺に代入して $x$ の各べきの係数を 0 とおけば，

$$c_m = -\frac{(\nu - m + 2)(\nu + m - 1)}{m(m-1)} c_{m-2} \qquad (m \geqq 2) \tag{13.12}$$

となる．したがって $m$ が偶数のときと奇数のときに分けて書けば，$k \geqq 1$ として

$$c_{2k} = (-1)^k \frac{\nu(\nu - 2) \cdots (\nu - 2k + 2)(\nu + 1)(\nu + 3) \cdots (\nu + 2k - 1)}{(2k)!} c_0$$

$$c_{2k+1}$$
$$= (-1)^k \frac{(\nu - 1)(\nu - 3) \cdots (\nu - 2k + 1)(\nu + 2)(\nu + 4) \cdots (\nu + 2k)}{(2k + 1)!} c_1$$

が得られる．

いま $c_0 = c_1 = 1$ として

$$\varphi_\nu(x) = \sum_{k=0}^{\infty} c_{2k} x^{2k} \tag{13.13}$$

$$\psi_\nu(x) = \sum_{k=0}^{\infty} c_{2k+1} x^{2k+1} \tag{13.14}$$

とおく．$\nu$ が負でない整数 $n$ のときは，(13.12) より $c_{n+2} = c_{n+4} = \cdots$ はすべて 0 である．$n$ が偶数ならば $\varphi_n(x)$ が，奇数ならば $\psi_n(x)$ が $n$ 次多項式である．多項式でないときは (13.12) より

$$\lim_{m \to \infty} \frac{c_{m-2}}{c_m} = 1$$

218 第 13 章 級数による解法

であるから (13.13), (13.14) の右辺の級数はいずれも収束半径が 1 である. $y = \varphi_\nu(x)$ は初期条件

$$y(0) = 1, \qquad y'(0) = 0$$

をみたし, $y = \psi_\nu(x)$ は初期条件

$$y(0) = 0, \qquad y'(0) = 1$$

をみたす (13.10) の解であり, 基本解である.

$\nu = n$ が非負整数であるとき多項式 $P_n(x)$ を $n$ が偶数のときは $\varphi_n(x)$, $n$ が奇数のときは $\psi_n(x)$ に適当な定数を掛けて最高次 $(x^n)$ の係数が

$$\frac{(2n)!}{2^n (n!)^2}$$

となるようにしたものとする. $P_n(x)$ を**ルジャンドルの多項式**という. ルジャンドルの多項式の簡潔な表示式がある. 次の**ロドリーグの公式**である:

$$P_n(x) = \frac{1}{2^n n!} \frac{d^n}{dx^n} (x^2 - 1)^n. \tag{13.15}$$

これを示すため $u = (x^2 - 1)^n$ とおく. $u' = 2nx(x^2 - 1)^{n-1}$ だから, $(x^2 - 1)u' = 2nxu$ となる. この両辺を $x$ について $n + 1$ 回微分すれば, 積の高階導関数に関するライプニッツの公式によって

$$(x^2 - 1)u^{(n+2)} + 2(n+1)xu^{(n+1)} + n(n+1)u^{(n)}$$
$$= 2nxu^{(n+1)} + 2n(n+1)u^{(n)}.$$

である. ここで $y = u^{(n)}$ とおけば

$$(x^2 - 1)y'' + 2xy' - n(n+1)y = 0$$

となり, ルジャンドルの方程式をみたすことがわかる. 右辺の $x^n$ の係数も $P_n(x)$ のそれと一致することは容易に導かれる. こうして (13.15) が示された. 5 次以下の $P_n(x)$ は次のようになる.

$$P_0(x) = 1,$$

$$P_1(x) = x,$$
$$P_2(x) = \frac{1}{2}(3x^2 - 1),$$
$$P_3(x) = \frac{1}{2}(5x^3 - 3x),$$
$$P_4(x) = \frac{1}{8}(35x^4 - 30x^2 + 3),$$
$$P_5(x) = \frac{1}{8}(63x^5 - 70x^3 + 15x).$$

$P_n$ はルジャンドルの方程式の基本解である $\varphi_n$ と $\psi_n$ の多項式になるものの定数倍である. 多項式でない方の $\varphi_n$, $\psi_n$ から次のように定義した $P_n(x)$ との対でルジャンドルの微分方程式の基本解となる関数 $Q_n(x)$ を**第 2 種ルジャンドル関数**という. 次式において, 正整数 $n$ に対して (1 または 2 から)$n$ まで一つおきに順にかけた数を $n!!$ で表す. 例えば, $5!! = 5 \cdot 3 \cdot 1$, $6!! = 6 \cdot 4 \cdot 2$ である.

$$Q_n(x) = \begin{cases} (-1)^{n/2}\dfrac{n!!}{(n-1)!!}\psi(x) & (n \text{ が偶数のとき}) \\ (-1)^{(n+1)/2}\dfrac{(n-1)!!}{n!!}\varphi(x) & (n \text{ が奇数のとき}). \end{cases} \qquad \diamondsuit$$

**例 13.4** (エルミートの微分方程式)

$$y'' - 2xy' + 2ny = 0 \tag{13.16}$$

$x = 0$ のまわりの級数解を

$$y = \sum_{m=0}^{\infty} c_m x^m$$

とする. 係数を比較すれば

$$c_{m+2} = -2\frac{n-m}{(m+2)(m+1)}c_m$$

となる. $c_0 \neq 0, c_1 = 0$ とすれば $y$ は偶数べきの項のみからなり, $m > n$ となる偶数 $m$ について $c_m = 0$ となるので, $y$ は $n$ 次多項式である. 次に $c_0 = 0, c_1 \neq 0$ とすれば $y$ は奇数べきの項のみからなり, $m > n$ となる奇数 $m$ に

ついて $c_m = 0$ となり，$y$ は $n$ 次多項式である．

　エルミートの微分方程式 (13.16) の $n$ 次多項式解で，$x^n$ の係数が $2^n$ となる
ものを**エルミートの多項式**といって $H_n(x)$ と表す．$H_n(x)$ は次の表示をもつ．

$$H_n(x) = (-1)^n e^{x^2} \frac{d^n}{dx^n} e^{-x^2}.$$

実際，$n = 0$ のとき $H_0(x) = 1$ でこれは (13.16) の $n = 0$ のときの解である．
$n \geqq 1$ のとき，$y = H_n(x)$ とおけば

$$
\begin{aligned}
(-1)^n y &= e^{x^2} (e^{-x^2})^{(n)}, \\
(-1)^n y' &= 2x e^{x^2} (e^{-x^2})^{(n)} + e^{x^2} (e^{-x^2})^{(n+1)} \\
&= 2x e^{x^2} (e^{-x^2})^{(n)} + e^{x^2} (-2x e^{-x^2})^{(n)} \\
&= 2x e^{x^2} (e^{-x^2})^{(n)} + e^{x^2} \{ -2x (e^{-x^2})^{(n)} - 2n (e^{-x^2})^{(n-1)} \} \\
&= -2n e^{x^2} (e^{-x^2})^{(n-1)}, \\
(-1)^n y'' &= -4xn e^{x^2} (e^{-x^2})^{(n-1)} - 2n e^{x^2} (e^{-x^2})^{(n)}.
\end{aligned}
$$

これより容易に導かれる．

　5 次以下のエルミートの多項式は次のようになる．

$$
\begin{aligned}
H_0(x) &= 1, \\
H_1(x) &= 2x, \\
H_2(x) &= 4x^2 - 2, \\
H_3(x) &= 8x^3 - 12x, \\
H_4(x) &= 16x^4 - 48x^2 + 12, \\
H_5(x) &= 32x^5 - 160x^3 + 120x.
\end{aligned}
$$

エルミート多項式に対しても対としてエルミートの微分方程式の基本解となる
**第 2 種エルミート関数**があるが，ここでは省略する．　　　　　　　　◇

**例 13.5** (チェビシェフの微分方程式)

$$(1 - x^2)y'' - xy' + n^2 y = 0$$

$x = 0$ のまわりの級数解を

$$y = \sum_{m=0}^{\infty} c_m x^m$$

とする. 微分方程式に代入して係数を比較すれば

$$c_{m+2} = \frac{(m+n)(m-n)}{(m+2)(m+1)} c_m$$

となる. したがってエルミート多項式のときと同様に $n$ が偶数のとき $c_0 \neq 0, c_1 = 0$ とし, $n$ が奇数のとき $c_0 = 0, c_1 \neq 0$ とすれば $n$ 次多項式解が得られる.

多項式解 $T_n(x)$ で $T_n(1) = 1$ となるように正規化したものを**チェビシェフの多項式**という. 実はチェビシェフの多項式は余弦関数と

$$T_n(\cos \theta) = \cos n\theta$$

という関係がある.

5 次以下のチェビシェフ多項式は次のようになる.

$$T_0(x) = 1,$$
$$T_1(x) = x,$$
$$T_2(x) = 2x^2 - 1,$$
$$T_3(x) = 4x^3 - 3x,$$
$$T_4(x) = 8x^4 - 8x^2 + 1,$$
$$T_5(x) = 16x^5 - 20x^3 + 5x.$$

◇

## 13.3 ベッセルの微分方程式

斉次線形微分方程式

$$x^2 y'' + xy' + (x^2 - \nu^2)y = 0 \tag{13.17}$$

は $\nu$ 次のベッセルの**微分方程式**とよばれる．これは

$$y'' + \frac{1}{x}y' + \frac{x^2 - \nu^2}{x^2}y = 0 \tag{13.18}$$

としてみれば，$y'$ および $y$ の係数は $x = 0$ において分母が $0$ となる．これは極とよばれる特異点である．一般に，微分方程式

$$p_0(x)y'' + p_1(x)y' + p_2(x)y = 0 \tag{13.19}$$

は，$p_0(x), p_1(x), p_2(x)$ は $x = x_0$ で解析的 (すなわち整級数展開可能) で，すべての解 $y$ が，適当な整数 $m$ をとれば

$$\lim_{x \to x_0} (x - x_0)^m y = 0$$

が成り立つとき，$x = x_0$ を (13.19) の**確定特異点**，または，**正則特異点**という．確定特異点の判定に次の**フックスの定理**がある．

---

**定理 13.3** 微分方程式
$$L[y] = y'' + P(x)y' + Q(x)y = 0 \tag{13.20}$$
に対して，$x_0$ が $P(x)$ あるいは $Q(x)$ の特異点であっても，$(x - x_0)P(x)$，$(x - x_0)^2 Q(x)$ が $x = x_0$ の近傍において解析的ならば，$x = x_0$ はこの方程式の確定特異点である．

---

**証明** $x_0 = 0$ と仮定してもよい．$xP(x), x^2Q(x)$ を $x = 0$ で整級数展開して

$$xP(x) = p(x) = \sum_{n=0}^{\infty} p_n x^n, \qquad x^2 Q(x) = q(x) = \sum_{n=0}^{\infty} q_n x^n$$

となるとする．方程式は

$$L[y] = x^2 y'' + xp(x)y' + q(x)y = 0$$

で，これが解

$$y = x^\rho \sum_{n=0}^{\infty} c_n x^n$$

をもつとする.

$$L[y] = L\left[\sum_{n=0}^{\infty} c_n x^{n+\rho}\right] = \sum_{n=0}^{\infty} c_n L[x^{n+\rho}]$$

であるが,

$$L[x^{n+\rho}] = \left\{(\rho+n)(\rho+n-1) + (\rho+n)\sum_{k=0}^{\infty} p_k x^k + \sum_{k=0}^{\infty} q_k x^k\right\} x^{\rho+n}$$

となる.

$$f_0(r) = r(r-1) + p_0 r + q_0,$$

$$f_k(r) = p_k r + q_k \qquad (k > 0)$$

とおけば,

$$L[y] = \sum_{n=0}^{\infty} c_n \sum_{k=0}^{\infty} f_k(\rho+n) x^{\rho+k+n}$$

$$= \sum_{m=0}^{\infty} \left\{\sum_{n=0}^{m} c_{m-n} f_n(\rho+m-n)\right\} x^{\rho+m}.$$

$x^{\rho+m}$ の係数は 0 でなければならないから,

$$\begin{cases} c_0 f_0(\rho) = 0 \\ c_m f_0(\rho+m) + c_{m-1} f_1(\rho+m-1) \\ \qquad + \cdots + c_1 f_{m-1}(\rho+1) + c_0 f_m(\rho) = 0 \qquad (m = 1, 2, \cdots) \end{cases}$$

$$(13.21)$$

$c_0 \neq 0$ より

$$f_0(\rho) = \rho(\rho-1) + p_0 \rho + q_0 = 0 \tag{13.22}$$

でなければならない. (13.22) を**決定方程式**という. 決定方程式の 2 根を $\rho_1, \rho_2$ として, $\rho_1$ に対して $f_0(\rho+m) \neq 0$ ならば, (13.21) より順次 $c_0, c_1$ から

$c_2, c_3, \cdots$ が定まる.

したがって,$\rho_1 - \rho_2$ が整数でなければ,すべての整数 $m$ に対して $f_0(\rho_2 + m) \neq 0$ である.このとき,$\rho_1$ に対応する $c_n$ を $c_n^{(1)}$,$\rho_2$ に対応するものを $c_n^{(2)}$ とすると,

$$y_1 = x^{\rho_1} \sum_{n=0}^{\infty} c_n^{(1)} x^n, \qquad y_2 = x^{\rho_2} \sum_{n=0}^{\infty} c_n^{(2)} x^n$$

は正の収束半径をもつことが証明される.そして $y_1, y_2$ が一組の基本解を与える.

$\rho_1 - \rho_2$ が整数のときの証明は省略するが,(13.20) をみたす基本解を作ることができる.例えば [10] を参照されたい. $\square$

ベッセルの微分方程式 (13.17) に帰ろう.決定方程式は

$$\rho(\rho - 1) + \rho - \nu^2 = \rho^2 - \nu^2$$

であるから,$\rho = \pm\nu$ である.

$2\nu$ が整数でなければ,定理 13.3 の方法で基本解を得ることができる.

$$c_1((\rho + 1)^2 - \nu^2) = 0,$$
$$c_m((\rho + m)^2 - \nu^2) + c_{m-2} = 0 \qquad (m = 2, 3, \cdots)$$

において,$c_1 = 0$ とおけば,すべての奇数 $m$ は $0$ となる.$m$ が偶数のときは

$$c_{2k} = (-1)^k \frac{c_0}{2k(2k-2)\cdots 2(2\nu + 2k)(2\nu + 2k - 2)\cdots(2\nu + 2)}$$
$$= (-1)^k \frac{1}{2^{2k}} \frac{1}{k!} \frac{\Gamma(\nu)}{\Gamma(\nu + k + 1)} c_0$$

となる.

$$c_0 = \frac{1}{2^\nu \Gamma(\nu)}$$

とおいて

$$J_\nu(x) = \left(\frac{x}{2}\right)^\nu \sum_{k=0}^{\infty} \frac{(-1)^k}{k! \Gamma(\nu + k + 1)} \left(\frac{x}{2}\right)^{2k}$$

が解である．これを $\nu$ 次のベッセル関数という．そして $J_\nu(x)$ と $J_{-\nu}(x)$ が基本解を与える．

$\nu = $ 整数 $+\dfrac{1}{2}$ のときは，$J_\nu(x)$ と $J_{-\nu}(x)$ は 1 次独立で，基本解を与える．

$\nu = n = $ 整数のときは，$J_{-n}(x) = (-1)^n J_n(x)$ という関係があって，1 次従属になる．そのときは

$$Y_n(x) = \frac{1}{\pi}\left[\frac{\partial J_\nu}{\partial \nu} - (-1)^n \frac{\partial J_{-\nu}}{\partial \nu}\right]_{\nu=n}$$

とおけば $J_n(x)$ と $Y_n(x)$ が 1 次独立になることが知られている．この $Y_n(x)$ を $n$ 次のノイマン関数 (または第 2 種ベッセル関数) という．

## 13.4 ガウスの超幾何微分方程式

$\alpha, \beta, \gamma$ を定数として，微分方程式

$$x(1-x)y'' + \{\gamma - (\alpha + \beta + 1)x\}y' - \alpha\beta y = 0 \qquad (13.23)$$

をガウスの超幾何微分方程式という．$x = 0$ は確定特異点である．

$$y = \sum_{n=0}^{\infty} c_n x^{n+\rho}$$

の形の解を考える．これを (13.23) に代入すると

$$\rho(\rho + \gamma - 1)c_0 x^{\rho-1}$$
$$+ \sum_{n=1}^{\infty}\{(\rho + n)(\rho + n + \gamma - 1)c_n$$
$$- (\rho + n + \alpha - 1)(\rho + n + \beta - 1)c_{n-1}\}x^{n+\rho-1} = 0$$

となる．ゆえに，決定方程式は

$$\rho(\rho + \gamma - 1) = 0$$

であり，

$$(\rho+n)(\rho+n+\gamma-1)c_n = (\rho+k+\alpha-1)(\rho+n+\beta-1)c_{n-1}$$

$$(n = 1, 2, \cdots)$$

これより

$$c_n = \frac{(\rho+\alpha)_n(\rho+\beta)_n}{(\rho+1)_n(\rho+\gamma)_n}c_0$$

が得られる．ここで $(x)_n = x(x+1)(x+2)\cdots(x+n-1)$, $(x)_0 = 1$ である．
$\rho = 0$, $\rho = 1-\gamma$ であるが，$\rho = 0$ とすれば，$\gamma$ が負の整数ではないとき，

$$y = F(\alpha, \beta, \gamma; x) = \sum_{n=0}^{\infty} \frac{(\alpha)_n(\beta)_n}{(\gamma)_n}\frac{x^n}{n!}$$

が一つの解である．すなわちガウスの超幾何級数である．$\alpha$ または $\beta$ が負の
整数ならば，これは多項式になる．超幾何級数の収束半径は，多項式ではない
ときは 1 である．この級数で表される関数を**ガウスの超幾何関数**という．

演習問題 13 | 227

## 演習問題 13

**1.** 微分方程式

$$y' = 1 + x + y$$

の解を $x$ の整級数展開して求めよ.

**2.** 次の微分方程式の $x = 0$ のまわりにおける解を求めよ.

   (1)   $y'' + xy' = 0$

   (2)   $y'' + xy = 0$

**3.** 次の微分方程式の確定特異点 $x = 0$ のまわりのおける解を求めよ.

   (1)   $4xy'' + 2y' + y = 0$

   (2)   $x^2 y'' - 2xy' + (x^2 + 2)y = 0$

**4.** ガウスの超幾何関数について次の等式を証明せよ.

   (1)   $F(-n, 1, 1; x) = (1 - x)^n$

   (2)   $xF(1, 1, 2; x) = -\log(1 - x)$

   (3)   $\displaystyle \lim_{\beta \to +\infty} F\left(1, \beta, 1; \frac{x}{\beta}\right) = e^x \qquad (|x| < 1)$

**5.** ルジャンドルの微分方程式

$$(1 - x^2)y'' - 2xy' + \nu(\nu + 1)y = 0$$

において, $t = (1 - x)/2$ と変数変換すればガウスの微分方程式になることを示せ. これによってルジャンドルの多項式を超幾何関数で表せ.

# 第14章

## 偏微分方程式へ
### (1)

　最後の 2 章で偏微分方程式について説明する．まず簡単な偏微分方程式とその解を考えて，実例の計算によって偏微分方程式とは何か，どのようなとき偏微分方程式が現れるか，その解とは何か，どんな手法が使われるかを簡単に紹介する．そしてその方程式の実例を与えて解を求める．重要な 2 階の偏微分方程式の実例として弦の振動や熱の伝導を表す方程式を与える．これらは双曲型と放物型の偏微分方程式の典型例となっているが，その型によって解の性質がいちじるしく異なる．

### 14.1　簡単な偏微分方程式

　偏微分方程式は多変数の関数 $f(x, y)$ の各変数に関する偏導関数の間にある関係式のことである．たとえば，$f(x, y)$ に関する 2 階以下の偏導関数は 0 階，1 階，2 階の

$$f, \quad f_x, \quad f_y, \quad f_{xx}, \quad f_{xy}, \quad f_{yy}$$

であるが，例えばそれらの間の関係式

$$f + f_x + f_y + f_{xx} + f_{xy} + f_{yy} = 0$$

や

$$2f_{xx} - 5fxy + 3f_{yy} = 0$$

は偏微分方程式の例になる.

　偏微分方程式は数理物理学に由来をもつものが多いが,その研究は数学の多くの分野と関係して発展し,また,発展の過程で数学研究の推進役となり,多くの数学分野を生んできた.関連した話題は多岐にわたり内容も高度になる.本書で取り上げ紹介するのは 2 階線形偏微分方程式の古典的な例である.

## 14.2　線形偏微分作用素

　関数に関数を対応させる写像あるいはその記号を**作用素**という.**演算子**ということもある.第 7 章で説明した (常) 微分作用素と同様に,偏微分作用素が定義される.$\dfrac{\partial f}{\partial x}(x,y),\ \dfrac{\partial f}{\partial y}(x,y)$ はそれぞれ関数 $f$ を $x$ および $y$ に関して偏微分して得られる関数であるが,偏微分を関数 $f$ に関数 $\dfrac{\partial f}{\partial x}$ を対応させる作用素 (オペレータ)

$$\frac{\partial}{\partial x} : f \mapsto \frac{\partial f}{\partial x}$$

および関数 $\dfrac{\partial f}{\partial y}$ を対応させる作用素

$$\frac{\partial}{\partial y} : f \mapsto \frac{\partial f}{\partial y}$$

として理解しよう.これらの作用素は微分作用素で**偏微分作用素**とよばれる.偏微分作用素のなかで特に重要なのは**線形偏微分作用素**である.2 変数の関数 $f(x,y)$ に作用する 1 階の偏微分作用素は $\dfrac{\partial}{\partial x}, \dfrac{\partial}{\partial y}$ であり,高階の偏微分作用素はこれらを何回か関数に作用させるものである.前章までと同じく特に断らない限り関数は必要なだけ偏微分可能とする.すると $f(x,y)$ を $x$ で $\alpha$ 回,$y$ で $\beta$ 回偏微分したものはすべて

$$\left(\frac{\partial}{\partial x}\right)^{\alpha}\left(\frac{\partial}{\partial y}\right)^{\beta} f = \frac{\partial^{\alpha}}{\partial x^{\alpha}}\left(\frac{\partial^{\beta} f}{\partial y^{\beta}}\right) = \frac{\partial^{\alpha+\beta} f}{\partial x^{\alpha}\partial y^{\beta}}$$

に等しくなる.これより,1 階の偏微分作用素の多項式関数

$$P\left(\frac{\partial}{\partial x}, \frac{\partial}{\partial y}\right)$$

が定義され，偏微分作用素となる．これを線形偏微分作用素という．ここで

$$P(\xi, \eta) = \sum_{(\alpha,\beta)\in\mathbb{Z}_{\geq 0}^2} a_{\alpha,\beta}\xi^\alpha\eta^\beta$$

は $\xi, \eta$ の実数 (あるいは実数値の関数) 係数の多項式であり，$(\alpha, \beta)$ は負でない 2 個の整数の組で，係数の $a_{\alpha,\beta}$ は有限個だけが 0 でないとする．このとき

$$P\left(\frac{\partial}{\partial x}, \frac{\partial}{\partial y}\right)f(x,y) = \sum_{(\alpha,\beta)\in\mathbb{Z}_{\geq 0}^2} a_{\alpha,\beta}\left(\frac{\partial}{\partial x}\right)^\alpha\left(\frac{\partial}{\partial y}\right)^\beta f(x,y)$$

によって作用する偏微分作用素 $P\left(\dfrac{\partial}{\partial x}, \dfrac{\partial}{\partial y}\right)$ は関数 $f(x,y)$ に作用する．係数 $a_{\alpha,\beta}$ がすべて定数のとき，この微分作用素は**定数係数線形偏微分作用素**とよばれる．

$$P\left(\frac{\partial}{\partial x}, \frac{\partial}{\partial y}\right)(c_1 u_1(x,y) + c_2 u_2(x,y))$$
$$= c_1 P\left(\frac{\partial}{\partial x}, \frac{\partial}{\partial y}\right)u_1(x,y) + c_2 P\left(\frac{\partial}{\partial x}, \frac{\partial}{\partial y}\right)u_2(x,y)$$

となるので作用は線形である．

線形偏微分作用素による微分方程式

$$P\left(\frac{\partial}{\partial x}, \frac{\partial}{\partial y}\right)u(x_1,\cdots,x_n) = 0 \tag{14.1}$$

の特徴は，解の**重ね合わせの原理**が成り立つことである．$u_1(x,y)$ と $u_2(x,y)$ が (14.1) の解だとすると，定数 $c_1, c_2$ に対して線形性により，$c_1 u_1(x,y) + c_2 u_2(x,y)$ も解になる．

## 14.3　1 階の偏微分方程式

1 階の偏微分方程式の例を取り上げる．

**例 14.1** 2 変数の関数 $u(x, y)$ に対して,

$$u(rx, ry) = r^\lambda u(x, y)$$

がすべての $(x, y) \neq (0, 0)$ と $r > 0$ に対して成立するとする. このとき $u(x, y)$ は $\lambda$ 次同次関数であるという. $\lambda$ 次同次関数は次の偏微分方程式をみたす.

$$\left(x\frac{\partial}{\partial x} + y\frac{\partial}{\partial y}\right)u(x, y) = \lambda u(x, y) \tag{14.2}$$

これは次のようにしてわかる.

$$r\frac{d}{dr}u(rx, ry) = r\frac{d(rx)}{dr}u_x(rx, ry) + r\frac{d(ry)}{dr}u_y(rx, ry)$$
$$= rxu_x(rx, ry) + ryu_y(rx, ry)$$

と

$$r\frac{d}{dr}r^\lambda u(x, y) = r\lambda r^{\lambda-1}u(x, y) = \lambda r^\lambda u(x, y)$$

は等しいから, これらを $r = 1$ と置いたものも等しく

$$xu_x(x, y) + yu_y(x, y) = \lambda u(x, y)$$

が成立する. $\diamondsuit$

**例 14.2** 2 変数の関数 $u(x_1, x_2)$ が原点を中心にした**回転**によって**不変**な関数とすればそれは偏微分方程式

$$\left(y\frac{\partial}{\partial x} - x\frac{\partial}{\partial y}\right)u(x, y) = 0 \tag{14.3}$$

をみたす. これは次のようにしてわかる. 原点を中心とした回転で不変であるということは, 極座標 $(x, y) = (r\cos\theta, r\sin\theta)$ で座標を置き換えたとき, 関数

$$u(x, y) = u(r\cos\theta, r\sin\theta)$$

は $\theta$ が変化しても不変であるということである. したがって,

$$\frac{\partial}{\partial\theta}u(r\cos\theta, r\sin\theta) = 0$$

が成り立つ．この左辺を計算すると

$$\frac{\partial}{\partial\theta}u(r\cos\theta, r\sin\theta)$$

$$= u_x(r\cos\theta, r\sin\theta)\frac{\partial(r\cos\theta)}{\partial\theta} + u_y(r\cos\theta, r\sin\theta)\frac{\partial(r\sin\theta)}{\partial\theta}$$

$$= -u_x(x,y)(r\sin\theta) + u_y(x,y)(r\cos\theta)$$

$$= -yu_x(x,y) + xu_y(x,y)$$

$$= -\left(y\frac{\partial}{\partial x} - x\frac{\partial}{\partial y}\right)u(x,y)$$

となり，

$$\left(y\frac{\partial}{\partial x} - x\frac{\partial}{\partial y}\right)u(x,y) = 0$$

が得られる． ◇

回転で不変で，$\lambda$ 次の同次関数である関数として

$$u(x,y) = (x^2 + y^2)^{\lambda/2} \tag{14.4}$$

がある．この関数は (14.2) と (14.3) の解になっている．一方で (14.2) と (14.3) の両方をみたす関数は (14.4) の定数倍に限ることもわかる．

## 14.4　2 階の線形偏微分方程式の分類

よく研究されている偏微分方程式は，物理学上の問題に起源を持つものである．この古典的な分類にしたがうと，一番よく研究されてきた偏微分方程式は 2 階の偏微分方程式で，放物型，双曲型，そして楕円型に分類される．

**放物型**の偏微分方程式は，熱の伝導や物質の拡散といった非常に広く見られる現象を記述する方程式として研究されてきた．この微分方程式のもっとも簡単な形は

$$\frac{\partial u}{\partial t} = \alpha^2 \frac{\partial^2 u}{\partial x^2}$$

となっている．この偏微分方程式の偏微分作用素を使って書くと

$$\left( \left( \frac{\partial}{\partial t} \right) - \alpha^2 \left( \frac{\partial}{\partial x} \right)^2 \right) u(x, t) = 0$$

となり $\left( \frac{\partial}{\partial t} \right) - \alpha^2 \left( \frac{\partial}{\partial x} \right)^2$ の部分が放物線 $\tau - \alpha^2 \xi^2 = 0$ を定義する式になっているため放物型とよばれる．

**双曲型**の偏微分方程式は，波の伝播を記述するための方程式である．正確には，この偏微分方程式は近似的なものであるが，実際に波の性質をきちんと再現するためよく使われる．この微分方程式のもっとも簡単な形は

$$\frac{\partial^2 u}{\partial t^2} = \alpha^2 \frac{\partial^2 u}{\partial x^2}$$

となっている．この偏微分方程式の偏微分作用素を使って書くと

$$\left( \left( \frac{\partial}{\partial t} \right)^2 - \alpha^2 \left( \frac{\partial}{\partial x} \right)^2 \right) u(x, t) = 0$$

となり $\left( \frac{\partial}{\partial t} \right)^2 - \alpha^2 \left( \frac{\partial u}{\partial x} \right)^2$ の部分が双曲線 $\tau^2 - \alpha^2 \xi^2 = 1$ を定義する式になっているため双曲型とよばれる．

最後に**楕円型**の偏微分方程式は，物理現象としては流体の速度ポテンシャルに関連して現れる．この微分方程式のもっとも簡単な形は

$$\frac{\partial^2 u}{\partial t^2} = -\alpha^2 \frac{\partial^2 u}{\partial x^2}$$

となっている．この偏微分方程式を偏微分作用素を使って書くと

$$\left( \left( \frac{\partial}{\partial t} \right)^2 + \alpha^2 \left( \frac{\partial}{\partial x} \right)^2 \right) u(x, t) = 0$$

となり $\left( \frac{\partial}{\partial t} \right)^2 + \alpha^2 \left( \frac{\partial u}{\partial x} \right)^2$ の部分が楕円 $\tau^2 + \alpha^2 \xi^2 = 1$ を定義する式になっているため楕円型とよばれる．

234 | 第 14 章　偏微分方程式へ (1)

　いずれの微分方程式も，偏微分作用素の形から名前がつけられたもので，実際の楕円や双曲線といった幾何学的な曲線とは無関係である．しかし，このように分類するとこれらの方程式の性質がそれぞれ異なっているため，これらの性質が保たれるように方程式を一般化してより複雑な偏微分方程式を調べることが可能になる．

　双曲型の微分方程式で記述される波の伝播が放物型の微分方程式の解である熱の伝導と異なっている点は，波がその形を保ちながらどこまでも伝わっていくのに対して，熱はつねに周りにひろがってどこも同じ温度になるように拡散していくことである．最初に衝撃のような強い特異性があっても，それが熱のように拡散しながら伝わっていくときはその衝撃は次第に滑らかになりながら伝播していくが，津波のような波の衝撃は波の形が崩れないまま (もちろん摩擦などで若干は崩れるが) 遠い距離を移動し，遠方の海岸に大きな被害を与えることがある．また，楕円型の微分方程式のもっとも特徴的なことは解に特異性がないことである．楕円型の微分方程式の問題では，ある (円のような) 領域の境界上に任意の関数を与えたとき，境界上での値がその関数と一致するような偏微分方程式の解を作ることができる．境界上の情報だけで解の状態がきまってしまうため，物理的に起こり得る状態をこの方程式で特定できる．

　このように，偏微分方程式の解析は常に物理的現象を解析する目的で研究されてきた．放物型，双曲型，そして楕円型の方程式ではその解の性質がそれぞれ異なっており，その解の特徴が現実の物理現象の特徴と合致しているため偏微分方程式の正しさが裏付けられているということができる．

## 14.5　熱伝導を表す偏微分方程式

　ここでは放物型の偏微分方程式の典型例として熱の拡散の方程式とその解の性質を取り上げる．$u(x,t)$ を未知関数とする次の微分方程式を考えよう．

$$\frac{\partial u}{\partial t} = \alpha^2 \frac{\partial^2 u}{\partial x^2} \tag{14.5}$$

これは熱の伝導の様子を記述する微分方程式である．

　この問題を実際の意味のある物理現象と関連させて解くにはいくつかの条件

を付け加える必要がある．我々は，この微分方程式を**一定の長さを持った物体の熱の変化**を記述するものとする．簡単のために，座標 $x$ 軸の原点 0 から 1 までの線分 (線状物体) の熱の変化を考える．$u(x,t)$ は時間 $t$ における位置 $x$ の温度である．熱はこの物体の中を移動するが，物体外との熱のやりとりは境界である両端の $x = 0$ と $x = 1$ からだけで起るものとする．

この微分方程式は，時間 $t$ にしたがって熱がどのように拡散していくかを記述するものである．したがって，まず $t = 0$ において，与えられた初期値 $u_0(x) = u(x,0)$ をもった解 $u(x,t)$ が時間 $t$ の変化とともに，どのように変化するかを見る必要がある．そこで

$$u_0(x) = u(x,0) \tag{14.6}$$

を初期条件とする．さらに，熱は $x = 0$ と $x = 1$ で物体の外と接しているので，ここでもなんらかの条件がつく．それが境界条件である．例えば次の二つの条件が考えられる．

### ❖ 等温境界条件

境界においては温度は常に一定の温度であるという条件である．内部の温度が境界より高ければ境界から熱が逃げて温度がは下げられ，逆に内部の温度が境界より低ければ境界から熱が入ってくる．実際には，境界条件は

$$u(0,t) = u(1,t) = 0 \tag{14.7}$$

を考えれば十分である．境界での温度が $a$ であれば $u(0,t) = u(1,t) = a$ が境界条件になるが，このときには $u(x,t) + a$ を考えればこれが求める解になる．

### ❖ 断熱境界条件

境界を越えて熱量が移動することはないという条件である．熱量の移動があるかどうかは境界での温度変化があるかどうかであるから，

$$u_x(0,t) = u_x(1,t) = 0 \tag{14.8}$$

が境界での温度変化率がゼロという条件になる．このときには境界での温度は変化する．

236 | 第 14 章 偏微分方程式へ (1)

実際の境界条件はもっと複雑なもので，一方の境界で等温境界条件，もう一方の境界で断熱境界条件ということもある．そのほか，これらの境界条件が時間 $t$ に依存することもありえる．しかし，ここでは等温境界条件だけを考えることにする．

それでは，このような条件のもとに実際に偏微分方程式を解いてみよう．ここで使われるのは**変数分離法**である．これはおおざっぱに言うと $u(x,t)$ が変数 $x$ の関数 $X(x)$ と変数 $t$ の関数 $T(t)$ の積に分離していると仮定しよう．実際の偏微分方程式にあてはめ，その条件から解を導く．まず

$$u(x,t) = X(x)T(t)$$

とおく．これを微分方程式 $u_t = \alpha^2 u_{xx}$ にあてはめると

$$X(x)T'(t) = \alpha^2 X''(x)T(t)$$

となる．これを書き換えると

$$\frac{T'(t)}{\alpha^2 T(t)} = \frac{X''(x)}{X(x)}$$

となって，左辺は変数 $t$ だけの関数，右辺は 変数 $x$ だけの関数になる．このようなことが起るのは両辺が定数の場合に限るので，

$$\frac{T'(t)}{\alpha^2 T(t)} = \frac{X''(x)}{X(x)} = k$$

とおくことによって，次の二つの常微分方程式になる．

$$T'(t) - k\alpha^2 T(t) = 0,$$

$$X''(x) - kX(x) = 0$$

これらは定数係数の常微分方程式であるから解析的な解が求まる．部分積分して境界条件を使えば

$$k \int_0^1 X(x)^2 \, dx = \int_0^1 (kX(x))X(x) \, dx = \int_0^1 X''(x)X(x) \, dx$$
$$= [X'(x)X(x)]_0^1 - \int_0^1 X'(x)^2 \, dx$$

$$= -\int_0^1 X'(x)^2 \, dx \leqq 0 \qquad (14.9)$$

となるので $k \leqq 0$ である．$k = 0$ であれば $X(x)$ は 1 次式であり境界条件から $X = 0$ となる．したがって $k < 0$ である．そこで $k = -\lambda^2$ とすれば，微分方程式は

$$T'(t) + \lambda^2 \alpha^2 T(t) = 0,$$

$$X''(x) + \lambda^2 X(x) = 0$$

となる．これを解くと次のような一般解が得られる．

$$T(t) = a_1 e^{-\lambda^2 \alpha^2 t},$$

$$X(x) = b_1 \cos \lambda x + b_2 \sin \lambda x$$

$X(0) = 0$ より $b_1 = 0$ であり，$X(1) = b_2 \sin \lambda = 0$ より $\lambda = n\pi \, (n = \pm 1, \pm 2, \cdots)$ となるが．任意定数を $a = a_1 b_2$ と取り直せば

$$u(x, t) = a e^{-n^2 \pi^2 \alpha^2 t} \sin n\pi x \qquad (14.10)$$

となる．$n$ に対応する解と $-n$ に対応する解は係数を $a$ 以外は符号が異なるだけであるので $n = 1, 2, \cdots$ と仮定できる．

ここで，この解に $e^{-n^2 \pi^2 \alpha^2 t}$ が掛かっているために $t \to \infty$ であるとき解はゼロに収束する．物理的には，等温境界条件をみたしているときは境界から温度の出入りがあるから，全体の温度が混じり合いながら境界の温度に等しくなるまで一様に温度が分布する．

さて，これらの解は初期条件が $u(x, 0) = a \sin \lambda x$ で決まっているので，任意定数 $a$ を変えても決まった初期条件しかえられない．そこで，次に与えられた初期条件 $u(x, 0) = f(x)$ をもつように解を構成する．このように境界値問題と初期値問題を同時に考える問題は**混合問題**とよばれる．

方程式 (14.5) は線形方程式であるから，解の重ね合わせができる．(14.10) を $n$ ごとに定数倍を変えて加えると

$$u(x, t) = \sum_{n=1}^{\infty} a_n e^{-n^2 \pi^2 \alpha^2 t} \sin n\pi x \qquad (14.11)$$

となる．有限個の $a_n$ を除いてはゼロであれば，等温境界条件 (14.7) をみたす解になる．またこの無限級数が収束するように $a_n$ を選べばそれも解になると期待される．そこで，仮にこの級数が収束したとすれば，その初期値は

$$u(x,0) = \sum_{n=1}^{\infty} a_n \sin n\pi x \qquad (14.12)$$

となる．初期値 $f(x)$ が (14.12) の係数 $a_n$ をうまく選ぶことによって近似できれば，初期値境界値問題の解が求まったことになる．

それがフーリエ級数の理論である．課外授業 14.1 を参照されたい．

$$f(x) = \sum_{n=1}^{\infty} a_n \sin n\pi x \qquad (14.13)$$

と表せたとすれば，これはまさに $f(x)$ のフーリエ正弦級数展開である．すなわち，$[0,1]$ で定義された $f(x)$ を奇関数として周期 2 の周期関数として拡張した関数のフーリエ級数である．よく知られた $\sin n\pi x$ の直交性

$$\int_0^1 \sin n\pi x \sin m\pi x \, dx = \begin{cases} \dfrac{1}{2} & (m = n) \\ 0 & (m \neq n) \end{cases} \qquad (14.14)$$

を使うと

$$a_n = 2 \int_0^1 f(x) \sin n\pi x \, dx$$

となる．$f(x)$ が無条件であれば (14.13) の右辺の級数は収束しないこともあり，収束しても $f(x)$ にならないこともある．フーリエ級数についてのディリクレの定理によれば，$f(x)$ が区分的に滑らかであれば $x$ において級数は $\dfrac{1}{2}(f(x-0) + f(x+0))$ に収束する．したがって初期条件を与える $f(x)$ が区分的に滑らかで連続であれば，$f(0) = f(1)$ より拡張された関数も連続となり，境界も込めてフーリエ正弦級数は $f(x)$ に収束する．かくして (14.11) は混合問題の解である．

ここでは等温境界条件で解いたが，$f(x)$ の条件を緩めたフーリエ級数の収束について多くの結果があるがここでは触れない．

## 14.6　波動と振動を表す偏微分方程式

　双曲型の偏微分方程式の典型例として波動方程式とその解の性質を取り上げる．$x$ 軸上の区間 $[0,1]$ の両端を固定された弦が $xy$ 平面上を上下に振動するとする．時刻 $t$ のときの $x$ における弦上の点 $(x,y)$ の $y$ 座標を $u(x,t)$ とすると $y = u(x,t)$ はある $c > 0$ に対し

$$\frac{\partial^2 u}{\partial t^2} = c^2 \frac{\partial^2 u}{\partial x^2} \tag{14.15}$$

をみたす．この方程式を**弦の振動方程式**あるいは 1 次元**波動方程式**という．両端では $y = 0$，すなわち

$$u(0,t) = u(1,t) = 0$$

であるとする．これが境界条件となる．

　まず境界条件を考えないで，波動方程式 (14.15) をみたす $-\infty < x < \infty, -\infty < t < \infty$ における解はどのようなものかを考える．

　$\xi = x + ct$，$\eta = x - ct$ と置いて変数を $\xi, \eta$ に変換して $u(x,y) = v(\xi, \eta)$ と表すと，連鎖法則より

$$\frac{\partial u}{\partial x} = \frac{\partial \xi}{\partial x}\frac{\partial v}{\partial \xi} + \frac{\partial \eta}{\partial x}\frac{\partial v}{\partial \eta} = \frac{\partial v}{\partial \xi} + \frac{\partial v}{\partial \eta},$$

$$\frac{\partial u}{\partial t} = \frac{\partial \xi}{\partial t}\frac{\partial v}{\partial \xi} + \frac{\partial \eta}{\partial t}\frac{\partial v}{\partial \eta} = c\frac{\partial v}{\partial \xi} - c\frac{\partial v}{\partial \eta}$$

となるので，波動方程式は

$$\frac{\partial^2 v}{\partial \xi^2} - 2\frac{\partial^2 v}{\partial \xi \partial \eta} + \frac{\partial^2 v}{\partial \eta^2} = \frac{\partial^2 v}{\partial \xi^2} + 2\frac{\partial^2 v}{\partial \xi \partial \eta} + \frac{\partial^2 v}{\partial \eta^2}$$

となり，

$$\frac{\partial^2 v}{\partial \xi \partial \eta} = 0$$

と書き換えられる．したがって，$\dfrac{\partial v}{\partial \eta}$ は $\eta$ だけの関数ととなる．それを $w(\eta)$

とすれば

$$v = \int w(\eta)\, d\eta + C$$

となるが ($\eta$ について) 定数である $C$ は一般に $\xi$ の関数となる. $C = F(\xi)$, $G(\eta) = \int w(\eta)\, d\eta$ とおけば

$$u(x,t) = F(x+ct) + G(x-ct) \tag{14.16}$$

という形になる. この式は弦の振動が左に進む波と右に進む波の和として表されることを示している. このような解を**進行波**解という.

次に $t = 0$ のとき, $f(x)$, $g(x)$ を与えられた関数として,

$$u(x,0) = f(x), \qquad u_t(x,0) = g(x)$$

をみたす解を考察する初期値問題を解説しよう. $F(x), G(x)$ を (14.16) の関数とする. そのとき

$$f(x) = u(x,0) = F(x) + G(x), \qquad g(x) = u_t(x,0) = c(F'(x) - G'(x)) \tag{14.17}$$

である. この第 2 式より

$$F(x) - G(x) = \frac{1}{c}\int_0^x g(s)\, ds + C.$$

これと (14.17) の第 1 式より

$$F(x) = \frac{f(x)}{2} + \frac{1}{2c}\int_0^x g(s)\, ds + \frac{C}{2},$$
$$G(x) = \frac{f(x)}{2} - \frac{1}{2c}\int_0^x g(s)\, ds - \frac{C}{2}$$

がえられ

$$u(x,t) = \frac{1}{2}(f(x-ct) + f(x+ct)) + \frac{1}{2c}\int_{x-ct}^{x+ct} g(\xi)\, d\xi \tag{14.18}$$

が成り立つ．これを**ダランベールの解**，あるいは**ストークスの振動公式**という．

したがって，$f(x), g(x)$ を適切に選べば必ず初期値問題の解は存在する．局所的には，波動方程式の初期値問題の解は一意であることが証明されているので，この解は初期値問題の一意の解にほかならない．

次に境界条件 $u(0,t) = u(1,t) = 0$ をみたす波動方程式の解を考える (**境界値問題**)．(14.16) と境界条件 $u(0,t) = 0$ より $G(x) = -F(-x)$ となり

$$u(x,t) = F(x + ct) - F(-x + ct)$$

となる．またもう一つの境界条件 $u(1,t) = 0$ より

$$F(x + 2) = F(1 + (x + 1)) = F(-1 + (x + 1)) = F(x)$$

すなわち，$F(x)$ は周期が 2 の周期関数である．

熱伝導方程式の解法と同様に $u(x,t) = X(x)T(t)$ と変数分離をする．(14.15) に代入すると

$$\frac{1}{c^2}\frac{X''}{X} = \frac{T''}{T}$$

が定数 $(= -\lambda^2 (\lambda \in \mathbb{C})$ とする$)$ であるから二つの常微分方程式

$$X'' = -\lambda^2 c^2 X, \quad T'' = -\lambda^2 T$$

が得られる．前者の基本解は $e^{i\lambda cx}$ と $e^{-i\lambda cx}$ であるが $X(x)$ は周期 2 の周期関数であるから，$n$ を正整数として $c\lambda = n\pi$ とすることができる．したがって

$$X(x) = \alpha_n \cos n\pi x + \beta_n \sin n\pi x$$

であるが $X(0) = X(1) = 0$ より $\alpha_n = 0$ である．このとき $T$ は

$$T(t) = a_n \cos \frac{n\pi}{t} + b_n \sin \frac{n\pi}{c}t$$

となる．したがって $\sin n\pi x \left(a_n \cos \frac{n\pi}{c}t + b_n \sin \frac{n\pi}{c}t\right)$ は解であり，一般にはそれらの重ね合わせによって

$$u(x,t) = \sum_{n=1}^{\infty} \sin n\pi x \left(a_n \cos \frac{n\pi}{c}t + b_n \sin \frac{n\pi}{c}t\right) \tag{14.19}$$

242 | 第 14 章　偏微分方程式へ (1)

が得られる.

　最後に微分方程式 (14.15) を $0 \leqq x \leqq 1$ の上に制限し，初期条件

$$u(x,0) = f(x), \quad u_t(x,0) = g(x) \tag{14.20}$$

と境界条件

$$u(0,t) = u(1,t) = 0 \tag{14.21}$$

の両方をみたす解を求める．すなわち**混合問題** (初期・境界値問題) である.

　初期条件より (14.19) において $t = 0$ とすると

$$\begin{aligned}
f(x) &= u(x,0) = \sum_{n=1}^{\infty} a_n \sin(n\pi x), \\
g(x) &= u_t(x,0) = \sum_{n=1}^{\infty} \frac{b_n n\pi}{c} \sin(n\pi x)
\end{aligned} \tag{14.22}$$

となる．$\sin n\pi x$ が 直交関係 (14.14) をみたすことから，

$$\begin{aligned}
a_n &= 2 \int_0^1 f(x) \sin n\pi x \, dx, \\
b_n &= \frac{2c}{n\pi} \int_0^1 g(x) \sin n\pi x \, dx
\end{aligned} \tag{14.23}$$

として求めることができる．このように求めた $a_n, b_n$ が (14.22) によって $f(x), g(x)$ を再現するかどうか別に検討する必要がある，この場合は再現する．これを示すには，熱伝導の方程式と同じくフーリエ級数の理論を使う．このようにしてえられた (14.23) によって決まる解 (14.19) を**フーリエ級数による解**という.

課外授業 14.1 フーリエ級数 | 243

❖ **課外授業 14.1 フーリエ級数**————————————————

周期が 2 の周期関数 $f(x)$ に対して

$$a_n = \int_{-1}^1 f(x) \cos n\pi x\, dx, \quad b_n = \int_{-1}^1 f(x) \sin n\pi x\, dx$$

としたとき次式の右辺の無限級数

$$f(x) \sim \frac{a_0}{2} + \sum_{n=1}^{\infty} (a_n \cos n\pi x + b_n \sin n\pi x) \tag{14.24}$$

を $f(x)$ の**フーリエ級数**という. $[0,1]$ で定義された関数も $x = 0, 1$ での値を適当に取り替えて $(-\infty, \infty)$ の周期 2 の周期関数に拡張できれば, 拡張された関数のフーリエ級数を $f(x)$ のフーリエ級数という.

$f(x)$ が良い条件をみたせば右辺は収束して $f(x)$ に等しくなる. 次の定理はよく知られている.

---

**定理 14.1** (ディリクレの定理)$f(x)$ が $\mathbb{R}$ 上の周期 2 の周期関数で区分的に滑らかであれば, $f(x)$ のフーリエ級数 (14.24) は各 $x$ において $\frac{1}{2}\{f(x-0) + f(x+0)\}$ に収束する.

---

$f(x)$ が区分的に滑らかな偶関数であれば $b_n = 0$ となるから級数は $a_n$ を含む項だけからなり

$$f(x) \sim \frac{a_0}{2} + \sum_{n=1}^{\infty} a_n \cos n\pi x, \quad a_n = 2\int_0^1 f(x) \cos n\pi x\, dx$$

である. このとき級数を**フーリエ余弦級数**という. また奇関数であれば

$$f(x) \sim \sum_{n=1}^{\infty} b_n \sin n\pi x, \quad b_n = \int_0^1 f(x) \sin n\pi x\, dx$$

である. このとき級数を**フーリエ正弦級数**という.

周期が $2\pi$ の周期関数については

$$f(x) \sim \frac{a_0}{2} + \sum_{n=1}^{\infty} (a_n \cos n\pi x + b_n \sin n\pi x),$$

$$a_n = \frac{1}{\pi} \int_{-\pi}^{\pi} f(x) \cos nx\, dx, \quad b_n = \frac{1}{\pi} \int_{-\pi}^{\pi} f(x) \sin nx\, dx$$

である.

## 演習問題 14

**1.** 熱伝導方程式 $\dfrac{\partial u}{\partial t} = \alpha^2 \dfrac{\partial^2 u}{\partial x^2}$ の断熱境界条件 $u_x(0,t) = u_x(1,t) = 0$ をみたす解は

$$u(x,t) = \sum_{n=0}^{\infty} B_n \exp(-n^2\pi^2\alpha^2 t)\cos(n\pi x)$$

となることを示せ.

**2.** **1** の熱伝導方程式を, $x = 0$ において等温境界条件 $u_x(0,t) = 0$ をみたし, $x = 1$ において断熱境界条件 $u(1,t) = 0$ をみたす解を求めよ. また, 逆の境界条件 $u_x(1,t) = u(0,t) = 0$ をみたす解はどのようになるか.

# 第15章

## 偏微分方程式へ
(2)

本章では2階の楕円型偏微分作用素ラプラシアンとラプラスの方程式を考える。これは物理学において重力場や静電場などの記述に使われる。この偏微分方程式の解は調和関数とよばれ、数学においても応用上も非常に重要な位置を占めている。ここでは、最初に2階の定数係数の楕円型偏微分方程式のもつ特徴を概観し、ポテンシャル論や調和関数、境界値問題について述べる。

### 15.1 ラプラスの偏微分方程式

この章では2変数のラプラシアンにかかわる微分方程式について学ぶ。楕円形の偏微分方程式の典型例としてラプラシアンによる方程式とその解の性質を取り上げる。平面の座標を $(x, y)$ とする。**ラプラシアンとは**、

$$\Delta = \frac{\partial^2}{\partial x^2} + \frac{\partial^2}{\partial y^2} \tag{15.1}$$

で表される偏微分作用素のことである。これは熱の方程式や波動方程式のように特定の物理現象とすぐには結びつかないが、実は重力場などの物理現象と深い関連があるばかりでなく、複素関数論に出てくる関数やさらに一般的な調和関数など数学的にも非常に重要な偏微分作用素である。

ラプラシアンが熱伝導の方程式や波動方程式といちばん異なる点は微分作用素の最高階の部分に現れる。2変数の偏微分作用素を並べて書くと

$$\frac{\partial}{\partial x} - \frac{\partial^2}{\partial y^2} \qquad \text{(熱方程式)}$$

$$\frac{\partial^2}{\partial x^2} - \frac{\partial^2}{\partial y^2} \qquad \text{(波動方程式)}$$

$$\frac{\partial^2}{\partial x^2} + \frac{\partial^2}{\partial y^2} \qquad \text{(ラプラシアン)}$$

となる.ここで $a = \dfrac{\partial}{\partial x}$, $b = \dfrac{\partial}{\partial y}$ と置き換えるとこれらの偏微分作用素はそれぞれ $a - b^2$ (熱方程式), $a^2 - b^2$ (波動方程式), $a^2 + b^2$ (ラプラシアン) となる.この 2 変数の多項式はいずれも 2 次式であるが,その 2 次の部分だけ取り出すとそれぞれ $-b^2, a^2 - b^2, a^2 + b^2$ となる.これらの多項式がゼロになるのはそれぞれ $b = 0$, $a = \pm b$, $a = b = 0$ の場合であり,ラプラシアンだけが $a = b = 0$ となる.このように,偏微分作用素の最高階の部分を文字式に置き換えて,それがゼロになる点が原点だけになる偏微分作用素を一般に**楕円型の偏微分作用素**という.

ラプラシアンの現れる微分方程式のいちばん基本になるのは

$$\left( \frac{\partial^2}{\partial x^2} + \frac{\partial^2}{\partial y^2} \right) u(x, y) = 0 \qquad (15.2)$$

となる微分方程式である.この方程式の解を**調和関数**という.調和関数は数学や物理学においてしばしば現れる重要な関数である.この微分方程式は 2 回微分可能な関数であれば解になりうるが,実際は必ず無限回微分可能になる.この深い事実の証明は簡単ではないが,これは楕円型の偏微分作用素を特徴付けるもっとも著しい性質で,楕円型の偏微分作用素であれば必ずこの性質をもつ.

## 15.2 コーシー–リーマンの微分方程式

複素変数 $z = x + iy$ の関数 $f(z)$ は $z$ で微分可能なとき,すなわち

$$f'(z) = \lim_{w \to z} \frac{f(w) - f(z)}{w - z}$$

が存在するとき,正則という.正則関数の実部および虚部は調和関数になっている.複素変数の関数 $f(x + iy)$ が実数値関数 $u(x, y)$ と $v(x, y)$ によって

$$f(x + iy) = u(x, y) + iv(x, y)$$

と分解されているとする．これが正則関数である必要十分条件は，**コーシー―リーマンの微分方程式**とよばれる連立偏微分方程式

$$\frac{\partial u}{\partial x} = \frac{\partial v}{\partial y},$$

$$\frac{\partial u}{\partial y} = -\frac{\partial u}{\partial x}$$

をみたすことであることが知られている．最初の式を $x$ で偏微分し，2 番目の式を $y$ で偏微分して加えると

$$\frac{\partial^2 u}{\partial x^2} + \frac{\partial^2 u}{\partial y^2} = 0$$

となるから，$u(x, y)$ は調和関数になる．同様に，最初の式を $y$ で偏微分し，2番目の式を $x$ で偏微分して引くと $v(x, y)$ も調和関数になることがわかる．ところで，$u(x, y)$ が与えられると $v(x, y)$ に関する偏微分方程式ができて，それによって $v(x, y)$ がきまってしまう．このとき $v(x, y)$ は $u(x, y)$ の**共役調和関数**であるという．与えられた調和関数 $u(x, y)$ に対して必ずその共役な調和関数 $v(x, y)$ が存在することがわかっている．

特に $z = x + iy$ の多項式は正則関数になるので，これを実際に計算して実部と虚部に分けると互いに共役な多項式の調和関数が得られる．多項式でない，正則な関数の例として $\dfrac{1}{1-z}$ を考える．

$$\frac{1}{1-z} = \frac{1}{1-x-iy} = \frac{(1-x)+iy}{(1-x)^2+y^2}$$

であるから

$$u(x, y) = \frac{1-x}{(1-x)^2+y^2},$$

$$v(x, y) = \frac{y}{(1-x)^2+y^2}$$

が互いに共役な調和関数になる．しかし，実際にこれらが調和関数になってい

248 第 15 章 偏微分方程式へ (2)

ることを確かめるには少し複雑な計算をする必要がある.

## 15.3 調和関数

次に，調和関数とはいったいどのような関数なのか実例で調べてみる．まず，2 変数 $(x, y)$ の多項式で調和関数となるものを求める．2 変数 $(x, y)$ のラプラシアンは

$$\Delta = \left( \frac{\partial^2}{\partial x^2} + \frac{\partial^2}{\partial y^2} \right)$$

で与えられる．このとき，$\Delta u(x, y) = 0$ となる多項式 $u(x, y)$ を求めてよう．$n$ 次の単項式にラプラシアンを作用させると $n - 2$ 次の多項式になるから，同次多項式で調和関数になる解を求めればよいことがわかる．まず，1 次式はかならず調和関数になることは自明であるから，2 次式の場合から考える．$P(x, y) = ax^2 + bxy + cy^2$ で任意の 2 次式を表すと

$$\Delta P(x, y) = 2a + 2c = 0$$

であれば調和関数になることがわかる．そこで $P = a(x^2 - y^2) + bxy$ であれば調和関数になり，すべての 2 次の調和関数は $x^2 - y^2$ と $xy$ の 1 次結合で表されることがわかる．次に 3 次式の場合は，$Q(x, y) = ax^3 + bx^2y + cxy^2 + dy^3$ で任意の 3 次式を表すと

$$\Delta Q(x, y) = 6ax + 2by + 2cx + 6dy$$
$$= (6a + 2c)x + (2b + 6d)y = 0$$

となるから，$c = -3a,\ b = -3d$ であるときに調和関数になる．したがって，

$$Q(x, y) = ax^3 - 3dx^2y - 3axy^2 + dy^3$$
$$= a(x^3 - 3xy^2) + d(-3x^2y + y^3)$$

が調和関数になり，すべての 3 次の調和関数は $x^3 - 3xy^2$ と $-3x^2y + y^3$ の 1 次結合で表されることがわかる．

同じことは $n$ 次の多項式に対しても行うことができる．このような計算だけで，$n$ 次の多項式である調和関数は 2 次元のベクトル空間になることがわかる．しかし偏微分作用素を作用させて調和関数を求めるのは計算が複雑になるのでここでは $z = x + iy$ の正則関数 $z^n = (x + iy)^n$ を実数部分と虚数部分にわける方法で調和関数を求める．ここでは互いに共役な調和関数が実数部分と虚数部分に出てくる．実際に計算してみると

$$(x + iy)^n = \sum_{k=0}^{n} \frac{n!}{(n-k)!k!} x^{n-k}(iy)^k$$
$$= \sum_{k:偶数,\ k \leq n} \frac{n!}{(n-k)!k!} x^{n-k}(iy)^k$$
$$+ \sum_{k:奇数,\ k \leq n} \frac{n!}{(n-k)!k!} x^{n-k}(iy)^k$$

であるから，

$$u(x, y) = \sum_{k:偶数,\ k \leqq n} \frac{n!}{(n-k)!k!} x^{n-k}(iy)^k,$$
$$v(x, y) = \sum_{k:奇数,\ k \leqq n} \frac{n!}{(n-k)!k!} x^{n-k}(iy)^k$$

が $n$ 次の多項式である調和関数の空間の基底になる．

## 15.4 ラプラシアンの極座標表示

ラプラシアンが極座標でどのように表されるかを計算してみよう．調和関数であることを確かめるには実際に関数にラプラシアンを作用させて計算してみればよいが，特に変数の数が多くなると計算が複雑になる．そこで少し難しくなるが，座標変換によってラプラシアンを極座標に直すことを考える．

まず，極座標について復習しよう．直交座標 $(x, y)$ を

$$x = r \cos \theta, \quad y = r \sin \theta$$

と表す．ここで，$r = \sqrt{x^2 + y^2}$ で $\theta$ は 原点と $(x, y)$ を結ぶ線分と $x$ 軸の正方向のなす角度である．実際にこれで変換できるのは原点 $(0, 0)$ を除いた部

250 | 第 15 章　偏微分方程式へ (2)

分であるが，$0 < r,\ 0 \leqq \theta < 2\pi$ と制限すれば原点 $(0,0)$ を除いた部分全体を
極座標で表すことができる．

　まず，連鎖法則を使って $r$ と $\theta$ に関する偏微分を $x, y$ に関する偏微分に書
き換える．

$$
\frac{\partial}{\partial r} f(x, y) = f_x(x, y)\frac{\partial x}{\partial r} + f_y(x, y)\frac{\partial y}{\partial r}
$$
$$
= f_x(x, y)\cos\theta + f_y(x, y)\sin\theta,
$$
$$
\frac{\partial}{\partial \theta} f(x, y) = f_x(x, y)\frac{\partial x}{\partial \theta} + f_y(x, y)\frac{\partial y}{\partial \theta}
$$
$$
= -f_x(x, y)r\sin\theta + f_y(x, y)r\cos\theta
$$

これを $f_x(x, y), f_y(x, y)$ に関する連立方程式と考えて解くと

$$
f_x(x, y) = \frac{\partial}{\partial x} f(x, y) = \cos\theta\frac{\partial}{\partial r} f(x, y) - \frac{1}{r}\sin\theta\frac{\partial}{\partial \theta} f(x, y),
$$
$$
f_y(x, y) = \frac{\partial}{\partial y} f(x, y) = \sin\theta\frac{\partial}{\partial r} f(x, y) + \frac{1}{r}\cos\theta\frac{\partial}{\partial \theta} f(x, y)
$$

となる．ここで，$D_x = \dfrac{\partial}{\partial x},\ \ D_y = \dfrac{\partial}{\partial y},\ \ D_r = \dfrac{\partial}{\partial r},\ \ D_\theta = \dfrac{\partial}{\partial \theta}$ として，偏
微分作用素の関係に置き換えると

$$
D_x = \cos\theta D_r - \frac{1}{r}\sin\theta D_\theta, \qquad D_y = \sin\theta D_r + \frac{1}{r}\cos\theta D_\theta
$$

となる．このとき

$$
(D_x)^2 = \left(\cos\theta D_r - \frac{1}{r}\sin\theta D_\theta\right)^2
$$
$$
= (\cos\theta D_r)^2 - (\cos\theta D_r)\left(\frac{1}{r}\sin\theta D_\theta\right)
$$
$$
- \left(\frac{1}{r}\sin\theta D_\theta\right)(\cos\theta D_r) + \left(\frac{1}{r}\sin\theta D_\theta\right)^2
$$

であるが，これらを展開するとき

$$
D_r\frac{1}{r} = \frac{1}{r}D_r - \frac{1}{r^2}, \qquad D_\theta\cos\theta = \cos\theta D_\theta - \sin\theta
$$

などとなり，結局

$$D_x^2 = \cos^2\theta D_r^2 - \frac{1}{r}\sin 2\theta D_r D_\theta + \frac{1}{r^2}\sin^2\theta D_\theta^2$$
$$+ \frac{1}{r}\sin^2\theta D_r + \frac{1}{r^2}\sin 2\theta D_\theta$$

となる．同様に

$$D_y^2 = \sin^2\theta D_r^2 + \frac{1}{r}\sin 2\theta D_r D_\theta + \frac{1}{r^2}\cos^2\theta D_\theta^2$$
$$+ \frac{1}{r}\cos^2\theta D_r - \frac{1}{r^2}\sin 2\theta D_\theta$$

となるので，

$$D_x^2 + D_y^2 = D_r^2 + \frac{1}{r}D_r + \frac{1}{r^2}D_\theta^2 \tag{15.3}$$

という非常に簡単な微分作用素になる．

このように書き換えると，$r$ や $\theta$ だけに依存している調和関数を求めることが簡単にできるようになる．先に，正則関数 $z^n = (x+iy)^n$ を実数部分と虚数部分に分けて調和関数を求めた．この関数を極座標で表すと

$$(x+iy)^n = (r\cos\theta + ir\sin\theta)^n$$
$$= r^n(\cos\theta + i\sin\theta)^n = r^n(\cos n\theta + i\sin n\theta)$$

となる．これより $u(r,\theta) = r^n\cos n\theta$ と $v(r,\theta) = r^n\sin n\theta$ が互いに共役な調和関数になることはわかっている．これらの調和関数は $x, y$ 座標を使って書くと多くの単項式を使った複雑な式になり，その意味もわかりにくいが，極座標を使うととても明快になる．

そこで，$n$ 次同次関数 $P$ が調和関数であればそれが $r^n\cos n\theta$ と $r^n\sin n\theta$ の 1 次結合になることを証明してみよう．$P(r,\theta)$ が $n$ 次同次関数であるとは $P(r,\theta) = r^n P(1,\theta)$ がみたされることにほかならない．そこで

$$\left(D_r^2 + \frac{1}{r}D_r + \frac{1}{r^2}D_\theta^2\right)P(r,\theta)$$
$$= \left(D_r^2 + \frac{1}{r}D_r + \frac{1}{r^2}D_\theta^2\right)r^n P(1,\theta)$$
$$= (n(n-1)+n)r^{n-2}P(1,\theta) + r^{n-2}D_\theta^2 P(1,\theta)$$

$$= r^{n-2}(n^2 + D_\theta^2)P(1,\theta) = 0$$

となり，$P(1,\theta)$ は定数係数の 2 階線形常微分方程式

$$\frac{d^2P}{d\theta^2} + n^2 P = 0$$

の解になる．この基本解が $\sin n\theta$, $\cos n\theta$ であることから $n$ 次同次関数である調和関数は $r^n \cos n\theta$ と $r^n \sin n\theta$ の 1 次結合になり，多項式で与えられることもわかる．

## 15.5　ラプラシアンの意味と最大値の原理

ここでラプラシアンの意味を考えてみる．

$$\Delta = \frac{\partial^2}{\partial x^2} + \frac{\partial^2}{\partial y^2}$$

とする．$u(x,y)$ が**劣調和関数**であるとは $\Delta u(x,y) \geqq 0$ であることをいう．逆に $0 \geqq \Delta u(x,y)$ であるとき，これを**優調和関数**という．$u$ が劣調和であるならば $-u$ は優調和関数になり，その逆も成り立つ．したがって，劣調和関数も優調和関数も同じ概念である．調和関数であるとは $0 \geqq \Delta u(x,y) \geqq 0$ が成り立っていることあるから，優調和かつ劣調和である関数になる．

劣調和関数は 1 次元の領域では凸関数と同じ意味になる．なぜならば，1 変数関数 $f(x)$ が劣調和なのは，$\Delta = \dfrac{d^2}{dx^2}$ であるから

$$f''(x) \geqq 0$$

であるということになる．2 階微分係数 $f''(x)$ が 0 以上であれば $f'(x)$ は増加関数になるので接線の傾きが増加している．これは，$f(x)$ が凸関数 (下に凸な関数) になるということを意味している．閉区間 $[a,b]$ で下に凸な関数のこの区間での最大値は $f(a)$ であるか $f(b)$ であるかのどちらかであるから，劣調和関数は閉区間上では境界上で最大値をとることがわかる．

**下に凸であれば劣調和関数**であるという性質は 2 次元でも成立するが，逆

の**劣調和関数は下に凸な関数**であるという性質は 2 次元では必ずしも成り立たない．下に凸な関数は境界上で最大値をとることは明らかであるから，劣調和関数は下に凸な関数を少し一般化した概念であることがわかる．

次の定理は劣調和関数の著しい特徴を示している．

---

**定理 15.1（最大値原理）** $\Omega$ を平面 $\mathbb{R}^2$ の有界な境界のある領域とする．この領域の境界を $\partial\Omega$ と書く．$u(x,y)$ が閉領域 $\overline{\Omega}$ 上の劣調和関数であれば，この領域 $\Omega$ の上での $u(x,y)$ の最大値 $\displaystyle\max_{(x,y)\in\Omega} u(x,y)$ は境界 $\partial\Omega$ 上での最大値 $\displaystyle\max_{(x,y)\in\partial\Omega} u(x,y)$ と同じである．

$$\max_{(x,y)\in\Omega} u(x,y) = \max_{(x,y)\in\partial\Omega} u(x,y)$$

言い換えれば，$u(x,y)$ は最大値を取るのは必ず境界上である．

---

ここで有界な境界のある領域 $\Omega$ とは円の内部や多角形の内部のような部分集合である．たとえば

$$\Omega = \{(x,y)\in\mathbb{R}^2 \mid x^2 + y^2 < 1\}$$

が有界な境界のある領域の例である．この領域の境界とは

$$\partial\Omega = \{(x,y)\in\mathbb{R}^2 \mid x^2 + y^2 = 1\}$$

のことで，領域の内部と外部を分ける部分のことである．$\overline{\Omega} = \Omega \cup \partial\Omega$ で境界を含めた閉領域を表す．ここでは，平面 $\mathbb{R}^2$ 上の微分可能な関数 $f(x,y)$ があって，$\Omega$ の境界 $\partial\Omega = \{(x,y)\in\mathbb{R}^2 \mid f(x,y) = 0\}$ がどこでも自身と交差しない滑らかな曲線になっていて

$$\Omega = \{(x,y)\in\mathbb{R}^2 \mid f(x,y) < 0\}$$

と書けるような領域とする．

今度は $u(x,y)$ を閉領域 $\overline{\Omega}$ で定義された優調和関数とする．この閉領域の上での $u(x,y)$ の最小値 $\displaystyle\min_{(x,y)\in\overline{\Omega}} u(x,y)$ は境界上での最小値 $\displaystyle\min_{(x,y)\in\partial\Omega} u(x,y)$ と同じである．すなわち

$$\min_{(x,y)\in\overline{\Omega}} u(x,y) = \min_{(x,y)\in\partial\Omega} u(x,y)$$

となる．これより $\overline{\Omega}$ 上の調和関数 $u(x,y)$ は，その最大値も最小値も境界 $\partial\Omega$ 上で取るということがわかる．

ここから次の二つの事実がわかる．これらは，調和関数は境界上の関数によって決まってしまうということを示している．

(1) $u(x,y)$ は有界な閉領域 $\overline{\Omega}$ で定義された調和関数であるとする．もし $u(x,y)$ が $\partial\Omega$ 上で定数関数となっているとすると $u(x,y)$ は閉領域 $\overline{\Omega}$ 全体で定数になる．

(2) 二つの関数 $u(x,y), v(x,y)$ を有界な閉領域 $\overline{\Omega}$ で定義された調和関数であるとする．もし，$u(x,y)$ と $v(x,y)$ が境界上で一致していれば $u(x,y)$ と $v(x,y)$ は閉領域 $\overline{\Omega}$ 全体で一致する．すなわち**境界値問題の解の一意性**が成り立つ．

じつは劣調和関数に関してはもっと強力な定理が成り立つ．

---

**定理 15.2 (強最大値原理)** $\Omega$ を $\mathbb{R}^2$ 内の領域とし，$u(x,y)$ は $\overline{\Omega}$ 上の劣調和関数であるとする．もし境界 $\partial\Omega$ にない点 $(x_0, y_0)$ があって (すなわち $(x_0, y_0)$ は境界の内部の点で $(x_0, y_0)$ の十分小さな近傍をとれば，その近傍は $\Omega$ に含まれる)，

$$\max_{(x,y)\in\overline{\Omega}} u(x,y) = u(x_0, y_0)$$

となったとすると，すべての $(x,y)\in\overline{\Omega}$ に対して $u(x,y) = u(x_0, y_0)$ となる．

---

この定理は，境界でないところで最大値を取る点があれば，それは定数関数になってしまうという非常に強い定理である．最大値原理では境界上に最大値を取る点があっても，内部の点で最大値を取りうるかどうかについては何も言っていない．この**強最大値原理**から最大値原理は自然に導かれる．

## 15.6 ラプラシアンの境界値問題

　熱と拡散の方程式 (放物型) や波動方程式 (双曲型) とちがって，ラプラスの方程式では初期値問題ではなく境界値問題を考える．先に示したように，境界値を与えたときにその境界値を持つ調和関数は一つしかない．これはラプラスの方程式の大きな特徴である．これに対して，境界上に境界値を与えたときその境界値を持つ調和関数が存在するか？という問題に解答を与えるのが境界値問題である．

　まず，境界値問題を定式化しよう．$\Omega$ を平面 $\mathbb{R}^2$ 内の有界な領域とする．ラプラスの方程式に対する次の境界値問題を**ディリクレ問題**という．

$$\begin{cases} \Delta u(x,y) = 0 & ((x,y) \in \Omega) \\ u(x,y) = b(x,y) & ((x,y) \in \partial\Omega) \end{cases} \tag{15.4}$$

これは，境界 $\partial\Omega$ 上で $b(x,y)$ である調和関数を求める問題である．このほかに境界条件を $\dfrac{\partial u}{\partial \nu} = b(x,y)$ (ここで $\dfrac{\partial u}{\partial \nu}$ は $u(x,y)$ を境界の法線方向に微分した関数である) とした境界値問題を**ノイマン問題**という．ディリクレ問題に対しては次のことが証明されている．

---

**定理 15.3**（ディリクレ問題の解）　$\Omega$ を有界で滑らかな境界を持った領域とする [1]．$b(x)$ を境界 $\partial\Omega$ 上の連続関数とするとディリクレ問題 (15.4) の解が存在する．

---

　この定理によってディリクレ問題の解の存在が保証される一方，すでに示したように，解の一意性も成り立つ．したがって，領域 $\Omega$ 上の調和関数はその境界 $\partial\Omega$ 上の値によって完全に決まってしまうということを示している．

## 15.7 単位円板上のラプラシアンの境界値問題

**例 15.1**　単位円板

---

[1]境界は区分的に滑らかであれば定理が成立する．

256 | 第 15 章 偏微分方程式へ (2)

$$\Omega = \{(x,y) \in \mathbb{R}^2 \mid x^2 + y^2 < 1\}$$

においてディリクレ問題 (15.4) を考える. 境界である単位円周

$$\partial\Omega = \{(x,y) \in \mathbb{R}^2 \mid x^2 + y^2 = 1\}$$

上の連続関数 $b(x,y)$ が与えられたとき, それを境界値とする単位円板 $\Omega$ 上の調和関数 $u(x,y)$ を求める.

$(x,y) = (r\cos\theta, r\sin\theta)$ として極座標を用いる. 未知関数 $u(x,y)$ が

$$u(x,y) = u(r\cos\theta, r\sin\theta) = R(r)\Theta(\theta)$$

と $r$ の関数 $R(r)$ と $\theta$ の関数 $\Theta(\theta)$ の積に分解しているとする[2]. (15.3) の変換公式によって

$$\Delta = D_x^2 + D_y^2 = D_r^2 + \frac{1}{r}D_r + \frac{1}{r^2}D_\theta^2$$

であるから,

$$\begin{aligned}
\Delta u(x,y) &= \Big(D_r^2 + \frac{1}{r}D_r + \frac{1}{r^2}D_\theta^2\Big)R(r)\Theta(\theta) \\
&= \Big(D_r^2 + \frac{1}{r}D_r\Big)R(r)\Theta(\theta) + R(r)\Big(\frac{1}{r^2}D_\theta^2\Big)\Theta(\theta) \\
&= \Big(R''(r) + \frac{1}{r}R'(r)\Big)\Theta(\theta) + R(r)\frac{1}{r^2}\Theta''(\theta) = 0
\end{aligned}$$

となる. これより

$$\Big(R''(r) + \frac{1}{r}R'(r)\Big)\Theta(\theta) = -\frac{R(r)}{r^2}\Theta''(\theta)$$

となって

$$\frac{R''(r) + \dfrac{1}{r}R'(r)}{-\dfrac{R(r)}{r^2}} = \frac{\Theta''(\theta)}{\Theta(\theta)}$$

の左辺と右辺で変数を分離する. 左辺は $\theta$ に関係せず, 右辺は $r$ に関係しな

---

[2] この段階では境界条件は無視する.

いから，両辺とも定数関数である．この値を $k$ とおく．$\Theta''(\theta) = k\Theta(\theta)$ より，$k > 0$ ならば $\Theta(\theta) = Ce^{\pm\sqrt{k}\theta}$ となり，これは $\theta$ についての周期関数ではない．したがって $k \leqq 0$ であるから，$k = -\lambda^2 \ (\lambda \geqq 0)$ とおく．すると

$$R''(r) + \frac{1}{r}R'(r) = \lambda^2 \frac{R(r)}{r^2},$$

$$\Theta''(\theta) = -\lambda^2\Theta(\theta)$$

となって，もとの方程式は二つの常微分方程式に帰着される．一つめは

$$r^2 R''(r) + rR'(r) - \lambda^2 R(r) = 0$$

となってこれはオイラーの微分方程式 (9.3 節) であり，$\lambda = 0$ ならば $R(r) = a + b\log r$ が一般解，$\lambda > 0$ ならば $R(r) = ar^\lambda + br^{-\lambda}$ が一般解になる（$a, b$ は任意定数）．後に説明するように，解を少なくとも一つ求めるだけで十分であるので

$$R(r) = ar^\lambda \qquad (a \text{ は任意定数})$$

だけを解として採用する．

二つめの常微分方程式は

$$\Theta''(\theta) + \lambda^2\Theta(\theta) = 0$$

でこの一般解は

$$\Theta(\theta) = c\cos\lambda\theta + d\sin\lambda\theta \qquad (c, d \text{ は任意定数})$$

となる．こちらは $\cos\lambda\theta$ と $\sin\lambda\theta$ の両方の解が必要である．この関数 $\Theta(\theta)$ は円周上の関数なので，周期が $2\pi$ でなければならず，$\lambda = 0, 1, 2, \cdots$ となる．

したがって，

$$u_n(x, y) = r^n(a_n\cos n\theta + b_n\sin n\theta)$$

$$(n = 0, 1, 2, \cdots, \quad a_n, b_n \text{ は任意定数}) \qquad (15.5)$$

を $\Delta u(x, y) = 0$ の解として得る．ただし，任意定数 $b_0$ は，$\sin 0\theta = 0$ であるので必要がない．

しかしこれらの解は境界条件を無視して求めたものなので，ここで得られた解を重ね合わせて，どんな境界条件でも実現できるかどうかはわからない．以下ではこの境界条件について考える．(15.5) の解を形式的に重ね合わせて無限和の形に書くと

$$u(r\cos\theta, r\sin\theta) = \sum_{n=0}^{\infty} r^n (a_n \cos n\theta + b_n \sin n\theta)$$

となる．この関数は $0 \leqq r \leqq 1$ で定義されたものであるが，境界 $r = 1$ に制限すると

$$u(\cos\theta, \sin\theta) = \sum_{n=0}^{\infty} (a_n \cos n\theta + b_n \sin n\theta)$$

が境界値になる．そこで，与えられた円周 $\partial\Omega$ 上の関数 $b(x, y)$ に対して $g(\theta) = b(\cos\theta, \sin\theta)$ と置く．このとき

$$g(\theta) = \sum_{n=0}^{\infty} (a_n \cos n\theta + b_n \sin n\theta)$$

と書けたとすると，$a_n \ (n = 0, 1, 2, \cdots)$ と $b_n \ (n = 1, 2, \cdots)$ は $g(\theta)$ のフーリエ係数である．すなわち，関数

$$
\begin{aligned}
a_0 &= \frac{1}{2\pi} \int_0^{2\pi} g(\theta)\, d\theta, \\
a_n &= \frac{1}{\pi} \int_0^{2\pi} g(\theta) \cos n\theta\, d\theta \qquad (n = 1, 2, 3, \cdots), \\
b_n &= \frac{1}{\pi} \int_0^{2\pi} g(\theta) \sin n\theta\, d\theta \qquad (n = 1, 2, 3, \cdots)
\end{aligned}
\tag{15.6}
$$

となる．$g(\theta)$ が良い性質の関数であれば，このフーリエ級数は $g(\theta)$ に収束する．$g(\theta)$ が $\Omega$ の内部で調和，境界も含めた閉円板で連続な関数 $u(x, y)$ の境界値であれば $\lim_{r\to 1-0} u(r\cos\theta, r\sin\theta) = g(\theta)$ となる．

したがって $g(\theta)$ が十分滑らかな関数であれば，そのフーリエ級数は $g(\theta)$ に収束し，

$$u(x, y) = u(r\cos\theta, r\sin\theta) = \sum_{n=0}^{\infty} r^n (a_n \cos n\theta + b_n \sin n\theta)$$

は項別微分可能であり，$g(\theta)$ を境界値にもつ調和関数になる．次節のポアソン積分を用いれば，$g(\theta)$ が連続であればラプラス方程式に対するディリクレ問題の解が得られることがわかるが，その説明は省略する ([9])．

## 15.8　ポアソンの積分公式

無限級数で表された解を少し書き直して，積分の形にすることができる．これが**ポアソンの積分公式**である．

$$
\begin{aligned}
v(r,\theta) &= \frac{1}{2\pi} \int_0^{2\pi} g(\alpha)\,d\alpha \\
&\quad + \frac{1}{\pi} \sum_{n=1}^{\infty} r^n \int_0^{2\pi} g(\alpha)(\cos n\alpha \cos n\theta + \sin n\alpha \sin n\theta)\,d\alpha \\
&= \frac{1}{2\pi} \int_0^{2\pi} g(\alpha) \left( 1 + 2 \sum_{n=1}^{\infty} r^n \cos n(\theta - \alpha) \right) d\alpha \\
&= \frac{1}{2\pi} \int_0^{2\pi} g(\alpha) \left( 1 + \sum_{n=1}^{\infty} r^n (e^{in(\theta-\alpha)} + e^{-in(\theta-\alpha)}) \right) d\alpha \\
&= \frac{1}{2\pi} \int_0^{2\pi} g(\alpha) \left( 1 + \frac{re^{i(\theta-\alpha)}}{1 - re^{i(\theta-\alpha)}} + \frac{re^{-i(\theta-\alpha)}}{1 - re^{-i(\theta-\alpha)}} \right) d\alpha \\
&= \frac{1}{2\pi} \int_0^{2\pi} g(\alpha) \left( \frac{1 - r^2}{1 - 2r\cos(\theta - \alpha) + r^2} \right) d\alpha
\end{aligned}
$$

ここで

$$
P(r,\theta) = \frac{1 - r^2}{2(1 - 2r\cos\theta + r^2)}
$$

と置けばポアソンの積分公式は

$$
u(r,\theta) = \frac{1}{\pi} \int_0^{2\pi} P(r, \theta - \alpha) g(\alpha)\,d\alpha \tag{15.7}
$$

と表される．すなわち，単位円の内部 $\Omega$ で調和で円周 $\partial\Omega$ で連続な関数は，境界値のポアソン積分で (15.7) と表すことができる．これは正則関数が境界上

260 第 15 章 偏微分方程式へ (2)

で積分で表されるというコーシーの積分公式と同様な性質で興味深い. $P(r, \theta)$
は**ポアソン核**とよばれる.

## 演習問題 15

**1.** 次の多項式は調和多項式であることを確かめ，それらを極座標に変換して，$r^n \sin n\theta$, $r^n \cos n\theta$ の 1 次結合として表せ.

   (1)   $x^2 - y^2$

   (2)   $x^4 - 6x^2y^2 + y^4$

   (3)   $x^4 + 4x^3y - 6x^2y^2 - 4xy^3 + y^4$

   (4)   $x^6 - 15x^4y^2 + 15x^2y^4 - y^6$

   (5)   $4x^7y - 28x^5y^3 + 28x^3y^5 - 4xy^7$

**2. 1** の多項式を単位円の境界である単位円周 $x^2 + y^2 = 1$ で考えたとき，最大値と最小値を求めよ.

# 演習問題解答

**演習問題 1** (p.13)

**1.** (1) $y' = (2x+1)ce^{x^2+x}$ より $y' = (2x+1)y$. (2) $y' = 2c_1x + c_2$, $y'' = 2c_1$ より $c_1 = y''/2$, $c_2 = y' - xy''$. ゆえに $x^2y''/2 - xy' + y = 1$.

**2.** 略.

**3.** $t$ 秒後の高さを $x = x(t)$ とすれば, $x = -10t^2 + 20t = -10(t-1)^2 + 10$ であるから 1 秒後に最高 10 メートル.

**4.** (1) 部分積分により $y' = xe^x - e^x + c_1$, $y = xe^x - 2e^x + c_1x + c_2$ が得られるから, $y = xe^x - 2e^x + x + 2$. (2) $y = \log(-x/(x+1))$.

**演習問題 2** (p.27)

**1.** (1) $y = -(1/\pi)\cos\pi x + (2/\pi)\sin(\pi x/2) - \sqrt{2}/\pi$. 一意. (2) $y = -\sin x + cx$, 任意定数 $c$ を含み一意ではない. (3) $x > 0$ では $y = \log x$ で, $x < 0$ では $y = \log(-x) + c$ で一意ではない.

**2.** (1) $y_0 = 0$, $y_1 = x^2/2$, $y_2 = x^2/2 + x^3/3!$, $\cdots$, $y_n = x^2/2 + x^3/3! + \cdots + x^{n+1}/(n+1)!$. したがって $y = e^x - x - 1$. (2) $y_0 = 0$, $y_1 = x^2/2$, $y_2 = x^2/2 + x^4/(2^2 2!)$, $y_3 = x^2/2 + x^4/(2^2 2!) + x^6/(2^3 3!)$, $\cdots$, $y_n = (x^2/2)^{n+1}/(n+1)!$, $\cdots$ となり, $y = e^{x^2/2} - 1$.

**演習問題 3** (p.40)

**1.** $C$ を任意定数とする.

(1) $y = 1 + Ce^{x^2/2}$. (2) $y = -\tanh(1/2x^2 + C)$. (3) 変数分離形, $y \neq -1$ のとき, $\log|1+y| = \log|\tan(x/2)| + c$ となり, $y = -1$ も含めて $y = C\tan(x/2) - 1$. (4) $y = -x/(x-C)$ および $y = 0$.

**2.** $C$ を任意定数とする. (1) $y^2 + 2xy - x^2 - C = 0$. (2) $x + y - C\sqrt{y} = 0$.

(3) $y^2 - \dfrac{1}{3}x^2 - \dfrac{C}{x} = 0$. (4) $y^2 - (2\log(x) + C)x^2 = 0$.

**3.** $C$ を任意定数とする. (1) $y = 1 + Ce^{-x^2/2}$. (2) $y = (x^2 + C)e^{-x^2/2}$. (3) $y = \left(\dfrac{be^{-x(\lambda+a)}}{-\lambda-a} + C\right)e^{ax}$. (4) $y = -a + Cx$.

演習問題解答 | 263

**4.** $y' + p(x)y = q(x) = 0$ の両辺に $1/z(x)$ をかけると $(1/z)y' + (1/z)py = (1/z)q$. 左辺は $(1/z)(y' + py) = (y/z)' - (1/z)'y + (1/z)py = (y/z)' + (z'/z^2)y + (1/z)py = (y/z)' + (z' + pz)y$. $z$ は斉次方程式 $z' + pz = 0$ の解だから $= (y/z)'$. もとの式に代入すると $(y/z)' + q/z = 0$ が得られる.

**演習問題 4** (p.60)

**1.** $U(x, y)$ を下記のように与えると,完全微分方程式の解は $U(x, y) = C$ によって与えられる. (1) $U(x, y) = \sin^2 x + \cos^2 y + xy$. (2) $U(x, y) = x^4 + x^2y^2 + y^3$. (3) $U(x, y) = x^2 + x^2y^2 + 2y^2$. (4) $U(x, y) = x^2/y + y^2/x$.

**2.** 積分因子,完全微分方程式,積分は次のとおり. なお,積分因子が異なれば,完全微分方程式も積分も異なる. (1) 積分因子 $\lambda = 1/(xy)$, 完全微分方程式 $(y \cos x + \cos y + y) \, dx + (\sin x - x \sin y + x) \, dy = 0$, 積分 $U(x, y) = y \sin x + x \cos y + xy$. (2) 積分因子 $\lambda = 1/(xy)$, 完全微分方程式 $(\cos x \cos y + y) \, dx + (- \sin x \sin y + x) \, dy = 0$, 積分 $U(x, y) = \sin x \cos y + xy$. (3) 積分因子 $\lambda = 1/(x + y)$, 完全微分方程式 $(3x^2y^2 + 2xy^2 + 3y^3) \, dx + (2x^3y + 2x^2y + 9xy^2) \, dy = 0$, 積分 $U(x, y) = x^3y^2 + x^2y^2 + 3xy^3$. (4) 積分因子 $\lambda = 1/(x+y)$, 完全微分方程式 $(2x+y)dx + (x+2y)dy = 0$, 積分 $U(x, y) = x^2 + xy + y^2$.

**3.** 任意定数を $c$ とする一般解と特異解は次のとおり. (1) 一般解は $(x + c)^3 - (y - a)^2 = 0$, 特異解は $\{y = a\}$. (2) 一般解は $(x - c)^2 + y^2/9 - 1/9 = 0$, 特異解は $\{\{y = -1\}, \{y = 1\}\}$. (3) これはクレローの方程式の $f(x) = x^3/3$ の場合である. 一般解は $y - cx + c^3/3 = 0$, 特異解は $\left\{ y = \dfrac{2}{3}c^3, x = c^2 \right\}$ あるいは $\{y^2 - (4/9)x^3 = 0\}$.

**演習問題 5** (p.74)

**1.** $\Delta N = k\Delta t$ とすれば $N(t) = N_0 e^{kt}$. $N(t + 1) = N(t)e^k = 1.02N(t)$ となるので $k = \log 1.02$ である. 30 分後には $N(t)e^{k/2} = \sqrt{1.02}N(t)$ であって $1.01N(t)$ ではない.

**2.** $t$ 年の人口を $N(t)$ とすれば,マルサスの人口モデルであれば $N = N_0 e^{\lambda(t-t_0)}$ である. $N_0 e^{10\lambda} = 1.2N_0$, $N_0 e^{50\lambda} = 1.5N_0$ であるから,$1.5 = 1.2^5$ となることになり矛盾.

**3.** $N''(t) = 0$ のとき $e^{\gamma t} = N_\infty/N_0 - 1$ となり,これを $N$ の式に代入すれば,$N = N_\infty/2$.

**4.** $u = w^{1/3}$ とおけば $u' + (\beta/3)u = \alpha/3$. これより $u = \alpha/\beta + Ce^{-\beta t/3}$. 初期条

件を考慮して，$w = (\alpha/\beta)^3(1 - e^{-\beta t/3})^3$．

**研究課題** (p.75)　(1) 実際の人口のデータ (推計を含む) をグラフにして表すと図 A.1 となる．$p_1 = p_0 \, e^{a(t_1 - t_0)}$ に $p_0 = 2535093000$, $p_1 = 9191287000$, $t_0 = 1950$, $t_1 = 2000$ を代入して解くと，

$$a = \frac{1}{100} \log\left(\frac{9191287}{2535093}\right) = 0.01288025647.$$

このときのマルサスのモデルの曲線は

$$2535093000 \, e^{\frac{1}{100} \log\left(\frac{9191287}{2535093}\right)(t-1950)} = 2535093000 \, e^{0.01288025647\,t - 25.11650012}$$

になって，実際の人口変化の曲線とは合わない (図 A.2 で下の曲線がマルサスの人口モデルの曲線で上の曲線が実際の人口の変化 (予測を含む) である)．

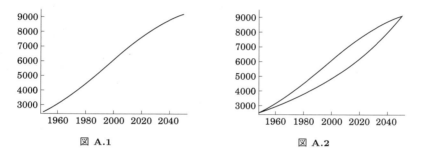

図 A.1　　　　　　　　図 A.2

(2) フェルフルストのモデルの方程式

$$N(t) = \frac{N_\infty}{\left(1 + \left(\frac{N_\infty}{p_0} - 1\right) e^{-\gamma(t - t_0)}\right)}$$

において $t_0 = 1950$, $p_0 = 2529$, $N_\infty = 10450$, $\gamma = 0.03093083108$ とおくと，

$$N(t) = 10450 \left(1 + \frac{7921}{2529} e^{-0.03093083108\,t + 60.31512061}\right)^{-1}$$

となる．このグラフは比較的よく実際の人口のグラフと一致する (次ページ図 A.3)．

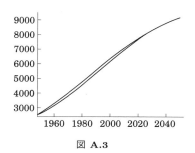

図 **A.3**

### 演習問題 **6** (p.91)

**1.** (1) $e^{2t}, e^{-2t}$. (2) $e^{3t}, e^{-2t}$. (3) $\cos 2t, \sin 2t$. (4) $e^{-t/2}\cos(\sqrt{3}t/2)$, $e^{-t/2}\sin(\sqrt{3}t/2)$.

**2.** (1) $e^t, e^{2t}, e^{3t}$. (2) $e^t, e^{-t/2}\cos(\sqrt{3}t/2), e^{-t/2}\sin(\sqrt{3}t/2)$.

**3.** $\lambda = 0$ のとき解は $x(t) = c_1 t + c_2$ であるが, $x(0) = x(\pi) = 0$ となるのは $c_1 = c_2 = 0$ で自明な解しかない. $\lambda \neq 0$ のとき $\lambda > 0$ と仮定してもよい. そのとき解は $x(t) = c_1 \cos \lambda t + c_2 \sin \lambda t$ である. $x(0) = 0$ より $c_1 = 0$. このとき $c_2 \neq 0$ としてよい. $x(\pi) = 0$ より, $c_2 \sin \lambda \pi = 0$ であるから, $\lambda = n$($n$ は自然数). 解は $x = c \sin nt$ ($c \neq 0$, $n$ は自然数).

**4.** $x = ce^{kt}$ であれば, $x' = kx, x'' = k^2 x$ であるから, $xx'' = k^2 x^2$, $(x')^2 = k^2 x^2$ となり $x$ は解である. たとえば $x_1 = e^t, x_2 = e^{2t}$ は解であるが, $x = x_1 + x_2$ とすれば, $xx'' = e^{2t} + 5e^{3t} + 4e^{4t}$, $(x')^2 = e^{2t} + 4e^{3t} + 4e^{4t}$ であるから $x_1 + x_2$ は解ではないから, 解の全体は線形空間にならない.

### 演習問題 **7** (p.124)

**1.** (1) 付随する斉次方程式の基本解は $e^{3t}, 3^{-2t}$ である. 非斉次方程式の特殊解は $x = u_1 e^{3t} + u_2 e^{-2t}$ とおけは, $u_1 = (3t-1)e^{3t}/9$, $u_2 = (2t-1)e^{-2t}/4$ ゆえに一般解は $x = \{(3t-1)/9 + c_1\}e^{3t} + \{(2t-1)/4 + c_2\}e^{-2t}$. (2) $x = at^2 + bt$ とおいて特殊解を探す. $2a + 2at + b = t + 2$ より, $a = 1/2$, $b = 1$, 斉次方程式の基本解として $1, e^{-t}$ がとれるので一般解は $x = c_1 + c_2 e^{-t} + \dfrac{t^2}{2} + t$. (3) $(D^2 - 1)x = e^t + e^{2t}$ より特殊解は
$$x = \frac{1}{2}\left(\frac{e^t + e^{2t}}{D-1} - \frac{e^t + e^{2t}}{D+1}\right)$$

$$= \frac{te^t}{2} - \frac{e^t}{4} + \frac{e^{2t}}{2} - \frac{e^{2t}}{6} = \frac{te^t}{2} - \frac{e^t}{4} + \frac{e^{2t}}{3}.$$

一般解はこれに斉次方程式の一般解 $c_1 e^t + c_2 e^{-t}$ を加えたもの. (4) $x = a\cos t + b\sin t$ の形の特殊解を探す. $-a\cos t - b\sin t - a\sin t + b\cos t = \sin t + 2\cos t$ より $a = -1/2$, $b = -3/2$. ゆえに一般解は $x = c_1 + c_2 e^t - (1/2)\cos t - (3/2)\sin t$.

**2.** (1) 付随する斉次方程式の特性方程式は, $s^2 + 4s + 5 = 0$ より $s = -2 \pm i$. 非斉次方程式の特殊解として $x = ae^t$ とすれば, $a = 1$, ゆえに一般解は $x = e^t + e^{-2t}(c_1 \cos t + c_2 \sin t)$. 初期条件より $c_1 = -1$, $c_2 = -3$. (2) 付随する斉次方程式の一般解は $x = e^t(c_1 \cos 2t + c_2 \sin 2t)$. 特殊解は $x = 4\cos t - 2\sin t$. 初期条件を考慮すれば $x = e^t(-4\cos 2t + 3\sin 2t) + 4\cos t - 2\sin t$.

**3.** (1) $x = e^{2t}(c_1 + c_2 t)$. (2) $(D-1)(D^2+1)x = 0$ であるから $x = c_1 e^t + c_2 e^{it} + c_3 e^{-it} = C_1 e^t + C_2 \cos t + C_3 \sin t$. (3) 特殊解は

$$x = \frac{e^{2t}}{3(D-2)} - \frac{e^{2t}}{3(D+1)} = \frac{1}{9}(3t-1)e^{2t}.$$

一般解はこれに $c_1 e^{2t} + c_2 e^{-t}$ を加えて $x = e^{2t}(t/3 + C_1) + C_2 e^{-t}$. (4) $x = ae^t$ の形の特殊解を探すと $a = -1/15$. したがって $x = -e^t/15 + c_1 e^{2t} + c_2 e^{-2t} + c_3 \cos 2t + c_4 \sin 2t$.

## 演習問題 8 (p.140)

**1.** (1) ばねの伸びが $x_2 - x_1 - l$ であるから, 運動方程式は $m_1$ に関しては $m_1 x_1'' = k(x_2 - x_1 - l)$, $m_2$ に関しては $m_2 x_2'' = -k(x_2 - x_1 - l)$ である. (2) $(d^2/dt^2)(m_1 x_1 + m_2 x_2) = 0$ であるから, 重心 $y = (m_1 x_1 + m_2 x_2)/(m_1 + m_2)$ は $(m_1 + m_2)y'' = 0$ で定速度で運動している. ばねの伸び $z = x_2 - x_1 - l$ は $z'' = -k(1/m_1 + 1/m_2)z$ をみたすから, 質量 $m = 1/(1/m_1 + 1/m_2) = m_1 m_2/(m_1 + m_2)$ の単調和運動 $mz'' = -kz$ をする.

**2.** $\begin{aligned} x'(t) &= Ae^{-\frac{c}{2m}t}\left\{\omega_0 \cos(\omega_0 t + \phi_0) - \frac{c}{2m}\sin(\omega_0 + \phi_0)\right\} \\ &= A\sqrt{k/m} \times e^{-\frac{c}{2m}t}\sin(\omega_0 + \phi_0 - \psi_0), \end{aligned}$

ただし $\tan\psi_0 = 2m\omega_0/c$ と書け, $x'(t) = 0$ となる極大と極小を交互にとるので $t_1, t_2$ $(t_1 < t_2)$ が隣り合う極大値をとる時刻とすれば, $\omega_0(t_2 - t_1) = 2\pi$ となる.

## 演習問題 9 (p.152)

**1.** 求める方程式を $x'' + p(t)x' + q(t)x = 0$ とする. $x = t$ を代入すれば $p(t) + q(t)t = $

0. $x = e^t$ を代入して両辺を $e^t$ で割れば，$1 + p(t) + q(t) = 0$. これより $q(t) = 1/(t-1)$, $p(t) = -t/(t-1)$.

**2.** これらの微分方程式はオイラーの微分方程式である．$t = e^s$ によって変数変換して，$s$ に関する微分の方程式に直すと定数係数の線形微分方程式になるので，それを解けばよい．(1) $x = C_1 t + C_2 t^3$. (2) $x = t(C_2 t^2 + (t^2/2) \log t - 2t + C_1)$. (3) $x = \dfrac{1}{6} t^2 (6C_2 + 6C_1 \log t + (\log t))^3 + 6t)$.

**3.** 一つの解 $x = x_1(t)$ がわかっているのだから，$x = y(t) x_1(t)$ とおいて，未知関数 $y(t)$ に関する微分方程式と考える．(1) $x = \dfrac{e^t (C_1 + C_2 t)}{t - 2}$. (2) $x = e^t(C_1 + C_2(t+2)^3)$. (3) $x = C_1 e^{-t} + C_2(3 + t + t^2)$.

**演習問題 10** (p.177)

**1.** (1) $\boldsymbol{x} = \begin{pmatrix} x_1 \\ x_2 \end{pmatrix}$, $A = \begin{pmatrix} 0 & 1 \\ 2 & -1 \end{pmatrix}$ とおいて，微分方程式 $\boldsymbol{x}' = A\boldsymbol{x}$ を考えると，$x(t) = x_1(t)$ は微分方程式 $x'' + x' - 2x = 0$ の解になっている．$\boldsymbol{x}' = A\boldsymbol{x}$ の一般解は $\boldsymbol{x}(t) = \exp(tA) \begin{pmatrix} c_1 \\ c_2 \end{pmatrix}$ で与えられる．$P = \begin{pmatrix} 1 & 1 \\ -2 & 1 \end{pmatrix}$ とおくと $B = P^{-1}AP = \begin{pmatrix} -2 & 0 \\ 0 & 1 \end{pmatrix}$ となる．$\exp(tA) = P \exp(tB) P^{-1}$ であるから

$$\boldsymbol{x}(t) = \exp(tA) \begin{pmatrix} c_1 \\ c_2 \end{pmatrix} = P \exp(tB) P^{-1} \begin{pmatrix} c_1 \\ c_2 \end{pmatrix}$$

$$= \begin{pmatrix} 1/3\,e^{-2t} + 2/3\,e^t & -1/3\,e^{-2t} + 1/3\,e^t \\ -2/3\,e^{-2t} + 2/3\,e^t & 2/3\,e^{-2t} + 1/3\,e^t \end{pmatrix} \begin{pmatrix} c_1 \\ c_2 \end{pmatrix}$$

となって，$x(t) = x_1(t) = C_1 e^{-2t} + C_2 e^t$ が一般解になる．(2) $\boldsymbol{x} = \begin{pmatrix} x_1 \\ x_2 \end{pmatrix}$, $A = \begin{pmatrix} 0 & 1 \\ -9 & 6 \end{pmatrix}$ とおいて，微分方程式 $\boldsymbol{x}' = A\boldsymbol{x}$ を考えると，$x(t) = x_1(t)$ は微分方程式 $x'' - 6x' + 9x = 0$ の解になっている．$P = \begin{pmatrix} 1 & 1 \\ 3 & 4 \end{pmatrix}$ とおくと $B = P^{-1}AP = \begin{pmatrix} 3 & 1 \\ 0 & 3 \end{pmatrix}$ となる．$\exp(tA) = P \exp(tB) P^{-1}$ であるから

$$\boldsymbol{x}(t) = \exp(tA)\begin{pmatrix} c_1 \\ c_2 \end{pmatrix} = P\exp(tB)P^{-1}\begin{pmatrix} c_1 \\ c_2 \end{pmatrix}$$

$$= P\begin{pmatrix} e^{3t} & te^{3t} \\ 0 & e^{3t} \end{pmatrix} \times P^{-1}\begin{pmatrix} c_1 \\ c_2 \end{pmatrix} = \begin{pmatrix} -e^{3t}(-1+3t) & te^{3t} \\ -9te^{3t} & e^{3t}(1+3t) \end{pmatrix}\begin{pmatrix} c_1 \\ c_2 \end{pmatrix}$$

となって, $x(t) = x_1(t) = C_1 e^{3t} + C_2 te^{3t}$ が一般解になる. (3) $\boldsymbol{x} = \begin{pmatrix} x_1 \\ x_2 \end{pmatrix}$, $A = \begin{pmatrix} 0 & 1 \\ -1 & 10/3 \end{pmatrix}$ とおいて, 微分方程式 $\boldsymbol{x}' = A\boldsymbol{x}$ を考えると, $x(t) = x_1(t)$ は 微分方程式 $3x'' - 10x' + 3x = 0$ の解になっている. $B = \begin{pmatrix} 1 & 3 \\ 3 & 1 \end{pmatrix}$ とおくと $B = P^{-1}AP = \begin{pmatrix} 3 & 0 \\ 0 & 1/3 \end{pmatrix}$ となる. $\exp(tA) = P\exp(tB)P^{-1}$ であるから,

$$\boldsymbol{x}(t) = \exp(tA)\begin{pmatrix} c_1 \\ c_2 \end{pmatrix} = P\exp(tB)P^{-1}\begin{pmatrix} c_1 \\ c_2 \end{pmatrix}$$

$$= \begin{pmatrix} 1/3e^{3t} + 2/3e^{1/3t} & -1/3e^{3t} + 1/3e^{1/3t} \\ -2/3e^{3t} + 2/3e^{1/3t} & 2/3e^{3t} + 1/3e^{1/3t} \end{pmatrix}\begin{pmatrix} c_1 \\ c_2 \end{pmatrix}$$

となって, $x(t) = x_1(t) = C_1 e^{3t} + C_2 e^{t/3}$ が一般解になる.

**2.** (1) 初期条件を $\boldsymbol{x}(0) = \begin{pmatrix} 1 \\ 1 \end{pmatrix}$ として, $\boldsymbol{b}(t) = \begin{pmatrix} \sin 2t \\ \cos 2t \end{pmatrix}$ とする. 解核は

$$\Phi(t,s) = \begin{pmatrix} \cos(t-s) & \sin(t-s) \\ -\sin(t-s) & \cos(t-s) \end{pmatrix}$$

となる.

$$\Phi(t,s)\boldsymbol{b}(s) = \begin{pmatrix} \cos(t-s)\sin 2s + \sin(t-s)\cos 2s \\ -\sin(t-s)\sin 2s + \cos(t-s)\cos 2s \end{pmatrix},$$

$$\Phi(t,0)\boldsymbol{x}(0) = \begin{pmatrix} \cos t - \cos 2t \\ -\sin t + \sin 2t \end{pmatrix}$$

であるから,

$$\begin{pmatrix} x_1(t) \\ x_2(t) \end{pmatrix} = \int_0^t \Phi(t,s)\boldsymbol{b}(s)ds + \Phi(t,0)\boldsymbol{x}(0) = \begin{pmatrix} 2\cos t - \cos 2t + \sin t \\ \\ -2\sin t + \sin 2t + \cos t \end{pmatrix}$$

が求める解になる. (2) 初期条件を $\boldsymbol{x}(0) = \begin{pmatrix} 1 \\ 1 \end{pmatrix}$ として, $\boldsymbol{b}(t) = \begin{pmatrix} t+1 \\ t^2+2 \end{pmatrix}$ とする.
解核は

$$\Phi(t,s) = \begin{pmatrix} e^{t-s} & (t-s)\,e^{t-s} \\ \\ 0 & e^{t-s} \end{pmatrix}$$

となる.

$$\Phi(t,s)\boldsymbol{b}(s) = \begin{pmatrix} e^{t-s}\,(s+1) + (t-s)\,e^{t-s}\,(s^2+2) \\ \\ e^{t-s}\,(s^2+2) \end{pmatrix},$$

$$\Phi(t,0)\boldsymbol{x}(0) = \begin{pmatrix} e^t + e^t t \\ \\ e^t \end{pmatrix}$$

であるから,

$$\begin{pmatrix} x_1(t) \\ x_2(t) \end{pmatrix} = \int_0^t \Phi(t,s)\boldsymbol{b}(s)ds + \Phi(t,0)\boldsymbol{x}(0) = \begin{pmatrix} 5\,e^t t - 5\,e^t + 3\,t + t^2 + 6 \\ \\ 5\,e^t - t^2 - 2\,t - 4 \end{pmatrix}$$

が求める解になる. (3) 初期条件を $\boldsymbol{x}(0) = \begin{pmatrix} 2 \\ 1 \end{pmatrix}$ として, $\boldsymbol{b}(t) = \begin{pmatrix} \cos t \\ \sin t \end{pmatrix}$ とする. 解核は

$$\Phi(t,s) = \begin{pmatrix} e^{t-s} & (t^2 - s^2)\,e^{t-s}/2 \\ \\ 0 & e^{t-s} \end{pmatrix}$$

となる.

$$\Phi(t,s)\boldsymbol{b}(s) = \begin{pmatrix} e^{t-s}\cos s + (t^2 - s^2)\,e^{t-s}(\sin s)/2 \\ \\ e^{t-s}\sin(s) \end{pmatrix},$$

$$\Phi(t,0)\boldsymbol{x}(0) = \begin{pmatrix} 2\,e^t + e^t t^2/2 \\ e^t \end{pmatrix}$$

であるから,

$$\begin{pmatrix} x_1(t) \\ x_2(t) \end{pmatrix} = \int_0^t \Phi(t,s)\boldsymbol{b}(s)ds + \Phi(t,0)\boldsymbol{x}(0)$$

$$= \begin{pmatrix} (3t^2+9)e^t/4 + ((2t-1)\cos t)/4 + (\sin t)/4 \\ 3e^t/2 - (\cos t) - (\sin t)/2 \end{pmatrix}$$

が求める解になる.

**3.** (1)

$$\begin{pmatrix} 0 & t \\ t & 0 \end{pmatrix}^k = \begin{cases} t^k \begin{pmatrix} 1 & 0 \\ 0 & 1 \end{pmatrix} & (k:\text{偶数}) \\ t^k \begin{pmatrix} 0 & 1 \\ 1 & 0 \end{pmatrix} & (k:\text{奇数}) \end{cases}$$

であり,$\displaystyle\sum_{m=0}^{\infty} \frac{t^{2m}}{(2m)!} = \cosh t,\ \sum_{m=0}^{\infty} \frac{t^{2m+1}}{(2m+1)!} = \sinh t$ であるから,$\exp\begin{pmatrix} 0 & t \\ t & 0 \end{pmatrix} =$

$\begin{pmatrix} \cosh t & \sinh t \\ \sinh t & \cosh t \end{pmatrix}$.

(2)

$$\begin{pmatrix} 0 & it \\ it & 0 \end{pmatrix}^k = \begin{cases} (-1)^{k/2}t^k \begin{pmatrix} 1 & 0 \\ 0 & 1 \end{pmatrix} & (k:\text{偶数}) \\ (-1)^{(k-1)/2}it^k \begin{pmatrix} 0 & 1 \\ 1 & 0 \end{pmatrix} & (k:\text{奇数}) \end{cases}$$

であるから,$\exp\begin{pmatrix} 0 & it \\ it & 0 \end{pmatrix} = \begin{pmatrix} \cos t & i\sin t \\ i\sin t & \cos t \end{pmatrix}$.

**演習問題 11** (p.191)

**1.** (1) $A = \begin{pmatrix} 0 & 1 \\ 3 & -2 \end{pmatrix}$,$\boldsymbol{x} = \begin{pmatrix} x \\ y \end{pmatrix}$ とおけば $\boldsymbol{x}' = A\boldsymbol{x}$. $A$ の固有値は $1, -3$ で

あり，それぞれに属す固有ベクトル $\begin{pmatrix} 1 \\ 1 \end{pmatrix}$, $\begin{pmatrix} 1 \\ -3 \end{pmatrix}$ を選び，$P = \begin{pmatrix} 1 & 1 \\ 1 & -3 \end{pmatrix}$, $B = P^{-1}AP$ とおけば，

$$\exp tA = P(\exp tB)P^{-1} = \begin{pmatrix} \dfrac{3}{4}e^t + d\dfrac{1}{4}e^{-3t} & \dfrac{1}{4}e^t - \dfrac{1}{4}e^{-3t} \\ \dfrac{3}{4}e^t - \dfrac{3}{4}e^{-3t} & \dfrac{1}{4}e^t + \dfrac{3}{4}e^{-3t} \end{pmatrix}.$$

であるから，$x(t) = c_1\left(3e^t + e^{-3t}\right) + c_2\left(e^t - e^{-3t}\right)$, $y(t) = c_1\left(3e^t - 3e^{-3t}\right) + c_2\left(e^t + 3e^{-3t}\right)$（ここで $c_1, c_2$ は任意定数）．(2) 係数行列 $A = \begin{pmatrix} 2 & -1 \\ 3 & -2 \end{pmatrix}$ の固有値は $1, -1$ であり，それぞれに属す固有ベクトルを列ベクトルとする変換行列 $P = \begin{pmatrix} 1 & 1 \\ 1 & 3 \end{pmatrix}$ をとり，$B = P^{-1}AP$ とすれば，

$$\exp tA = P(\exp tB)P^{-1} = \begin{pmatrix} 3/2e^t - 1/2e^{-t} & -1/2e^t + 1/2e^{-t} \\ 3/2e^t - 3/2e^{-t} & -1/2e^t + 3/2e^{-t} \end{pmatrix}.$$

したがって，$x(t) = c_1\left(3e^t - e^{-t}\right) + c_2\left(-e^t + e^{-t}\right)$, $y(t) = c_1\left(3e^t - 3e^{-t}\right) + c_2\left(-e^t + 3e^{-t}\right)$.（ここで $c_1, c_2$ は任意定数）．(3) 係数行列 $A = \begin{pmatrix} -2 & -2 \\ 0 & 1 \end{pmatrix}$ の固有値は $-2, 1$ で，それぞれに属す固有ベクトルを列ベクトルとする変換行列 $P = \begin{pmatrix} 1 & 2 \\ 0 & -3 \end{pmatrix}$ をとり，$B = P^{-1}AP$ とすれば，

$$\exp tA = P(\exp tB)P^{-1} = \begin{pmatrix} e^{-2t} & \dfrac{2}{3}e^{-2t} - \dfrac{2}{3}e^t \\ 0 & e^t \end{pmatrix}.$$

したがって，$x(t) = c_1 e^{-2t} + c_2\left(2e^{-2t} - 2e^t\right)$, $y(t) = 3c_2 e^t$.（ここで $c_1, c_2$ は任意定数）．(4) 係数行列 $A = \begin{pmatrix} 5 & -1 \\ -1 & 5 \end{pmatrix}$ の固有値は $4, 6$ で，それぞれに属す固有ベクトルを列ベクトルとする変換行列 $P = \begin{pmatrix} 1 & -1 \\ 1 & 1 \end{pmatrix}$ をとり，$B = P^{-1}AP$ とす

れば, $\exp tA = P(\exp tB)P^{-1} = \dfrac{1}{2}\begin{pmatrix} e^{4t}+e^{6t} & e^{4t}-e^{6t} \\ e^{4t}-e^{6t} & e^{4t}+e^{6t} \end{pmatrix}$. したがって, $x(t) = c_1(e^{4t}+e^{6t}) + c_2(e^{4t}-e^{6t})$, $y(t) = c_1(e^{4t}-e^{6t}) + c_2(e^{4t}+e^{6t})$(ここで $c_1, c_2$ は任意定数). (5) 係数行列 $A = \begin{pmatrix} 5 & 3 \\ 1 & 7 \end{pmatrix}$ の固有値は $4, 8$ で, それぞれに属す固有ベクトルを列ベクトルとする変換行列 $P = \begin{pmatrix} -3 & 1 \\ 1 & 1 \end{pmatrix}$ をとり, $B = P^{-1}AP$ とすれば,

$\exp tA = P(\exp tB)P^{-1} = \dfrac{1}{4}\begin{pmatrix} 3e^{4t}+e^{8t} & -3e^{4t}+3e^{8t} \\ -e^{4t}+e^{8t} & e^{4t}+3e^{8t} \end{pmatrix}$. したがって, $x(t) = c_1(3e^{4t}+e^{8t}) + c_2(-3e^{4t}+3e^{8t})$, $y(t) = c_1(-e^{4t}+e^{8t}) + c_2(e^{4t}+3e^{8t})$(ここで $c_1, c_2$ は任意定数). (6) 係数行列 $A = \begin{pmatrix} 12 & 9 \\ 2 & 15 \end{pmatrix}$ の固有値は $9, 18$ で, それぞれに属す固有ベクトルを列ベクトルとする変換行列 $P = \begin{pmatrix} -3 & 3 \\ 1 & 2 \end{pmatrix}$ をとり, $B = P^{-1}AP$ とすれば,

$$\exp tA = P(\exp tB)P^{-1} = \dfrac{1}{9}\begin{pmatrix} 6e^{9t}+3e^{18t} & -9e^{9t}+9e^{18t} \\ -2e^{9t}+2e^{18t} & 3e^{9t}+6e^{18t} \end{pmatrix}.$$

したがって, $x(t) = c_1(6e^{9t}+3e^{18t}) + c_2(-3e^{9t}+3e^{18t})$, $y(t) = c_1(-2e^{9t}+2e^{18t}) + c_2(e^{9t}+2e^{18t})$(ここで $c_1, c_2$ は任意定数).

**2.** (1) 問題 **1** と同様の計算による. 係数行列の固有値は $2$ と $-1$. 変換行列は $P = \begin{pmatrix} 1 & -2 \\ 1 & 1 \end{pmatrix}$. 解は $x = \{(e^{2t}+2e^{-t})x_0 - 2(e^{2t}-e^{-t})y_0\}/3$, $y = \{(e^{2t}-e^{-t})x_0 + (2e^{2t}+e^{-t})y_0\}/3$. 軌道は $\boldsymbol{x} = P^{-1}\boldsymbol{u}$ であるから, 図 11.2 に習って描いた図を $u$ 軸 $v$ 軸をそれぞれ $y = -x$ $y = x/2$ に写す写像 $(u, v) \to ((u+2v)/3, (-u+v)/3)$ で写したもので図 A.4 (次ページ).

(2) 11.1 節の $D < 0$ の場合. 固有値は $-i \pm 2i$ で $Q = \dfrac{1}{\sqrt{2}}\begin{pmatrix} 1 & 1 \\ i & i \end{pmatrix}$ ととることができ, $P = E$ となる. これより $A$ 自身が $A = B$ で標準形.

$$\exp tA = \begin{pmatrix} e^{-t}\cos 2t & e^{-t}\sin 2t \\ -e^{-t}\sin 2t & e^{-t}\cos 2t \end{pmatrix}.$$

軌道は図 11.6 と同様で図 A.5.

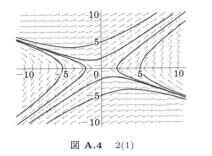
図 **A.4**　2(1)

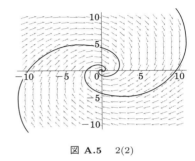
図 **A.5**　2(2)

### 演習問題 **12** (p.209)

**1.** (1) $p=0$, $q=1$, $D=-4$ であるから, 平衡点 **0** を中心とする閉軌道. (2) $p=-1$, $q=2$, $D=-7$ であるから平衡点 **0** は安定渦心点. (3) $p=6$, $q=5$, $D=16$ であるから平衡点 **0** は不安定結節点.

**2.** $v=d\theta/dt$, $f(\theta)=\omega_0^2(\theta-\theta^3/6)$ とおけば, 平衡点は $\theta$–$v$ 平面において, $v=0$, $v'=-f(\theta)=0$ より $(0,0)$, $(\pm\sqrt{6},0)$. $f'(\theta)=df(\theta)/d\theta=\omega_0^2(1-\theta^2/2)$ より, $f'(0)=\omega_0^2>0$, $f'(\pm\sqrt{6})=-2\omega_0^2<0$ であり, $(0,0)$ は安定, $(\pm\sqrt{6},0)$ は不安定.

### 演習問題 **13** (p.227)

**1.** $y=ce^x-x-2$.

**2.** (1) $y=c_0+c_1\left(x+\sum\limits_{m=1}^{\infty}(-1)^m\dfrac{(2m-1)\cdots 5\cdot 3\cdot 1}{(2m+1)!}x^{2m+1}\right)$.

(2) $y=c_0\left(1-\dfrac{x^3}{3\cdot 2}+\dfrac{x^6}{6\cdot 5\cdot 3\cdot 2}-\dfrac{x^9}{9\cdot 8\cdot 6\cdot 5\cdot 3\cdot 2}+\cdots\right)$
$+c_1\left(x-\dfrac{x^4}{4\cdot 3}+\dfrac{x^7}{7\cdot 6\cdot 4\cdot 3}-\dfrac{x^{10}}{10\cdot 9\cdot 7\cdot 6\cdot 4\cdot 3}+\cdots\right)$.

**3.** (1) $y=c_0\sum\limits_{n=0}^{\infty}(-1)^n\dfrac{x^n}{(2n+1)!}$. (2) $y=c_1\sum\limits_{m=0}^{\infty}\dfrac{(-1)^m}{(2m)!}x^{2m+1}$.

**4.** 略.

**5.** $P_n(x)=F\left(n+1,-n,1;\dfrac{1-x}{2}\right)$.

**演習問題 14** (p.244)

**1.** 変数分離によって解を求めると $u(x,t) = e^{-\lambda^2 \alpha^2 t}(A\sin\lambda x + B\cos\lambda x)$ が得られる．$x$ について偏微分すると，$u_x(x,t) = e^{-\lambda^2 \alpha^2 t}(A\lambda\cos\lambda x - B\lambda\sin\lambda x)$ となる．$x = 0$ における断熱境界条件

$$u_x(0,t) = e^{-\lambda^2 \alpha^2 t} A\lambda \times \cos\lambda x = 0$$

をみたすには，$\lambda = 0$ か $A = 0$ をみたさねばならない．$\lambda = 0$ の場合は自明に断熱条件をみたす解となる．$\lambda \neq 0$ とすれば $A = 0$ でなければならない．したがって $u(x,t) = e^{-\lambda^2 \alpha^2 t}(B\cos(\lambda x))$ であるが，このとき $u_x(x,t) = e^{-\lambda^2 \alpha^2 t}(-B\sin(\lambda x)\lambda)$ であることより，$u_x(1,t) = e^{-\lambda^2 \alpha^2 t}(-B\sin(\lambda)\lambda) = 0$ でなければならず，$\sin(\lambda) = 0$ となる．このとき $\lambda = \pm\pi, \pm 2\pi, \cdots$ である．したがって，これらの解を重ね合わせて，$u(x,t) = \sum_{n=0}^{\infty} e^{-(n\pi)^2 \alpha^2 t}(B_n\cos(n\pi x))$ が断熱境界条件をみたす解である（$\cos(n\pi x) = \cos(-n\pi x)$ であることに注意）．

**2.** $u(0,t) = u_x(1,t) = 0$ をみたす解は

$$u(x,t) = \sum_{n=0}^{\infty} A_n \exp\left(-\left(\frac{(2n+1)\pi}{2}\right)^2 \alpha^2\right) \sin\left(\frac{(2n+1)\pi x}{2}\right)$$

である．また，$u_x(0,t) = u(1,t) = 0$ をみたす解は

$$u(x,t) = \sum_{n=0}^{\infty} B_n \exp\left(-\left(\frac{(2n+1)\pi}{2}\right)^2 \alpha^2\right) \cos\left(\frac{(2n+1)\pi x}{2}\right).$$

**演習問題 15** (p.261)

**1.** (1) $r^2\cos(2t)$. (2) $r^4\cos(4t)$. (3) $r^4\cos(4t) + r^4\sin(4t)$. (4) $r^6\cos(6t)$.
(5) $r^8\sin(8t)/2$

**2.** 最大値：(1), (2), (4) は 1，(3) は $\sqrt{2}$，(5) は 1/2．最小値：(1), (2), (4) は $-1$，(3) は $-\sqrt{2}$，(5) は $-1/2$．

# 参 考 文 献

[1] M. ブラウン (一樂重雄，河原正治，河原雅子，一樂祥子訳)，『微分方程式 (上，下)』，丸善出版，2012

[2] D. バージェス，M. ボリー (垣田高夫，大町比佐栄訳)，『微分方程式で数学モデルを作ろう』，日本評論社，1990

[3] E.A. コディントン，N. レヴィンソン (吉田節三訳)，『常微分方程式論 (上)』，吉岡書店，1969

[4] 江口正晃，久保 泉，熊原啓作，小泉 伸，『基礎微分積分学 (第 3 版)』， 学術図書，2007

[5] 藤本淳夫，『微分方程式』(基礎演習シリーズ)， 裳華房，1986

[6] R. ハーバーマン (竹之内脩監修・熊原啓作訳)，『力学的振動の数学モデル』， 現代数学社，1981

[7] 一松 信，『解析学序説 (下) (新版)』，裳華房，1987

[8] 笠原晧司，『微分方程式の基礎』， 朝倉書店，1982

[9] 河田龍夫，『Fourier 解析』，産業図書，1975

[10] 木村俊房，『常微分方程式』，共立出版，1974

[11] 熊原啓作，『多変数の微分積分 15 章』，日本評論社，2011

[12] 熊原啓作，『入門複素解析 15 章』，日本評論社，2012

[13] 俣野 博，神保道夫，『熱・波動と微分方程式』(現代数学への入門)，岩波書店，2004

[14] 杉浦光夫，『解析入門 (I, II)』，東京大学出版会，1980，1985

[15] 高橋礼司，『線型代数講義』，日本評論社，2014

[16] 竹之内脩，『常微分方程式』，秀潤社，1977

[17] 竹之内脩，『フーリエ展開』，秀潤社，1978

# 本書に登場する人名

**Ascoli**(アスコリ), Giulio, 1843–1896, イタリアの数学者

**Abel**(アーベル), Niels Henrik, 1802–1829, ノルウェーの数学者

**Arzelà**(アルツェラ), Cesare, 1847–1912, イタリアの数学者

**Bernoulli,Jakob(Jacques)**, (ヤーコプ・ベルヌリ(ジャック・ベルヌーイ)), 1654–1705, スイスの数学者, 科学者

**Bessel**(ベッセル), Friedrich Wilhelm, 1784–1846, ドイツの天文学者, 数学者

**Bromwich**(ブロムウィッチ), Thomas John I'Anson, 1875–1929, イギリスの数学者

**Cauchy**(コーシー), Augustin Louis, 1789–1857, フランスの数学者

**Chebyschev**(チェビシェフ), Pafnuty L'vovich, 1821–1894, ロシアの数学者

**Clairaut**(クレロー), Alexis Claude de, 1713–1765, フランスの数学者, 天文学者

**Coulomb**(クーロン), Charles Augustin de, 1736–1806, フランスの物理学者

**d'Alembert**(ダランベール), Jean le Rond, 1707–1783, フランスの数学者

**Dirichlet**(ディリクレ), Peter Gustav Lejeune, 1805–1859, ドイツの数学者

**Euler**(オイラー), Leonhard, 1707–1783, スイス生まれの数学者, スイス, ドイツ, ロシアで活躍

**Fourier**(フーリエ), Jean–Baptiste–Joseph, 1768–1830, フランスの数学者

**Fuchs**(フックス), Immanuel Lazarus, 1833–1902, ドイツの数学者

**Galilei**(ガリレイ), Galileo, 1564–1642, イタリアの物理学者

**Gauss**(ガウス), Carl Friedrich, 1777–1855, ドイツの数学者, 物理学者, 天文学者

**Green**(グリーン), George, 1793–1841, イギリスの数学者, 数理物理学者

**Hadamard**(アダマール), Jacques Salomon, 1865–1963, フランスの数学者

**Hermite**(エルミート), Charles, 1822–1901, フランスの数学者

**Hooke**(フック), Robert, 1635–1702, イギリスの物理学者

**Huygens**(ホイヘンス), Christiaan, 1629–1695, オランダの数学者

**Jacobi**(ヤコビ), Carl Gustav Jacob, 1804–1851, ドイツの数学者, 数理物理学者

**Jordan**(ジョルダン), Camille, 1838–1922, フランスの数学者

**Knopp**(クノップ), Konrad, 1882–1957, ドイツの数学者

**Laplace**(ラプラス), Pierre Simon, 1749–1827, フランスの数学者, 物理学者, 天文学者

**Legendre**(ルジャンドル), Adrien Marie, 1752–1833, フランスの数学者

**Leibniz**(ライプニッツ), Gottfried Wilhelm, 1646–1716, ドイツの哲学者, 数学者

**Libby**(リビィ), Willard Frank, 1908–1980, アメリカの物理化学者

**Lipschitz**(リプシッツ), Rudolf Otto Sigismund, 1832–1903, ドイツの数学者

**Lotka**(ロトカ), Alfred James, 1880–1949, アメリカの数学者, 物理化学者, 統計学者

**Malthus**(マルサス), Thomas Robert, 1766–1834, イギリスの経済学者

**Neumann**(ノイマン), Carl Gottfried, 1832–1925, ドイツの数学者

**Newton**(ニュートン), Isaak, 1642–1727, イギリスの数学者, 物理学者

**Peano**(ペアノ), Giuseppe Peano, 1858–1932, イタリアの数学者

**Pearl**(パール), Raymond, 1879–1940, アメリカの生物学者

**Perrault**(ペロー), Claude, 1613–1688, フランスの建築家

**Picard**(ピカール), Charles Emile, 1856–1941, フランスの数学者

**Poincaré**(ポアンカレ), Jules Henri, 1854–1912, フランスの数学者

**Poisson**(ポアソン), Siméon Denis, 1781–1840, フランスの数学者, 物理学者

**Reed**(リード), Lowell Jacob, 1886–1930, アメリカの生物統計学者

**Riccati**(リッカチ), Jacopo Francesco,1676–1754, イタリアの数学者

**Riemann**(リーマン), Georg Friedrich, 1826–1866, ドイツの数学者

**Rodrigues**(ロドリーグ), Benjamin Olinde, 1794–1851, フランスの数学者, 経済学者

**Rutherford**(ラザフォード), Ernest, 1871–1937, ニュージーランド生まれ, イギリスの物理学者

**Schwarz**(シュヴァルツ), Hermann Amandus, 1843–1921, ドイツの数学者

**Soddy**(ソディ), Frederick, 1877–1956, イギリスの化学者

**Taylor**(テイラー), Brook, 1685–1731, イギリスの数学者

**Verhulst**(フェルフルスト), Pierre, 1804–1849, ベルギーの数学者, 統計学者

**Volterra**(ヴォルテラ), Vito, 1860–1940, イタリアの数学者

**von Bertalanffy**(フォン・ベルタランフィ), Ludwig, 1901–1972, オーストリア生まれ, カナダ, アメリカなどで研究した生物学者

**Wronski**(ウロンスキー), Josef–Maria Hoëné de, 1778–1853, ポーランド生まれ, フランスの数学者

# 索引

(*印は人名)

## あ 行

| | |
|---|---|
| アスコリ*–アルツェラ*の定理 | 26 |
| アーベル*の公式 | 82, 151 |
| 安定渦心点 | 195 |
| 安定結節点 | 194 |
| 安定平衡 | 193 |
| 鞍点 | 194 |
| 位相 | 129 |
| 1 次関係式 | 90 |
| 1 次結合 | 90 |
| 1 次独立 | 90 |
| 一様連続 | 16 |
| 一般解 | 5 |
| 犬曲線 | 8 |
| 陰関数 | 54 |
| 陰関数の定理 | 54 |
| 運動量 | 126 |
| エルミート*の多項式 | 220 |
| エルミート*の微分方程式 | 219 |
| 演算子 | 229 |
| 延長 | 20 |
| 延長不能 | 20 |
| オイラー*の公式 | 77, 128 |
| オイラー*の微分方程式 | 146, 147 |
| 折れ線法 | 15 |

## か 行

| | |
|---|---|
| 解 | 1, 3 |
| 解核 | 161 |
| 解核行列 | 162 |
| 解曲線 | 14 |
| 解空間 | 80 |
| 開集合 | 20, 24 |
| 階数低下法 | 134 |
| 解析的 | 212 |
| 解析的 (2 変数関数) | 211 |
| 解析的な解 | 28 |
| 回転不変 | 231 |
| 解の軌道 | 197 |
| 解の基本系 | 149 |
| 外力 | 132 |
| ガウス*の超幾何関数 | 226 |
| ガウス*の超幾何微分方程式 | 225 |
| 角振動数 | 129 |
| 確定特異点 | 222 |
| 重ね合わせの原理 | 80, 230 |
| 過剰減衰 | 130 |
| 可積分 | 6 |
| ガリレイ* | i |
| 関数関係 | 56 |
| 完全 | 43 |
| 完全微分形 | 43 |
| 完全微分条件 | 44 |
| 完全微分方程式 | 43 |

| | | | | |
|---|---|---|---|---|
| 記号解法 | 95 | | **さ 行** | |
| 基底 | 90 | | | |
| 危点 | 193 | 最大値の原理 | 253 | |
| 軌道 | 186 | 作用素 | 229 | |
| 基本解 | 81, 149 | 次元 | 90 | |
| 求積法 | 6, 29 | 指数位数 | 106 | |
| 境界値問題 | 241 | 指数型 | 106 | |
| 共振 | 135 | 指数関数 (複素変数) | 76 | |
| 共鳴 | 135 | 指数関数的な増加 | 67 | |
| 共役調和関数 | 247 | シュヴァルツ*の定理 | 25 | |
| 行列の指数関数 | 169 | 収束座標 | 106 | |
| 局所的リプシッツ*条件 | 20 | 収束半径 | 211 | |
| 区分的に連続 | 104 | 収束領域 | 106 | |
| グリーン*の定理 | 55 | 常微分方程式 | 3 | |
| クレロー*の微分方程式 | 52 | 初期条件 | 5 | |
| クーロン*摩擦 | 130 | 初期値 | 5, 159 | |
| 決定方程式 | 223 | ジョルダン*の標準形 | 183 | |
| 減衰振動 | 132 | 自励系 | 61, 193 | |
| 弦の振動方程式 | 239 | 進行波 | 240 | |
| 合成積 | 112 | 振動数 | 129 | |
| 勾配場 | 14 | 振幅 | 129 | |
| コーシー*–アダマール*の公式 | 211 | 数学モデル | 7 | |
| コーシー*–リーマン*の微分方程式 | 247 | 数値的な解 | 29 | |
| コーシー* | 15 | ストークス*の振動公式 | 241 | |
| コーシー*–ペアノ*の定理 | 26 | 正規形 | 14, 77 | |
| コーシー*–リプシッツ*の定理 | 19 | 整級数解 | 212 | |
| 固有空間 | 180 | 斉次 | 35, 80, 141, 149 | |
| 固有振動数 | 129 | 正則特異点 | 222 | |
| 固有多項式 | 180 | 成長曲線 | 70 | |
| 固有方程式 | 180 | 積分 | 47 | |
| 固有値 | 180 | 積分因子 | 47 | |
| 固有ベクトル | 180 | 積分する | 6 | |
| 混合問題 | 237 | 積分方程式 | 18 | |
| | | 接線の長さ | 8 | |
| | | 絶対収束座標 | 106 | |

| | | | | |
|---|---|---|---|---|
| 絶対収束領域 | 106 | 調和関数 | | 246 |
| 絶対積分可能 | 121 | 追跡線 | | 8 |
| 0 階 | 25 | 定義域 | | 24 |
| 漸近安定平衡点 | 193 | 定常解 | | 134 |
| 線形 | 77 | 定数係数線形偏微分作用素 | | 230 |
| 線形化安定性解析 | 202 | 定数変化法 | 86, | 134 |
| 線形化ふりこ | 137 | ディリクレ*の定理 (フーリエ*級数) | | 243 |
| 線形空間 | 90 | ディリクレ*の定理 (フーリエ*変換) | | 121 |
| 線形微分方程式 | 35 | ディリクレ*問題 | | 255 |
| 線形偏微分作用素 | 229 | 等温境界条件 | | 235 |
| 線形摩擦力 | 130 | 同次関数 | | 231 |
| 線形連立微分方程式 | 155 | 同次形 | | 32 |
| 全微分 | 53 | 特異解 | | 32 |
| 全微分可能 | 53 | 特異点 | | 51 |
| 全微分方程式 | 42, 43 | 特解 | | 5 |
| 双曲型偏微分方程式 | 233 | 特殊解 | | 5 |
| 相平面 | 198 | 特性根 | | 84 |
| 素解 | 161, 162 | 特性方程式 | | 84 |
| | | トラクトリックス | | 8 |

## た　行

| | | | | |
|---|---|---|---|---|
| 第 2 種ベッセル*関数 | 225 | | | |
| 楕円型の偏微分作用素 | 246 | | | |

## な　行

| | | |
|---|---|---|
| 楕円型偏微分方程式 | 233 | |
| 互いに素 | 97 | |
| 畳み込み | 112 | |
| ダランベール*の解 | 241 | |
| ダランベール*の階数低下法 | 146 | |
| 単振動 | 129 | |
| 炭素年代測定法 | 71 | |
| 単調和振動 | 129 | |
| 断熱境界条件 | 235 | |
| チェビシェフ*の多項式 | 221 | |
| チェビシェフ*の微分方程式 | 221 | |
| 中心 | 195 | |

| | | |
|---|---|---|
| ニュートン* | | i |
| ニュートン*の運動の第 2 法則 | 7, | 127 |
| ニュートン*の運動方程式 | | 7 |
| ニュートン*の冷却の法則 | | 7 |
| 熱伝導方程式 | | 234 |
| ノイマン*関数 | | 225 |
| ノイマン*問題 | | 255 |

## は　行

| | |
|---|---|
| 波動方程式 | 239 |
| ばね質点系 | 126 |
| ばね定数 | 127 |

| | | | | |
|---|---|---|---|---|
| 半減期 | 72 | 変数分離形 | 30 |
| ピカール*の逐次近似法 | 19 | 変数分離法 | 236 |
| ピカール*の反復法 | 19 | 偏導関数 | 24 |
| 非斉次 | 35, 80, 149 | 偏微分可能 | 24 |
| 非斉次項 | 149 | 偏微分作用素 | 229 |
| 非線形ふりこ | 137 | 偏微分方程式 | 3 |
| 微分 | 53 | ポアソン*核 | 260 |
| 微分形式 | 43 | ポアソン*の積分公式 | 259 |
| 微分作用素 | 94 | ポアンカレ*の補題 | 45 |
| 微分方程式 | 3 | 崩壊定数 | 71 |
| 微分方程式系 | 154 | 方向場 | 14 |
| 標準化 | 183 | 放物型偏微分方程式 | 232 |
| 標準形 | 143, 183 | 包絡線 | 50 |
| 不安定渦心点 | 194 | | |
| 不安定結節点 | 194 | | |
| 不安定平衡点 | 193 | **ま 行** | |
| フェルフルスト*の人口モデル | 69 | | |
| 付随する斉次方程式 | 149 | 摩擦定数 | 130 |
| フックス*の定理 | 222 | マルサス*の人口法則 | 64 |
| フック*の法則 | 127 | マルサス*の人口方程式 | 65 |
| フーリエ*逆変換 | 121 | マルサス*モデル | 6 |
| フーリエ*級数 | 243 | 未定係数法 | 89, 133 |
| フーリエ*級数による解 | 242 | | |
| フーリエ*正弦級数 | 243 | | |
| フーリエ*変換 | 121 | **や 行** | |
| フーリエ*余弦級数 | 243 | | |
| ブロムウィッチ*積分 | 122 | ヤコビ*の楕円関数 | 139 |
| 閉軌道 | 195 | 有界 | 24 |
| 平衡解 | 62, 193, 202 | 優調和関数 | 252 |
| 平衡点 | 127, 193, 202 | | |
| 閉集合 | 24 | **ら 行** | |
| ベクトル空間 | 90 | | |
| ベッセル*関数 | 225 | ラザフォード*の原子崩壊説 | 7, 71 |
| ベッセル*の微分方程式 | 222 | ラプラシアン | 245 |
| ベルヌーイ*の微分方程式 | 37 | ラプラス*逆変換 | 112 |
| | | ラプラス*反転積分 | 122 |
| | | ラプラス*変換 | 104 |

| | |
|---|---:|
| リッカチ*の微分方程式 | 38 |
| リプシッツ*条件 | 15, 19, 78 |
| リプシッツ*定数 | 16 |
| リプシッツ*連続 | 15 |
| 領域 | 20 |
| 臨界減衰 | 131 |
| 臨界点 | 193 |
| ルジャンドル*の多項式 | 218 |
| ルジャンドル*の微分方程式 | 217 |
| 劣調和関数 | 252 |
| 連結 | 20 |
| 連鎖法則 | 25 |
| 連続 | 24 |
| 連立微分方程式 | 153 |
| ロジスティック曲線 | 70 |
| ロジスティック方程式 | 70 |
| ロトカ*–ヴォルテラ* の微分方程式 | 205 |
| ロドリーグ*の公式 | 218 |
| ロンスキアン | 81, 151 |
| ロンスキー*行列式 | 81 |

熊原啓作
くまはら・けいさく
1942 年，兵庫県に生まれる．
1967 年，大阪大学大学院博士課程中退．
現在，鳥取大学名誉教授・放送大学名誉教授・理学博士 (大阪大学).

室 政和
むろ・まさかず
1952 年，岐阜県に生まれる．
1979 年，京都大学大学院博士課程修了．
現在，岐阜聖徳学園大学教授・岐阜大学名誉教授・理学博士 (京都大学).

微分方程式への誘い
現象はいかに記述されるか

2018 年 8 月 30 日　第 1 版第 1 刷発行

著者 ——————— 熊原啓作
　　　　　　　　　室 政和

発行者 ————— 串崎 浩

発行所 ————— 株式会社 日本評論社
　　　　　　　　　〒 170-8474 東京都豊島区南大塚 3-12-4
　　　　　　　　　電話　(03) 3987-8621 [販売]
　　　　　　　　　　　　(03) 3987-8599 [編集]

印刷 ——————— 三美印刷株式会社

製本 ——————— 株式会社難波製本

ブックデザイン —— 銀山宏子

Copyright © 2018 Keisaku KUMAHARA & Masakazu MURO.
Printed in Japan
ISBN 978-4-535-78878-7

JCOPY 〈(社) 出版者著作権管理機構 委託出版物〉
本書の無断複写は著作権法上での例外を除き禁じられています．複写される場合は，そのつど事前に，(社)
出版者著作権管理機構（電話：03-3513-6969，fax：03-3513-6979，e-mail：info@jcopy.or.jp）
の許諾を得てください．
また，本書を代行業者等の第三者に依頼してスキャニング等の行為によりデジタル化することは，個人の家庭
内の利用であっても，一切認められておりません．